工业和信息化职业教育"十三五"规划教材

金 属 工 艺 学

主　编　王　兵

副主编　付大春　　郭志强　　顾奇志

参　编　刘　义　　朱爱浒　　蔡伍军

　　　　刘莉玲　　万　莉　　张　冬

　　　　曾　艳

电子工业出版社

Publishing House of Electronics Industry

北京·BEIJING

内 容 简 介

《金属工艺学》是职业院校机械类专业的专业课程，本书是在总结多年来金属工艺学教学改革成果的基础上，按职业教育人才培养目标要求编写的，主要内容包括：金属材料与热处理工艺，铸锻成形与焊接工艺，金属加工工艺与技术质量，金属的切削加工，特种加工简介等。

本书可作为各职业院校机械类制造及相关专业的教材，同时可作为广大自学者的自学用书及工程技术人员的参考书。

图书在版编目（CIP）数据

金属工艺学 / 王兵主编. —北京：电子工业出版社，2016.12

ISBN 978-7-121-30550-4

Ⅰ. ①金… Ⅱ. ①王… Ⅲ. ①金属加工—工艺学—职业教育—教材 Ⅳ.①TG

中国版本图书馆 CIP 数据核字（2016）第 290023 号

策划编辑：白　楠
责任编辑：白　楠　　　　特约编辑：王　纲
印　　刷：涿州市般润文化传播有限公司
装　　订：涿州市般润文化传播有限公司
出版发行：电子工业出版社
　　　　　北京市海淀区万寿路 173 信箱　邮编　100036
开　　本：787×1 092　1/16　印张：17　字数：435.2 千字
版　　次：2016 年 12 月第 1 版
印　　次：2024 年 8 月第 7 次印刷
定　　价：35.00 元

凡所购买电子工业出版社图书有缺损问题，请向购买书店调换。若书店售缺，请与本社发行部联系，联系及邮购电话：（010）88254888，88258888。

质量投诉请发邮件至 zlts@phei.com.cn，盗版侵权举报请发邮件至 dbqq@phei.com.cn。

本书咨询联系方式：（010）88254592，bain@phei.com.cn。

前　言

　　《金属工艺学》是职业院校机械类专业的专业课程，为贯彻职业教育的改革精神，本书是在总结多年来金属工艺学教学改革成果的基础上，按职业教育人才培养目标要求编写的。本书在整体规划、精选内容的基础上，突出职业教育的特点，具体如下。

　　① 注重基础知识的讲解和体现技术的具体应用，对课程相关知识内容进行循序渐进、深入浅出的讲解，较好地解决了知识与能力的融合问题，提高了教材的层次性与综合性。

　　② 以"少而精"为原则，突出重点，调整了篇章的结构和内容，简化了理论介绍，注重基本原理、工艺特点，知识面宽而浅，适应了当前课程教学改革的需要。

　　③ 每部分内容后配有一定数量的复习思考题，便于加强训练。

　　④ 书中有关名词术语、工艺资料等均采用国家标准，充实了新工艺、新技术。

　　本书由王兵担任主编，付大春、郭志强、顾奇志任副主编，参加编写的还有刘义、朱爱浒、蔡伍军、刘莉玲、万莉、张冬、曾艳。全书由王兵统稿。在编写过程中还得到了荆州技师学院领导和有关教师的帮助与支持，在此表示衷心感谢！

　　由于编者水平有限，书中难免有不少缺点与错误，恳请广大读者批评指正，以进一步提高本书的质量。

编　者

目　录

第1章 金属材料与热处理工艺

1.1 金属材料的性能

零件设计中选材的主要依据就是金属材料的性能，这也是生产加工过程中的加工方法、切削参数、刀具与量具等选择的重要参考条件。

一、金属材料的力学性能

机械零件或工具在使用过程中往往要受到各种形式外力的作用，这就要求金属材料必须具有一种承受机械载荷而不超过许可变形或不被破坏的能力，这种能力就是金属材料的力学性能。

材料在加工及使用过程中所受的外力称为载荷。根据载荷作用性质不同，载荷通常可分为静载荷、冲击载荷、交变载荷三种，见表1-1。

表 1-1　常见载荷

分　类	特　点	应 用 举 例
静载荷	大小不变或逐渐变化	床头箱对机床床身的压力
冲击载荷	大小突然变化	空气锤锤头下落时锤杆所承受的载荷
交变载荷	大小、方向发生周期性变化，又称循环载荷	机床主轴运转时所承受的载荷

根据载荷作用形式的不同，载荷分为拉抻载荷、压缩载荷、弯曲载荷、剪切载荷和扭转载荷等，如图1-1所示。金属材料的力学性能是指材料在各种载荷作用下表现出来的抵抗力。常用的力学性能指标有：强度、刚度、塑性、硬度、冲击韧性、疲劳强度等。

1. 强度

强度是材料抵抗变形和断裂的能力，它是通过拉伸试验来测定的。拉力试验能测出材料在静载荷作用下的一系列基本性能指标，如弹性极限、屈服强度、抗拉强度和塑性等。

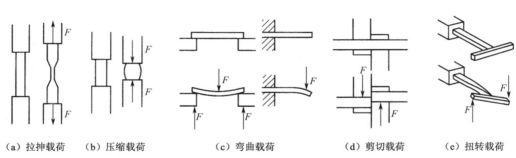

（a）拉抻载荷　（b）压缩载荷　　　（c）弯曲载荷　　　　（d）剪切载荷　　　（e）扭转载荷

图 1-1　载荷的作用形式

（1）拉伸试样

拉伸试样的截面可以为圆形、矩形、多边形等，在国家标准GB/T228—2010中规定了试样的形状、尺寸及加工要求等。进行拉伸试验时，先将材料加工成一定形状和尺寸的标准试样，如图1-2所示。然后在拉伸试验机上将试样夹紧，施加缓慢增加的拉力（载荷），一直到试样被拉断为止。

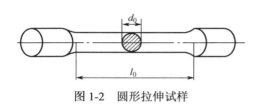

图 1-2　圆形拉伸试样

（2）力-伸长曲线

在拉伸过程中，拉伸试验机上的自动绘图装置（图1-3）依据拉力（载荷）F和试样变形伸长量Δl之间的关系在直角坐标系中绘出的曲线，称为力-伸曲线，如图1-4所示。图中的纵坐标是载荷F，单位为N；横坐标是伸长量Δl，单位为mm。

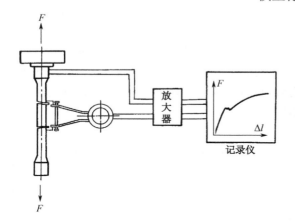

图 1-3　拉伸试验机自动绘图装置

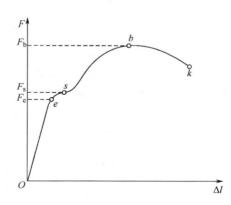

图 1-4　力-伸曲线（低碳钢）

由图1-4可见，当试样由零开始受载荷到F_e以前，试样只产生弹性变形。此时去掉载荷，试样能恢复原来的形状，当载荷超过F_e后，试样开始塑性变形，此时去掉载荷，试样已不能完全恢复原状，而是出现一部分残留伸长。载荷消失后不能恢复的变形称为塑性（或永久）变形。当载荷达到F_s时，图上出现水平线段，这表示载荷虽然不增加，变形却继续增大，这种现象叫做屈服。此时若继续加大载荷，试样将发生明显变形伸长，当载荷增至F_b时，试样最弱的某一部位截面开始急剧缩小，出现缩颈现象。由于试样截面缩小，载荷逐渐降低，当到达k点时，试样便在缩颈处被拉断。

金属材料的强度指标有弹性极限、屈服点和强度极限，用应力表示。材料受到外力（载荷）作用时，在材料内部会产生一个与外力大小相等、方向相反的抵抗力（又称内力），单位面积上的内力称为应力，用符号 σ 表示。

（3）弹性极限

弹性极限又称弹性强度，是材料所能承受的、不发生永久变形的最大应力，用符号 σ_e（MPa）表示。

$$\sigma_e=F_e/S_o$$

式中　F_e——试样不发生塑性变形的最大载荷，N；

　　　S_o——试样原始截面积，mm^2。

（4）屈服点

屈服点是材料开始产生明显塑性变形（即屈服）时的应力，用符号 σ_s（MPa）表示。屈服点也称屈服强度。

$$\sigma_s=F_s/S_o$$

式中　F_s——试样发生屈服现象时的载荷，N；

　　　S_o——试样原始截面积，mm^2。

有些材料（如高碳钢）在拉伸曲线上没有明显的屈服现象，它的屈服点很难测定。在这种情况下，工程技术上把试样产生0.2%残留变形的应力值作为屈服点，又称条件屈服点，用符号 $\sigma_{0.2}$ 表示。

机械零件在工作中一般不允许发生塑性变形，所以屈服点是衡量材料强度的重要力学性能指标，是设计和选材的主要依据之一。

（5）强度极限

强度极限也称抗拉强度，是材料在断裂前所能承受的最大应力，用符号 σ_b（MPa）表示。

$$\sigma_b=F_b/S_o$$

式中　F_b——试样在断裂前的最大载荷，N；

　　　S_o——试样原始截面积，mm^2。

强度极限反映材料最大均匀变形的抗力，是材料在拉伸条件下所能承受的最大载荷的应力值。它是设计和选材的主要依据，也是衡量材料性能的主要指标。

当机械零件工作中承受的应力大于材料的抗拉强度时，零件就会产生断裂，所以 σ_b 表征材料抵抗断裂的能力。σ_b 越大，则材料的破断抗力越大。零件不可能在接近 σ_b 的应力状态下工作，因为在这样大的应力下，材料已经产生了大量的塑性变形，但从保证零件不产生断裂的安全角度出发，同时考虑 σ_b 测量的简便性，使测得的数据比较准确（特别是脆性材料），在许多设计中直接用 σ_b 作为设计依据，但要采用更大的安全系数。

由前可知，强度是表征金属材料抵抗过量塑性变形或断裂的物理性能。σ_s/σ_b 的比值称为屈强比，是一个有意义的指标。比值越大，越能发挥材料的潜力，减小结构的自重。但为了使用安全，亦不宜过大，适合的比值为0.65～0.75。

2．刚度

材料在受力时抵抗弹性变形的能力称为刚度，它表示材料弹性变形的难易程度。材料刚度的大小通常用弹性模量 E 来评价。

弹性模量（刚度）E 是指材料在弹性状态下的应力与应变的比值，即

$$E = \sigma/\varepsilon$$

式中　σ——应力，MPa；

　　　ε——应变，即单位长度的伸长量，$\varepsilon = \Delta L/L$。

弹性模量E表征材料产生单位弹性变形所需要的应力，反映了材料产生弹性变形的难易程度。弹性模量E值越大，则材料的刚度越大，材料抵抗弹性变性的能力就越大，即零件或构件保持其原有形状和尺寸的能力也越大。

在设计机械零件时，要求刚度大的零件，应选用具有高弹性模量的材料。要求在弹性范围内对能量有很大吸收能力的零件（如仪表弹簧）一般使用软弹簧材料铍青铜、磷青铜制造，应具有极高的弹性极限和低的弹性模量。

绝大多数机械零件都是在弹性状态下进行工作的，对其刚度都有一定的要求。提高零件刚度的办法除改变零件的截面尺寸或结构外，从金属材料性能上考虑，就必须增加其弹性模量E。弹性模量E的大小主要取决于材料的本性，而合金化、热处理、冷变形等对它的影响很小。通常过渡族金属如铁、镍等具有较高的弹性模量。所以从刚度出发，选用一般的钢材即可，不必选用合金钢。常见金属的弹性模量见表1-2。

表1-2　常见金属的弹性模量

金 属 材 料	弹性模量 E/MPa	切变模量 G/MPa	金 属 材 料	弹性模量 E/MPa	切变模量 G/MPa
铁	214000	84000	铝	72000	27000
镍	210000	84000	铜	1320000	49270
钛	118000	44670	镁	45000	18000

3．塑性

塑性是指金属材料在载荷作用下断裂前发生不可逆永久变形的能力。评定材料塑性的指标通常是断后伸长率和断面收缩率。

（1）断后伸长率δ

如图1-5所示，断后伸长率是试样被拉断后，标距的伸长量与原始标距之比的百分率，用公式表示为：

$$\delta = (l_u - l_0)/l_0 \times 100\%$$

式中　l_0——试样原标距长度，mm；

　　　l_u——拉断后试样的标距长度，mm。

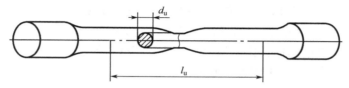

图1-5　圆形试样被拉伸后的情形

（2）断面收缩率Z

断面收缩率可用下式求出：

$$Z = (S_0 - S_u)/S_u \times 100\% = (d_0 - d_u)/d_u \times 100\%$$

式中　S_0——试样原来的截面积，mm^2；

　　　S_u——试样拉断后缩颈处的截面积，mm^2。

断面收缩率不受试样标距长度的影响，因此能更可靠地反映材料的塑性。

对必须承受强烈变形的材料，塑性指标具有重要的意义。塑性优良的材料冷压成形性好。此外，重要的受力零件也要求具有一定塑性，以防止超载时发生断裂。

断后伸长率和断面收缩率也表明材料在静载或缓慢增加的拉伸应力下的韧性。不过在很多情况下，具有高收缩率的材料可承受高的冲击吸收功。但须说明的是，塑性指标不能直接用于零件的设计计算，只能根据经验来选定材料的塑性。一般来说，断后伸长率达5%或断面收缩率达10%的材料即可满足绝大多数零件的要求。

4．硬度

硬度是材料抵抗局部变形，特别是塑性变形、压痕或划痕的能力，它是材料的一个重要指标。材料的硬度值是按一定方法测出的数据，不同方法在不同条件下测量的硬度值，因含义不同，其数据也不同，因此一般不能进行相互比较。根据载荷的性质及测量方法的不同可分为布氏硬度（HBW）、洛氏硬度（HR）、维氏硬度（HV）、肖氏硬度（HS）等多种。前三种都采用静载荷压入法。肖氏硬度采用动载荷压入法，也称弹性回跳法，适用于对大型构件的现场测量。

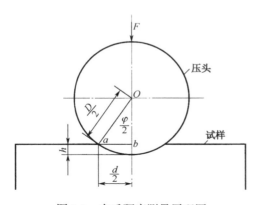

图1-6　布氏硬度测量原理图

（1）布氏硬度

① 布氏硬度的测试原理。布氏硬度是在布氏硬度试验机上进行测量的。用规定直径（D）的圆球作为压头（可用淬硬的钢球或硬质合金球），在规定的试验力（F）作用下，将压头压入光洁的金属表面，经过规定的试验力作用时间（t）后，卸除试验力。用读数显微镜测量出压痕直径（d）。最后根据布氏硬度的定义公式计算出布氏硬度值。布氏硬度测量的原理图如图1-6所示。

布氏硬度值用球面压痕单位面积上所承受的平均压力来表示，所以布氏硬度是有单位的，其单位是MPa，但一般不标出，即：

$$HBW = \frac{F}{S} = 0.012 \times \frac{2F}{\pi D(D - \sqrt{D^2 - d^2})}$$

式中　F——试验力，N；

　　　S——球面压痕面积，mm^2；

　　　D——压入直径，mm；

　　　d——压痕平均直径，mm。

在进行布氏硬度测试时，钢球直径D、试验力F和试验作用时间t都是已知的，仅测得d值就可计算出布氏硬度值。但在实际应用中，只要测量出d值，就可从有关表格上查出相应的布氏硬度值，不必用公式进行计算，见表1-3。

表 1-3 压痕直径与布氏硬度对照表

压痕直径 d/mm	HBW D=10mm F=29.42kN	压痕直径 d/mm	HBW D=10mm F=29.42kN	压痕直径 d/mm	HBW D=10mm F=29.42kN	压痕直径 d/mm	HBW D=10mm F=29.42kN	压痕直径 d/mm	HBW D=10mm F=29.42kN
2.40	653	3.30	341	4.20	207			5.10	137
2.42	643	3.32	337	4.22	204			5.12	135
2.44	632	3.34	333	4.24	202			51.4	134
2.46	621	3.36	329	4.26	200			5.16	133
2.48	611	3.38	325	4.28	198			5.18	132
2.50	601	3.40	321	4.30	197			5.20	131
2.52	592	3.42	317	4.32	195			5.22	130
2.54	582	3.44	313	4.34	193			5.24	129
2.56	573	3.46	309	4.36	191			5.26	128
2.58	564	3.48	306	4.38	189			5.28	127
2.60	555	3.50	302	4.40	187			5.30	126
2.62	547	3.52	298	4.42	185			5.32	125
2.64	538	3.54	295	4.44	184			5.34	124
2.66	530	3.56	292	4.46	182			5.36	123
2.68	522	3.58	288	4.48	180			5.38	122
2.70	514	3.60	285	4.50	179			5.40	121
2.72	507	3.62	282	4.52	177			5.42	120
2.74	499	3.64	278	4.54	175			5.44	119
2.76	492	3.66	275	4.56	173			5.46	118
2.78	485	3.68	272	4.58	172			5.48	117
2.80	477	3.70	269	4.60	170			5.50	116
2.82	471	3.72	266	4.62	169			5.52	115
2.84	464	3.74	263	4.64	167			5.54	114
2.86	457	3.76	260	4.66	166			5.56	113
2.88	451	3.78	257	4.68	164			5.58	112
2.90	444	3.80	255	4.70	163			5.60	111
2.92	438	3.82	252	4.72	161			5.62	110
2.94	432	3.84	249	4.74	160			5.64	110
2.96	426	3.86	246	4.76	158			5.66	109
2.98	420	3.88	244	4.78	157			5.68	108
3.00	415	3.90	241	4.80	156			5.70	107
3.02	409	3.92	239	4.82	154			5.72	106
3.04	404	3.94	236	4.84	153			5.74	105
3.06	398	3.96	234	4.86	152			5.76	105
3.08	393	3.98	231	4.88	150			5.78	104
3.10	388	4.00	229	4.90	149			5.80	103
3.12	383	4.02	226	4.92	148			5.82	102
3.14	378	4.04	224	4.94	146			5.84	101
3.16	373	4.06	222	4.96	145			5.86	101
3.18	368	4.08	219	4.98	144			5.88	99.9
3.20	363	4.10	217	5.00	143			5.90	99.2
3.22	359	4.12	215	5.02	141			5.92	98.4
3.24	354	4.14	213	5.04	140			5.94	97.7
3.26	350	4.16	211	5.06	139			5.96	96.9
3.28	345	4.18	209	5.08	138			5.98	96.2
								6.00	95.5

在生产中进行布氏硬度试验时，应根据材料的种类、工件硬度范围来选择钢球的直径D。常用钢球的直径有1mm、2.5mm、5mm和10mm四种，试验力可在9.807～29.42kN范围内变化。布氏硬度试验规范可参照表1-4来选择。

表1-4　布氏硬度试验规范

材 料 类 别	布氏硬度范围	$0.102 \times$ F/D^2 (N/mm^2)	加载保持时间/s	材 料 类 别	布氏硬度范围	$0.102 \times F/D^2$ (N/mm^2)	加载保持时间/s
钢与铸铁	<140	10	10	轻金属及其合金	<35	2.5（1.25）[①]	60
	≥140	30			35～80	10（5 或 15）	30
铜及其合金	<35	5	60		>80	10（15）	30
	35～130	10	30	铅、锡	—	1.25（1）	—
	>130	30	30				

①无特殊规定时，应使用无括号的值。

有时因受条件的限制，或碰到特大铸件、锻件和调质工件而不便用其他硬度试验测定时，可采用锤击式简易布氏硬度试验器。这种试验方法操作简便迅速。试验器构造如图1-7（a）所示。测试时，将试验器垂直放在试件表面，用锤子打击撞杆顶端一次，钢球因受冲击力作用，在标准试棒和试件上留有压痕，测量两个压痕直径，通过计算即可知道试件的布氏硬度值，如图1-7（b）所示。其计算公式为：

$$HB = HB_0 \frac{D - \sqrt{D^2 - d_0^2}}{D - \sqrt{D^2 - d^2}}$$

式中　　HB——试件的布氏硬度值；

　　　　HB_0——标准试棒的布氏硬度值；

　　　　D——钢球直径，mm；

　　　　d_0——标准试棒压痕直径，mm；

　　　　d——测得工件上的压痕直径，mm。

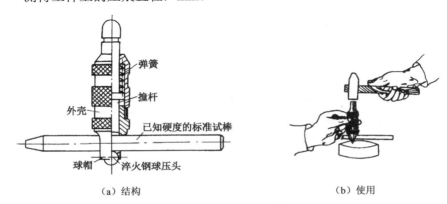

（a）结构　　　　　　　　　　　（b）使用

图1-7　简易布氏硬度试验器及其使用

② 布氏硬度的表示方法。布氏硬度用硬度值、硬度符号、压头直径、试验力和试验保持

时间表示。当保持时间为10～15s时可不标。

例如：170HBW10/1000/30，表示用直径10mm的压头，在9807N（1000kg）试验力作用下，保持30s时测得的布氏硬度为170。

③ 布氏硬度的应用范围与优缺点。布氏硬度主要用于测定铸铁、有色金属以及退火、正火、调质处理后的各种硬度较低的材料。

布氏硬度试验的压痕直径较大，能较准确地反映材料的平均性能。由于强度和硬度间有一定的近似比例关系，因而在生产中较为常用。但由于测压痕直径费时费力，操作时间长，而且不适于测高硬度材料，压痕较大，所以只适宜对毛坯和半成品进行测试。

（2）洛氏硬度

① 洛氏硬度的测量原理。洛氏硬度以压头压入金属材料的压痕深度来表征材料的硬度，其原理图如图1-8所示。压头有两种，其一是锥角为120°的圆锥金刚石压头，另一是直径为ϕ1.5875mm的钢球。因为压痕的深度直接可用百分表测出来，所以洛氏硬度值直接可以从洛氏硬度计的表盘上读出，不需要另外测量和计算，使用起来比布氏硬度试验机方便。

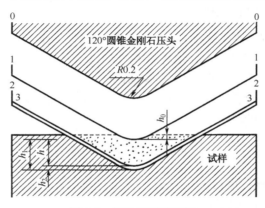

图1-8 洛氏硬度原理图

洛氏硬度值是一个相对值。人们规定每0.002mm压痕深度为一个洛氏硬度单位。洛氏硬度没有量纲。洛氏硬度主要用于较高硬度的测量，压痕小，对工件表面损伤小。

② 洛氏硬度的表示方法。洛氏硬度符号由数字加工符号 HR 以及洛氏硬度标尺组成。

例如：45HRC，表示用 C 标尺测定的洛氏硬度值为45。

③ 常用洛氏硬度标尺与适用范围。常用的洛氏硬度标尺有 A、B、C 三种，其中 C 标尺应用得较为广泛。三种洛氏硬度标尺的试验条件和适用范围见表1-5。

表1-5 常用三种洛氏硬度标尺的试验条件和适用范围

硬度标尺	压头类型	总试验力/N	硬度值有效范围	应用举例
HRA	120°金刚石圆锥体	588.4	60～85HRA	硬质合金、表面淬火
HRB	ϕ1.5875mm 硬质合金钢球	980.7	25～100HRB	软钢、退火钢、铜合金等
HBC	120°金刚石圆锥体	1471.0	20～67HRC	一般淬火钢

④ 洛氏硬度试验法的优缺点。试验操作简单迅速，能直接读取硬度值；压痕小，可测试成品与较薄工件；测试的硬度范围大，可测从很软到很硬的金属材料，应用广泛。但由于压痕小，当材料组织不均匀时，测量值的代表性差。一般须在不同部位测试几次，取读数值的

平均值代表材料的硬度。

（3）维氏硬度

维氏硬度的测量原理如图1-9所示。

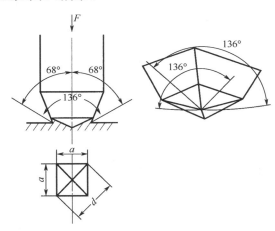

图 1-9　维氏硬度的测量原理

其计算公式为：

$$HV = \frac{F}{A} = 1.8544 \times 0.012 \times \frac{F}{d^2}$$

式中　F——试验力，N；

　　　A——压痕表面积，mm^2；

　　　d——压痕对角线的平均长度，mm。

维氏硬度采用的是一种以正四棱锥金刚石为压头的硬度测量方法。压头的两个相对面间的夹角为136°。硬度值的定义与布氏硬度相同，即压痕表面上单位面积所承受的压力。所不同的是压痕形状为正四棱锥形，用测量压痕对角线的平均长度来计算压痕面积及硬度值。

维氏硬度的代号为 HV。它的优点在于仅用一种压头配以适当试验力就可以对薄厚各异的工件从高硬度到低硬度进行广泛的测量，并且 HV 测量值近似等于 HB 值；它克服了布氏硬度不适宜测太高硬度和洛氏硬度不适合测量太低硬度的不足；同时维氏硬度的压痕较小，对工件表面损坏不大。

硬度值不仅可直接反映出材料的硬度，而且可以间接地反映出材料的强度。也就是说，材料的硬度与强度有一定的对应关系。我国有关标准给出了它们之间的换算值，见表1-6。这种换算是很有实用意义的，尤其是对某些成品构件，直接测量其强度是难以办到的，这时就可以通过硬度测量来估算其强度。硬度测量比强度测量要方便得多，无须做试样，直接在构件上测量即可，对构件也不会产生破坏，硬度测量是很方便实用的。所以，机械图样上对零件的力学性能要求通常以硬度来表示。

（4）肖氏硬度

肖氏硬度应用弹性回跳法，将撞销从一定高度落到所试材料的表面上而发生回跳。撞销是一只具有尖端的小锥，尖端上常镶有金刚钻。用测得的撞销回跳的高度来表示硬度，如图 1-10 所示。

表 1-6　黑色金属硬度与强度换算表

洛 氏 硬 度		布氏硬度 HB	维氏硬度 HV	近似强度值 R_m（MPa）	洛 氏 硬 度		布氏硬度 HB	维氏硬度 HV	近似强度值 R_m（MPa）
HRC	HRA				HRC	HRA			
70	(86.6)		7(1037)		43	72.1	401	411	1389
69	(86.1)		997		42	71.6	391	399	1347
68	(58.5)		959		41	71.1	380	388	1307
67	85.0		923		40	70.5	370	377	1268
66	84.4		889		39	70.0	360	367	1232
65	83.9		856		38		350	357	1197
64	83.3		825		37		341	347	1163
63	82.8		795		36		332	338	1131
62	82.2		766		35		323	329	1100
61	81.7		739		34		314	320	1070
60	81.2		713	2607	33		306	312	1042
59	80.6		688	2496	32		298	304	1015
58	80.1		664	2391	31		291	296	989
57	79.5		642	2293	30		283	289	964
56	79.0		620	2201	29		276	281	940
55	78.5		599	2115	28		269	274	917
54	77.9		579	2034	27		263	268	895
53	77.4		561	1957	236		257	261	874
52	76.9		543	1885	25		251	255	854
51	76.3	(501)	525	1817	24		245	249	835
50	75.8	(488)	509	1753	23		240	243	816
49	75.3	(474)	493	1692	22		234	237	799
48	74.7	(461)	478	1635	21		229	231	782
47	74.2	449	763	1581	20		225	226	767
46	73.7	436	449	1529	19		220	221	752
45	73.2	424	436	1480	18		216	216	737
44	72.6	413	423	1434	17		211	211	724

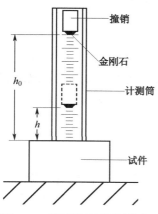

图 1-10　肖氏硬度的测量原理

肖氏硬度试验是一种动态力试验，与布氏、洛氏、维氏硬度等静态力试验法相比，准确度稍差，受测试时的垂直性、试样表面粗糙度等因素的影响，数据分散性较大，其测试结果的比较只限于弹性模量相同的材料。它对试样的厚度和重量都有一定要求，不适于较薄和较小试样，但是它采用一种轻便的手提式仪器，便于现场测试，其结构简单，便于操作，测试效率高。

肖氏硬度用符号 HS 表示，肖氏硬度是指用肖氏硬度试验机测出的值的读数，它的单位是"度"，其描述方法分 A、D 两种，分别代表不同的硬度范围，90°以下的用肖氏 A 硬度试验机测试并得出数据，90°及以上的用肖氏 D 硬度试验机测试并得出数据，所以，一般来讲对于一个橡胶或塑料制品，在测试的时候，测试人员能根据经验进行测试前的预判，从而决定用肖氏 A 硬度试验机还是用肖氏 D 硬度试验机来进行测试。一般手感弹性比较大或者说偏软的制品，测试人员可以直接判断用肖氏 A 硬度试验机测试。而手感基本没什么弹性或者说偏硬的制品就可以用肖氏 D 硬度试验机进行测试。

肖氏硬度试验机便于携带，适用于测定黑色金属和有色金属，特别适用于冶金、重型机械行业中的中大型工件，例如大型构件、铸件、锻件、曲轴、轧辊、特大型齿轮、机床导轨等工件。

5．冲击韧性

材料在冲击载荷作用下抵抗破坏的能力称为冲击韧性。在生产实践中，许多机器零件和工具仅考虑静载荷强度指标是不够的，如锻锤的锤杆、冲床的冲头、汽车的传动件等。这些零件由于载荷的加载速度大、作用时间短，被冲击件常常因局部载荷而产生局部变形和断裂。因此，必须考虑抵抗冲击载荷的能力。

测定材料的冲击韧性常采用夏比摆锤一次冲击试验。其方法是将被测定的材料先加工成冲击试样，冲击试样有U形缺口和V形缺口两种，其外形尺寸为10mm×10mm×55mm，如图1-11所示。

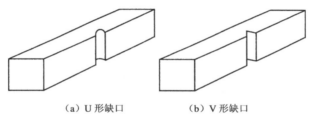

（a）U 形缺口　　　　　　（b）V 形缺口

图 1-11　冲击试样

试验时，将试样放在试验机的机架上，并使试样缺口背向摆锤冲击方向，如图1-12所示，将具有一定重力F的摆锤举至一定高度h_1，使其具有势能（Fh_1），然后摆锤落下冲击试样；试样断裂后摆锤上摆到高度h_2，在忽略摩擦和阻尼等条件下，摆锤冲断试样所做的功称为冲击吸收能量。用U形缺口和V形缺口试样测得的冲击吸收能量分别用KU和KV表示。冲击吸收能量越大，说明材料的韧性越好。

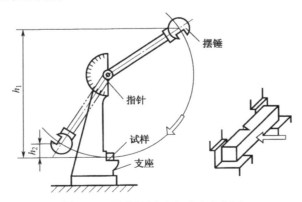

图 1-12　夏比摆锤冲击试验示意图

事实上，材料的抗冲击能力主要取决于材料强度和塑性的综合性能指标，大能量一次冲击时，其抵抗能力主要取决于塑性；而小能量多次冲击时，其抵抗能力主要取决于强度。

冲击吸收能量对温度非常敏感。有些金属材料在室温时可能并不显示脆性，但在较低温度下，则可能发生脆断。如图1-13所示，在进行不同温度的一系列冲击试验时，冲击吸收能量总的变化趋势是随着温度的降低而降低。当温度降至某一数值时，冲击吸收能量急剧下降，金属材料由韧性断裂变为脆性断裂，这种现象称为冷脆转变。金属材料在一系列不同温度的冲击试验中，冲击吸收能量急剧变化或断口韧性急剧转变的温度区域，称为韧脆转变温度区。金属材料的韧脆转变温度越低，说明金属材料的低温抗冲击性越好。

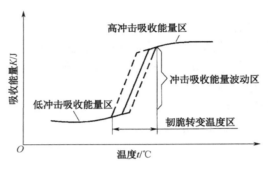

图 1-13　吸收能量-温度曲线

6．疲劳强度

弹簧、曲轴、齿轮等机械零件在工作过程中所承受载荷的大小、方向随时间做周期性的变化，在金属材料内部引起的应力发生周期性波动。此时，由于所承受的载荷为交变载荷，零件承受的应力虽低于材料的屈服强度，但经过长时间的工作后仍会产生裂纹或突然发生断裂。金属的这种断裂现象称为不疲劳断裂。金属材料抵抗交变载荷作用而不产生破坏的能力称为疲劳强度。

金属材料的疲劳强度是采用专门的试验设备测定的。试验时，将材料制成试样，对其施加交变应力，如图1-14所示，观察交变应力R与试样断裂前的应力循环次数N的关系。如果将交变应力R和N的对应关系绘制成图，就得到R-N曲线，称为疲劳曲线，如图1-15所示。

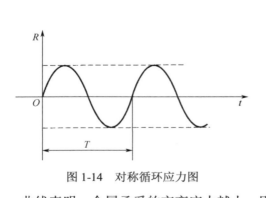

图 1-14　对称循环应力图

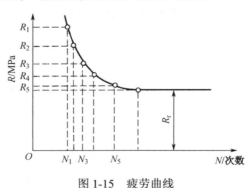

图 1-15　疲劳曲线

曲线表明，金属承受的交变应力越小，则断裂前的应力循环次数N越大，反之则N越小。当应力降至某个数值时，曲线与横坐标平行，表示应力低于此值时试样可以经受无数次周期循环而不被破坏，此应力值称为材料的疲劳强度。

疲劳强度是指金属材料经无限多次交变应力作用而不被破坏的最大应力R_r。显然疲劳强度的数值越大，材料抵抗疲劳强度破坏的能力就越强。当交变应力为对称循环应力时，疲劳强度用符号R_{-1}表示。

疲劳强度是机械零件失效的主要原因之一，而且疲劳强度破坏前没有明显变形，断裂也没有预兆，所以疲劳破坏经常造成重大事故。

机械零件产生疲劳破坏的原因是材料表面或内部有缺陷，如夹杂、划痕或尖角等。显微裂纹随应力循环次数的增加而逐渐扩展，使承力面积减小，最终承力面积减小到不能承受所加载荷而突然断裂。疲劳断裂的零件断口如图1-16所示。

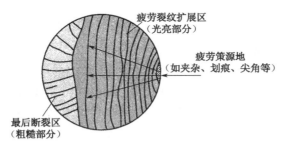

图 1-16　疲劳断裂零件断口示意图

为提高零件的疲劳强度，除合理选材外，细化晶粒、均匀组织、减少材料内部缺陷、改善零件的结构形式、减小零件表面粗糙度数值和采取各种表面强化的方法（如对工件表面淬火、喷丸、渗、镀等）都能取得一定的效果。

二、金属材料的物理与化学性能

1. 物理性能

金属的物理性能是指在重力、电磁场、热力（温度）等物理因素作用下所表现出来的性能或固有属性。它包括密度、熔点、热膨胀性、导热性、导电性和磁性等。

（1）密度

密度是指金属单位体积的质量，用符号ρ表示。

$$\rho=m/V$$

式中　ρ——金属的密度，kg/m^3；

　　　m——金属的质量，kg；

　　　V——金属的体积，m^3。

根据密度的大小，金属材料分为轻金属和重金属。一般密度小于$5kg/m^3$的金属叫做轻金属，密度大于$5kg/m^3$的金属叫做重金属。

密度是金属材料的特性之一，与材料的使用和监测等都有关系。通过测量金属的密度可以鉴别金属和确定铸件的致密程度；在航空工业和汽车工业中，为增加有效载重量，密度是选材需要考虑的重要因素之一。

（2）熔点

金属或合金从固态向液态转变时的温度称为熔点，一般用摄氏温度（℃）表示。

根据熔点的高低，金属材料分为难熔金属和易熔金属。难熔金属（如钨、钼等）主要用于制造要求耐高温的零件，如火箭、导弹、燃气轮机和喷气飞机等方面；易熔金属（如锡、铅等）可以用来制造印刷铅字、熔断丝和防火安全阀等零件。

金属都有固定的熔点，合金的熔点取决于它的成分。熔点是金属和合金冶炼、铸造、焊接的重要工艺参数。

（3）热膨胀性

金属材料在受热时体积会增大，冷却时体积则收缩，这种性能称为热膨胀性。热膨胀性用线胀系数或体胀系数来表示。线胀系数的计算公式为：

$$\alpha_l = (L_2 - L_1)/L_1 t$$

式中　　L_1——膨胀前的长度，mm；

　　　　L_2——膨胀后的长度，mm；

　　　　t——温度差，℃（或K）；

　　　　α_l——线胀系数，1/℃（1/K）。

线胀系数是指温度每升高1℃（或1K）时，金属材料的长度增量与原长度的比值。线胀系数是一个固定不变的数值，它随温度的升高而增大。体胀系数约为线胀系数的3倍。

在实际工作中有时必须考虑热膨胀的影响。例如：一些精密测量工具就要选用膨胀系数较小的金属来制造；在铺设钢轨时，也应考虑钢轨在长度方向的膨胀余地；在制定焊接、热处理、铸造等工艺时必须考虑材料的热膨胀影响，以减少工件的变形或裂开；测量工件尺寸时也要注意热膨胀的因素，以减少测量误差。

（4）导热性

金属材料传导热量的能力称为导热性。导热性的大小通常用热导率来衡量，热导率的单位是W/（m·K）。

热导率大的金属材料的导热性好，金属的导热性以银最好，铜、铝次之。在一般情况下合金的导热性比纯金属差。

导热性好的金属散热也好，因此在制造散热器、热交换器与活塞等零件时，要选用导热性好的金属材料。

（5）导电性

金属材料能够传导电流的性能称为导电性。衡量金属材料导电性能的指标是电阻率ρ。长1m，横截面积为1mm²的物体在一定温度下所具有的电阻数，叫电阻率。电阻率的单位是Ω·m。金属的电阻率越小，其导电性就越好。

金属导电性以银为最好，铜、铝次之。导电性好的材料（如铜、铝）适用于做导电材料，导电性差的材料（如铁铬合金、镍铬铝等）适用于制造仪表零件或电热元件。

（6）磁性

金属材料在磁场中被磁化而呈现磁性强弱的性能称为磁性。根据金属材料在磁场中受到磁化程度的不同，可分为：

铁磁性材料——在外加磁场中，能够强烈磁化到很大程度，如铁、钴等，可用于制造变压器、电动机和测量仪表等；

顺磁性材料——在外加磁场中，呈现十分微弱的磁性，如锰、铬等；

抗磁性材料——能够抗拒或减弱外加磁砀的磁化作用的金属，如铜、锌等，可用于制作要求避免电磁场干扰的零件和结构。

但对某些金属来说，磁性也不是固定不变的，如铁在768℃以上转变为顺磁体。

常用金属的物理性能见表1-7。

表1-7　常用金属的物理性能

金属名称	符号	密度 ρ（20℃）/（$\times10^3$kg/m³）	熔点/℃	热导率 λ/[W/（m·K）]	线胀系数 α_l（0～100℃）/（$\times10^{-6}$℃）	电阻率 ρ（0℃）/（$\times10^{-8}\Omega\cdot$m）	电导率/%
银	Ag	10.49	960.8	418.6	19.7	1.5	100
铝	Al	2.6984	660.1	221.9	23.6	2.655	60
铜	Cu	8.96	1083	393.5	17.0	1.67～1.68（20℃）	95
铬	Cr	7.19	1903	67	6.2	12.9	12
铁	Fe	1.87	1538	75.4	11.76	9.7	16
镁	Mg	1.74	650	153.7	24.3	4.47	36
锰	Mn	7.43	1244	4.98（-192℃）	37	185（20℃）	0.9
镍	Ni	8.90	1453	92.1	13.4	6.84	23
钛	Ti	4.508	1677	15.1	8.2	42.1～47.8	3.4
锡	Sn	7.298	231.91	62.8	2.3	11.5	14
钨	W	19.3	3380	166.2	4.6（20℃）	5.1	29

2. 化学性能

金属材料的化学性能是指金属在化学作用下所表现的性能，它包括耐腐蚀性、抗氧化性和化学稳定性等。

（1）耐腐蚀性

耐腐蚀性是指金属材料在常温下抵抗氧化、水蒸气及其他化学介质腐蚀破坏作用的能力，包括化学腐蚀和电化学腐蚀两种类型。化学腐蚀一般是在干燥气体及非电解液中进行的，腐蚀时没有电流产生；电化学腐蚀是在电解液中进行的，腐蚀时有微电流产生。

根据介质侵蚀能力的强弱，对于不同介质中工作的金属材料的耐蚀性要求也不相同。有时，一种金属材料在某种介质、某种条件下是耐蚀的，而在另一种介质或条件下就可能不耐蚀。

（2）抗氧化性

金属材料抵抗氧化作用的能力称为抗氧化性。金属材料的氧化性随着温度升高而增强，如钢材在铸造、锻造、热处理和焊接等加热过程中，氧化比较严重，这不仅会造成材料过量的损耗，也易形成各种缺陷。故此，常采用还原或保护气体，避免金属材料的氧化。

（3）化学稳定性

化学稳定性是金属材料的耐腐蚀性和抗氧化性的总称。金属材料在高温下的化学稳定性叫做热稳定性。在高温条件下工作的设备（如锅炉、加热设备、汽轮机和喷气发动机等）的部件需要选择热稳定性好的材料来制造。

三、金属材料的工艺性能

金属材料的工艺性能是金属材料对不同加工工艺方法的适应能力，包括铸造性能、锻压性能、焊接性能、切削加工性能和热处理性能等。工艺性能直接影响零件制造的工艺、质量与成本，是制定零件工艺路线时必须考虑的重要因素。

1. 铸造性能

铸造性能是在铸造过程中金属熔化成液态后铸造成形时所具有的一种特性，它主要取决于金属的流动性、收缩性和偏析倾向等。

（1）流动性

流动性是指熔融金属的流动能力。金属的流动性越好，其充型能力就越强，越能获得清晰完整的轮廓和精确的尺寸。流动性的影响因素主要是化学成分和浇注的工艺条件。

（2）收缩性

在由液态凝固和冷却至室温的过程中，铸造合金体积和尺寸会减小，这种现象就称为收缩性。

铸造合金收缩性过大会影响尺寸精度，还会在内部产生缩孔、疏松、内应力、变形和开裂等缺陷。铁碳合金中，灰铸铁收缩率小，铸钢收缩率大。

（3）偏析倾向

金属凝固后，其内部的化学成分和组织不均匀的现象称为偏析。偏析严重时，可使铸件各部分的力学性能产生很大的差异，从而降低铸件的质量，偏析倾向对于大型的铸件尤为突出，其危害性更大。

2. 锻压性能

用锻压成形方法获得优良锻件的难易程度称为锻压性能。

锻压性能常用塑性和变形抗力两个指标来综合衡量。塑性越好，变形抗力越小，则金属的锻压性能越好。化学成分会影响金属的锻压性能，纯金属的锻压性能优于一般合金。铁碳合金中，含碳量越低，锻压性能越好；合金钢中，合金元素的种类和含量越多，锻压性能越差，钢中的硫会降低锻压性能。金属组织的形式也会影响其锻压性能。

3. 焊接性能

焊接如图 1-17 所示，它是将两个或两个以上的焊件在外界某种能量的作用下，借助各焊件接触部位原子间的相互结合力连接成一个不可拆除的整体的一种加工方法。

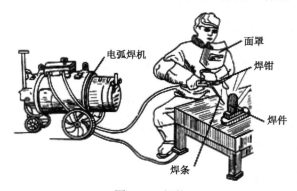

图 1-17　焊接

焊接性能是金属材料对焊接加工的适应性，即在一定的焊接工艺条件下，获得优质焊接接头的难易程度。对碳钢和低合金钢而言，焊接性能主要与其化学成分有关（其中碳的影响最大）。如低碳钢具有良好的焊接性能，而高碳钢和铸铁的焊接性能则较差。

4．切削加工性能

切削金属材料的难易程度称为材料的切削加工性能，一般用工件切削时的切削速度、切削抗力的大小、断屑能力、刀具的耐用度以及加工后的表面粗糙度来衡量。

影响切削加工性能的因素主要有化学成分、组织状态、硬度、韧性、导热性及形变强化等。硬度低、韧性好、塑性好的材料，切屑易黏附于刀刃而形成刀瘤，切屑不易折断，致使表面粗糙度变差，并降低刀具的使用寿命；而硬度高、塑性差的材料，消耗功率大，产生热量多，并降低刀具的使用寿命。

一般认为材料具有适当硬度和一定脆性时，其切削加工性能较好，如灰铸铁比钢的切削加工性能好。另外，切削塑性金属材料时，工件在加工表面层的硬度明显提高而塑性下降的现象称为表面加工硬化。此时在加工表面受刀具挤压产生的塑性变形部分不能恢复，因而产生的变形抗力较大，表面形变强化。当以较小的切削深度再次切削时，刀具不易切入，并易磨损刀具，而且在加工表面硬化层常常伴有裂纹，使表面粗糙度值增大，疲劳强度下降。因此，应尽量设法消除这种现象。

5．热处理性能

热处理是改善钢切削加工性能的重要途径，也是改善材料力学性能的重要途径。热处理性能包括淬透性、淬硬性、过热敏感性、变形开裂倾向、回火脆性倾向、氧化脱碳倾向等。

碳钢热处理变形的程度与其含碳量有关。一般情况下，含碳量越高，变形与开裂倾向越大，而碳钢又比合金钢的变形开裂倾向严重。钢的淬硬性也主要取决于含碳量。含碳量高，材料的淬硬性好。

 习题与思考题

1．什么是载荷？根据性质不同可分为哪几种？

2．何谓力学性能？金属材料的力学性能有哪些？

3．拉伸试验可测定哪几种力学性能指标？

4．绘出低碳钢的力-拉伸曲线，并指出拉伸时的几个阶段。

5．什么是强度？强度有哪些衡量指标？这些指标用什么符号表示？

6．什么是塑性？塑性有哪些衡量指标？这些指标用什么符号表示？

7．什么是硬度？常用的硬度试验法有哪几种？各用什么符号表示？

8．常用洛氏硬度标尺有哪三种？各用什么符号表示？最常用的是哪一种？

9．什么是冲击韧性？测定材料冲击韧性时常用的冲击试样有哪两种？

10．什么是疲劳强度？

11．金属的物理性能有哪几种？它们与金属材料的使用有何关系？

12．什么是金属的工艺性能？它包括哪些内容？

1.2 金属的结构与结晶

不同的金属材料具有不同的性能，相同成分的金属材料经过不同的加工处理使其具有不同组织时，也会具有不同的性能。因此，要掌握材料的性能，就必须了解金属的内部组织结构。

一、金属的晶体结构

1．晶体结构的基本知识

（1）晶体与非晶体

物质是由原子组成的，根据物质材料内部原子聚集状态的不同，工程材料可以分为晶体与非晶体两大类。晶体物质内部的原子是按一定次序有规则排列的，如图 1-18 所示，非晶体物质内部的原子则无规则、杂乱地堆积着，它们的特征见表 1-8。

表 1-8 晶体与非晶体的特征

特征 类别	原子排列	外形	物理性能	熔点	典型物质
晶体	按一定的几何规律周期性排列（长程有序）	有规则几何外形	各向异性	有确定熔点	食盐、糖、味精、固体金属与合金
非晶体	杂乱无章（长程无序、短程有序）	无	各向同性	无确定熔点	沥青、松香、玻璃、橡胶

（2）晶格

利用 X 射线分析法，已经测得了各种晶体中原子的排列规律。为了便于分析和描述晶体中原子排列的情况，可示意地将原子缩小，看成一个小球，并用假想线条将各原子的中心连接起来，这样就得到了一个抽象化的空间格架。描述原子在晶体中排列方式的空间格架叫做晶格，如图 1-19 所示。

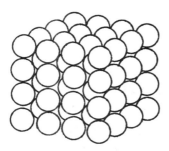

图 1-18 金属中原子的排列情况

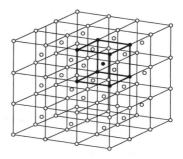

图 1-19 晶格

（3）晶胞

由于晶体中原子排列具有周期性的特点，为了简化分析，通常取晶格中一个能够完整反映晶格特征的最小几何单元——晶胞，如图 1-20 所示，来描述该晶体结构的类型和原子在空间排列的规律。

图 1-20　晶胞

（4）晶面和晶向

在晶体中，由一系列原子组成的平面称为晶面。如图 1-21 所示，为简单立方晶格中的某些晶面。通过两个或两个以上原子中心的直线表示晶格空间的各种方向，称为晶向，如图 1-22 所示。由于在同一晶格中的不同晶面和晶向上原子排列的疏密程度不同，因此原子间结合力也就不同，从而在不同的晶面和晶向上显示出不同的性能，这就是晶体具有各向异性的原因。

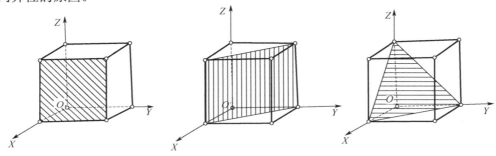

图 1-21　立方晶格中的某些晶面

必须指出，位于晶格结点上的原子不是静止不动的，而是以结点为中心做热振动，并且随着温度的升高，原子热振动的振幅也将加大。另外，实际使用的金属材料一般为多晶体，在实际晶体中，原子排列不可能这样规则和完整。在晶体内部，由于种种原因，在局部区域内原子的排列往往会受到干扰而被破坏。因此，实际晶体中的原子以规则排列为主，兼有不规则排列，这就是实际金属晶体结构的特点。

2．常见金属的晶格类型

（1）体心立方晶格

体心立方晶格的晶胞是一个立方体，原子位于立方体的中心和 8 个顶角上，如图 1-23 所示。属于这种晶格的金属有钨（W）、钼（Mo）、钒（V）、铌（Nb）、钽（Ta）及 α-铁（α-Fe）、铬（Cr）等。

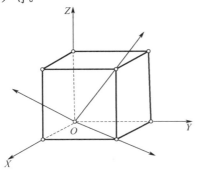

图 1-22　立方晶体中的几个晶向

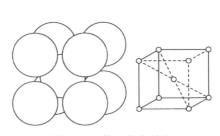

图 1-23　体心立方晶胞

（2）面心立方体晶格

面心立方体晶格的晶胞也是一个立方体，原子位于立方体 6 个面中心处和 8 个顶角上，如图 1-24 所示。属于这种晶格的金属有金（Au）、银（Ag）、铜（Cu）、铝（Al）、铅（Pb）、镍（Ni）及 γ-铁（γ-Fe）等。

（3）密排六方体晶格

密排六方体晶格的晶胞是一个六方体，原子位于立方体 6 个面的中心处和 8 个顶点上，如图 1-25 所示。属于这种晶格的金属有镁（Mg）、铍（Be）、镉（Cd）、锌（Zn）等。

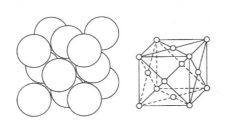 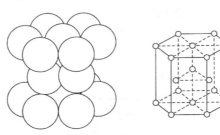

图 1-24　面心立方晶胞　　　　　　　　图 1-25　密排六方体晶胞

3．单晶体和多晶体

（1）单晶体

只由一个晶粒组成的晶体，称为单晶体，如图 1-26 所示。单晶体的晶格排列方位完全一致。单晶体必须由人工制作，如生产半导体元件的单晶硅、单晶锗等。单晶体在不同方向上具有不同性能的现象称为各向异性。

（2）多晶体

多晶体是由很多大小、外形和晶格排列方向均不相同的小晶体组成的，小晶体称为晶粒，晶粒间交界的地方称为晶界，如图 1-27 所示。

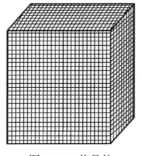 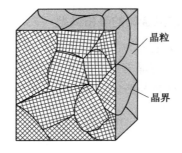

晶粒

晶界

图 1-26　单晶体　　　　　　　　　图 1-27　多晶体

晶粒的尺寸很小，如钢铁材料的晶粒一般在 $10^{-1}\sim10^{-3}$mm，只有在显微镜下才能观察到，如图 1-28 所示就是在显微镜下所观察的纯铁的晶粒与晶界。这种在金相显微镜下所观察到的组织，称为显微组织或金相组织。

普通金属材料都是多晶体，虽然每个晶粒具有各向异性，但由于各个晶粒位向不同，加上晶界的作用，使得各晶粒的有向性互相抵消，因而整个多晶体呈现出无向性，即各向同性。

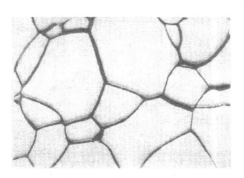

图 1-28　纯铁显微组织

4．金属的晶体缺陷

由于多种原因的影响，金属原子的排列规律受到干扰和破坏，使晶体中的某些原子偏离正常位置，出现紊乱排列的现象，如图 1-29 所示。这种现象称为金属的晶体缺陷。

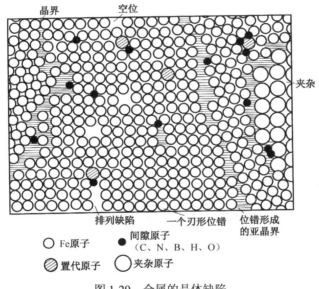

图 1-29　金属的晶体缺陷

（1）点缺陷

最常见的点缺陷是"晶格空位"和"间隙原子"，如图 1-30 所示。当晶格中某些原子由于某种原因（如热振动的偶然偏差等）脱离其晶格结点而转移到晶格间隙时便会造成这些缺陷。由于这些缺陷的存在，会使其周围的晶格发生畸变。

（2）线缺陷

线缺陷即晶格中的"位错线"。位错可视为晶格中一部分晶体相对于另一部分晶体的局部滑移，晶体滑移的部分与未滑移部分的交界线即为位错线。由于晶体中局部滑移的方式不同，可形成不同类型的位错。如图 1-31 所示，为晶体的右上部分相对于右下部分的局部滑移所造成的最简单的一种位错，由于右上部分的局部滑移，结果在晶格的上半部挤出了一层多余的原子面，像是在晶格中额外插入了半层原子面一样，该多余半层原子面的边缘便为位错线，这种位错线称为"刃形位错线"。沿位错线周围晶格发生了畸变。

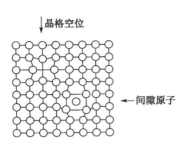

图 1-30 晶格空位和间隙原子的示意图

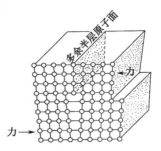

图 1-31 刃形位错线的晶格结构示意图

金属晶体中的位错线往往大量存在，相互连接呈网状分布。位错线的密度通常在 $10^4 \sim 10^{12}\text{cm/cm}^3$。

（3）面缺陷

面缺陷是指在晶体的空间中分布着的较大的缺陷。常见的面缺陷有金属晶体中的晶界和亚晶界，如图 1-32 所示。

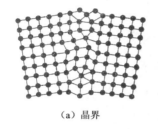

（a）晶界　　　　　　　　　　　　　　　（b）亚晶界

图 1-32　面缺陷

二、纯金属的结晶

金属材料在冶炼和铸造过程中要经过由液态变为固态的凝固过程。这个过程就是晶体结构的形成过程，称为结晶。

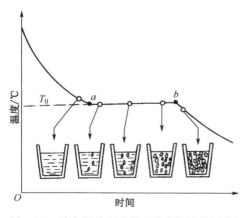

图 1-33　纯金属冷却曲线的绘制过程示意图

1．金属结晶的基本规律

（1）纯金属的冷却曲线

将熔化的纯金属以非常缓慢的速度冷却，在冷却过程中观察并记录温度和时间，并将其描绘在温度-时间坐标图上，便能得到纯金属的冷却曲线，这种方法称为热分析法。图 1-33 所示为纯金属冷却曲线的绘制过程示意图。

由图中可见，随着冷却时间的延长，液态金属的温度将不断降低。当冷却到 a 点时，液态金属开始结晶。由于金属结晶过程中释放出结晶潜热，补偿了冷却时散失在空气中的热量，因而液态金属的温度并不随着时间的延长而下降，直至 b 点结晶终止时才继续下降。ab 两点之间为结晶阶段，在冷却曲线上表现为一水平线段，它所对应的温度就是这种金属的结晶温度。从理论上说，它应与金属加热时的熔化温度即熔点是一致的，通常称它为理论结晶温度（℃）。

金属发生结构改变的温度称为临界温度，简称临界点。由液态金属凝固成为固态金属是原子由不规则排列过渡到规则排列的过程，所以结晶温度也是临界点之一。

（2）过冷度

实际生产中，金属自液态向固态结晶时都有较大的冷却速度，此时，液态金属将在理论结晶温度以下某一温度 T_1 才开始进行结晶。金属的实际结晶温度 T_1 低于理论结晶温度 T_0，这一现象称为过冷。实际结晶温度和理论结晶温度之差称为过冷度。纯金属结晶时的过冷现象如图 1-34 所示。

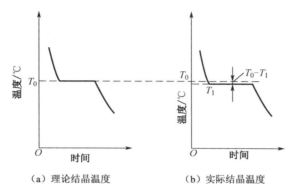

（a）理论结晶温度　　　（b）实际结晶温度

图 1-34　纯金属结晶时的过冷现象

过冷度不是一个恒定值，它与液态金属的冷却速度有关。冷却速度越大，金属的实际结晶温度越低，过冷度就会越大。在实际生产中，过冷是金属结晶的必要条件。

（3）纯金属的结晶过程

当液态金属冷却到结晶温度时，不断地在液体中形成一些微小的晶体，并吸引其周围原子，以它为中心逐渐生长。这种作为结晶核心的微小晶体称为晶核。结晶就是在液态金属中不断形成晶核和晶核不断长大，直至液态金属全部消失的过程。

图 1-35 所示为纯金属结晶过程示意图。从图中可以看出，金属在结晶过程中，起初各个晶体都是按照各自的方向自由地生长，并且有着规则的外形，但生长着的晶体彼此接触后，在接触处被迫停止生长，规则的外形遭到了破坏，凝固后，便形成了许多互相接触而具有不同外形的晶体（晶粒）。

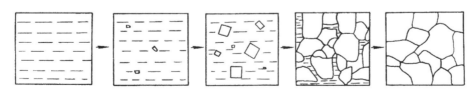

图 1-35　纯金属结晶过程示意图

2. 晶核的形成与长大

金属最基本的结晶规律是一个晶核的形成与长大的过程。液体从高温冷却到结晶温度的过程中，其结构就已经开始向晶体状态逐渐地过渡，也就是随时都在不断地产生许多类似晶体中原子排列的小集团，其特点是不仅尺寸较小、大小不一，而且极不稳定、时聚时散。这种不稳定的原子排列小集团便是随后产生晶核的来源，称它为"晶胚"。

当液体被过冷至结晶温度以下时，这些具有较大尺寸因而比较稳定的晶胚便有了条件进一步成长，这些真正能够得到成长的晶胚叫做晶核。

在晶核开始成长的初期，因其内部原子规则排列的特点，其外形也大多是比较规则的。但随着晶核的成长、晶体棱角的形成，棱角处的散热条件优于其他部位，因而便得到优先成长，如树枝一样先长出枝干，再长出分枝，最后再把晶间填满，如图 1-36 所示。这种成长方式叫做"枝晶成长"。冷却速度越大，过冷度越大，枝晶成长的特点便越明显。

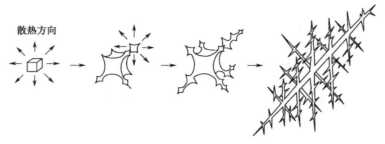

图 1-36　晶体成长示意图

3. 晶粒大小及控制

晶粒的大小是金属组织的重要标志之一，它对材料的影响很大，表 1-9 说明了晶粒大小对纯铁机械性能的影响。

表 1-9　晶粒大小对纯铁机械性能的影响

晶粒的平均直径/μm	R_m /MPa	R_{eL} /MPa	A/%
70	184	34	30.6
25	216	45	39.5
2.0	268	58	48.8
1.6	270	66	50.7

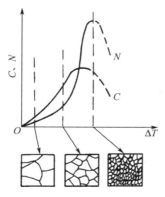

图 1-37　形核率 N、长大速率 C 与过冷度 ΔT 的关系

一般来说，金属结晶后，晶粒越细小，常温下力学性能越好。结晶后的晶粒大小主要取决于形核率 N（单位时间、单位体积内所形成的晶核数目）与晶核的长大速率 C（单位时间内晶核向周围长大的平均线速度），如图 1-37 所示。从图中不难看出，形核率越高，长大速率相对增长较慢，则结晶后的晶粒就越细，因而在生产中一般通过提高形核率并控制晶粒长大速率的方法来细化晶粒。其具体方法见表 1-10。

表 1-10　细化晶粒常用的方法

方　法	说　明	应　用
增加过冷度	过冷度越大，金属液的结晶能力越强，单位体积中晶粒数目越多，晶粒细化	只适用于中、小型铸件。对于大铸锭或大铸件，不易使整个体积均匀冷却。如降低铸造温度，用金属型代替砂型
变质处理	在液态金属结晶前加入一些细小变质剂，使结晶时形核率 N 增加，应用很广	浇注前向钢液中加入铝、钛、硼，向铸铁中加入硅、钙，向铝液中加入钛等方法
附加振动	振动能使液态金属在铸模中运动，造成枝晶破碎	采用附加机械振动、超声波振动、电磁振动等措施
热处理	相关内容将在热处理的有关章节加以介绍	钢的退火、正火等

4．金属的铸态组织

（1）组织的形成及其性能

如果将一个金属铸锭剖开，便可看到其典型的剖面具有如图 1-38 所示的三个不同特征的晶区。具体情况见表 1-11。

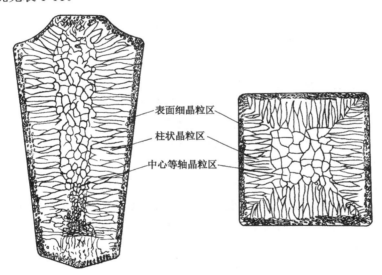

表面细晶粒区

柱状晶粒区

中心等轴晶粒区

图 1-38　铸锭结晶构造示意图

表 1-11　铸锭组织三个不同晶区的特征性能

晶　区	说　明	性　能
表面细晶粒区	液态金属浇入锭模时，与冷的模壁接触的一部分金属液体被迅速冷却，因此在较大过冷度下结晶，形成一层很薄的细晶粒表层	组织较致密，力学性能较好。但在铸件中，表面细晶粒区往往很薄，所以除对某些薄壁铸件具有较好的效果外，对一般铸件的性能影响不大
柱状晶粒区	由于外层已形成一层热的壳，铸锭内部的温度较高，晶核较难形成，因此表面层的晶粒便向内生长。次层晶粒生长时，因受相邻晶粒的限制，只能沿散热相反方向向内生长，故此形成了垂直于模壁的柱状晶粒层	组织比较致密，不像等轴晶粒那样容易形成显微缩松，但在垂直于模壁处发展起来的两排相邻的柱状晶的交界面上（例如铸锭横截面上的对角线处，如图 1-39 所示），强度、塑性较差，且常聚集了易熔杂质和非金属夹杂物，形成一个明显的脆弱面，在锻、轧加工时，可能沿此脆弱面开裂

续表

晶 区	说 明	性 能
中心等轴晶粒区	随着柱状晶的生长，铸锭内部的液体都达到了结晶温度，形成了许多晶核，同时向各个方向生长，阻止了柱状晶的继续发展，因而在铸锭中心部分形成了等轴的晶粒。由于中心部分冷却较慢，因此晶粒也较粗大（如果冷却速度很快，柱状晶就会迅速向中心发展，贯穿整个铸锭，这种组织叫做穿晶组织。大多数焊缝组织都具有比较粗大的穿晶组织）	各个方向的性能较为均匀，无脆弱的分界面，取向不同的晶粒互相咬合，使裂纹不易扩展，故生产中常希望得到细小的等轴晶粒。但是，等轴晶区的组织比较疏松，因而力学性能较低

图 1-39　铸锭中强度较差的区域

对塑性较差的黑色金属来说，一般不希望有较大的柱状晶区。对纯度较高、不含易熔杂质、塑性较好的有色金属来说，有时为了获得较为致密的铸锭，反而要使柱状晶区扩大。另外，在某些场合，如果要求零件沿着某一方向具有优越的性能，也可利用柱状晶沿其长度方向性能好的优点，使铸件全部成为同一方向的柱状晶组织，这种工艺称为定向凝固。金属的铸态组织还与合金成分和浇注条件等因素有关。

一般提高浇注温度，提高铸模的冷却能力和定向性散热等均有利于柱状晶区厚度的增加。浇注温度低、冷却速度慢、散热均匀、变质处理和附加振动搅拌等都有利于等轴晶区的发展。尤其是加入有效的形核剂和附加振动等，能使铸件获得细小的等轴晶粒组织。

（2）铸锭的缺陷

金属铸锭的铸态组织除了具有上述特点外，往往还存在各种铸造缺陷，见表 1-12。

表 1-12　铸锭的缺陷

缺 陷	说 明
缩孔	铸锭结晶时，先凝固部分的体积收缩可由尚未凝固的液体补充。当液体金属由外向内、由下向上冷却时，铸锭上部最后凝固部分得不到液体金属的补充，使整个铸锭凝固时的体积收缩都集中在这个部位，形成了倒圆锥形的收缩孔洞，称为缩孔。铸锭的缩孔要切除，不能残留下来
缩松	多发生于粗大等轴区。由于各个等轴晶粒在树枝状长大过程中互相交叉，造成了许多封闭小区，将残留在这些小区中的液体完全隔绝起来。这些封闭小区内的液体在凝固收缩时，得不到外界液体的补充，于是形成许多微小的缩孔，这样的缩孔叫做缩松。若缩松处没有杂质，则在高温压力加工过程中可被焊合起来
气孔及裂纹	在金属液体凝固时，溶解于金属液体中未逸出的气体，会以气孔的形式留在铸锭中。气孔可存在于铸锭内部，也可能接近铸锭表面。铸锭内部的气孔在热压力加工时可被焊合，但是那些靠近铸锭表面的气孔，则可能与空气连通而发生氧化，在热加工时无法焊合，结果使钢材表面出现裂纹

续表

缺　陷	说　明
偏析	金属内部化学成分不一致的现象称为偏析。在铸锭缩孔附近，往往聚集着各种杂质，当液态金属中含有较多的杂质时，其熔点降低，凝固较晚，导致杂质元素集中在最后凝固的部分，这种现象称为区域偏析
非金属夹杂物	在浇注铸锭时，砂子和耐火材料的碎粒剥落进入金属液体而形成夹砂，未及时浮出而被凝固在铸锭内的熔渣形成夹渣。这两种夹杂物统称为非金属夹杂物

5. 同素异构转变

大多数金属的晶格类型都是固定不变的，但有些金属，如铁、锰、锡、钛等金属的晶格类型会随温度的升高或降低而发生改变。金属在固态下，随温度的改变由一种晶格转变为另一种晶格的现象，称为同素异构转变。由同素异构转变所得到的不同晶格的晶体，称为同素异构体。在常温下的同素异构体一般用希腊字母 α 表示，在较高温度下的同素异构体依次用 β、γ、δ 等表示。

纯铁是具有同素异构性的金属，如图 1-40 所示为纯铁的同素异构转变冷却曲线。由图可知，液态纯铁在 1538℃ 进行结晶，得到具有体心立方晶格的 δ-Fe；继续冷却到 1394℃ 时发生同素异构转变，δ-Fe 转变为面心立方晶格的 γ-Fe；继续冷却到 912℃ 时又会发生同素异构转变，γ-Fe 转变为体心立方晶格的 α-Fe；如再继续冷却到室温，晶格类型将不再发生变化。这些转变可用下式表示：

$$\delta\text{-Fe} \; \underset{1394℃}{\rightleftharpoons} \; \gamma\text{-Fe} \; \underset{912℃}{\rightleftharpoons} \; \alpha\text{-Fe}$$

（体心立方晶格）　　　　（面心立方晶格）　　　（体心立方晶格）

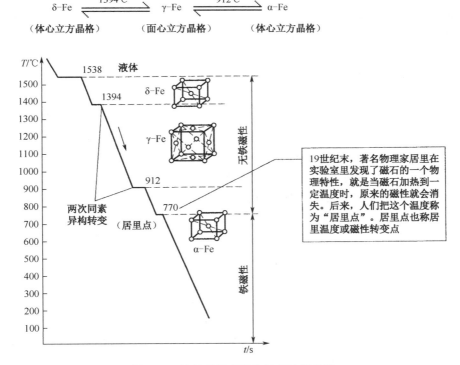

图 1-40　纯铁的同素异构转变冷却曲线

金属的同素异构转变也是一种结晶过程，它同样包含晶核的形成和长大，如图 1-41 所示，一般称为重结晶，但其过程是在固态下进行的。铁的同素异构转变是钢铁能够进行热处理的重要依据。但在同素异构转变时，新晶格的晶核优先在原来晶粒的晶界处形核，转变需要较大的过冷度；晶格的变化会带来金属体积的变化，转变时会产生较大的内应力。如 γ-Fe 转变为 α-Fe 时，铁的体积会膨胀约 1%，这是钢热处理时引起内应力，导致工件变形和开裂的重要原因。

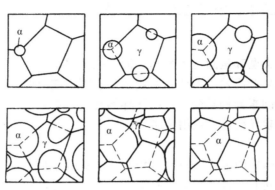

图 1-41　纯铁的同素异构转变示意图

三、合金的结晶

1. 合金的结构

纯金属虽具有良好的导电性、导热性，在生产中应用也广泛，但其强度、硬度一般很低，且价格较高，在使用上受到一定的限制，实际生产中使用较多的是合金。

（1）基本概念

① 合金。合金是指两种或两种以上的金属元素或金属元素与非金属元素熔合在一起所得到的具有金属特性的物质。

② 组元。组元是组成合金最基本的、独立的物质。如普通黄铜就是由铜和锌两种组元组成的二元合金。组元一般是组成合金的元素，有时也可是稳定的化合物。

合金一般具有比组成该合金的金属组元要高的硬度和强度。各给定组元可以配制出一系列不同成分的合金，以此来调节合金的性能，满足工业生产的各种要求。

③ 相。合金中成分、结构及性能相同的均匀组成部分称为相。相与相之间具有明显的界面。合金的性能是由组成合金的各相本身的结构和各相的组合情况决定的。

④ 组织。在金属及合金内部晶体或晶粒大小、方向、形状、排列状况等组成关系的构造情况称为组织。纯金属一般为单相组织，合金的组织则较为复杂。

（2）合金的组织

根据合金各组元之间相互作用的不同，可将合金中的相结构大致分为固溶体和金属化合物两大类。合金的组织主要有固溶体、金属化合物及机械混合物三类。

① 固溶体。固溶体是溶质原子溶入溶剂晶格中所形成的均匀固体合金。基体组元称为溶剂，溶入基体的组元称为溶质。根据溶质原子在溶剂晶格中所处的位置不同，固溶体分为两类，见表 1-13。

表 1-13 固溶体

分　类	结　构	特　点　说　明
间隙固溶体	溶剂原子 溶质原子	溶质原子分布在溶剂晶格的间隙处。只有在溶质原子尺寸很小、溶剂的晶格间隙较大的条件下，才能形成间隙固溶体。碳、氮、硼等非金属元素溶入铁中形成的固溶体即属于这种类型。间隙固溶体所溶解的溶质数量是有限的
置换固溶体	溶剂原子 溶质原子	若两种原子直径大小相近，则在形成固溶体时，溶剂晶格上的部分原子被溶质原子所置换，这类固溶体称为置换固溶体。大多数合金元素溶入铁中形成的固溶体都属于这种类型。溶质原子和溶剂原子能以任何比例互相置换的称为无限固溶体，只能置换到一定数量的称为有限固溶体

　　无论是间隙固溶体还是置换固溶体，都因溶质原子的加入而使溶剂晶格发生歪扭，从而使合金对塑性变形的抗力增加。这种通过溶入溶质元素形成固溶体，使金属材料强度、硬度增高的现象，称为固溶强化，如图 1-42 所示。固溶强化是提高金属材料力学性能的一种重要途径。

　　固溶强化在提高金属强度的同时可能使其塑性、韧性下降。但只要溶质的含量适当，则在强化的同时仍能保持其良好的塑性和韧性。实际使用的金属材料绝大多数是形成固溶体或以固溶体为基体的合金。

　　② 金属化合物。组成合金的组元，按一定原子数量比相互化合而成的完全不同于原组元晶格的新相，且具有金属特性的固体合金称为金属化合物。

　　金属化合物最突出的特点是具有完全不同于原组元的晶体结构。如 Fe 是面心立方晶格或体心立方晶格，C 一般情况下是六方晶格，而 Fe 与 C 组成的化合物——Fe_3C，具有如图 1-43 所示的复杂晶体结构。

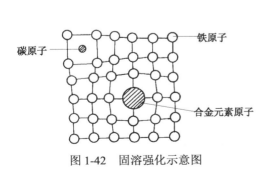

图 1-42 固溶强化示意图

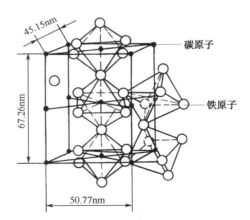

图 1-43 Fe_3C 的晶体结构

金属化合物一般具有很高的硬度和很大的脆性。合金中的金属化合物通常能提高合金的强度、硬度和耐磨性。

③ 机械混合物。当组成合金的组元不能完全溶解或完全化合时，则形成由两相或多相构成的组织，称为机械混合物。

机械混合物中各个相仍保持各自的晶格和性能，因而机械混合物的性能取决于各组成相的相对数量、形状、大小和分布情况。工业上绝大多数合金属于机械混合物，如钢、生铁、铝合金、青铜、轴承合金等。由机械混合物构成的合金往往比单一固溶体具有更高的强度和硬度。

2. 合金的结晶及其相图

合金的结晶凝固过程和纯金属虽有相似之处，但纯金属的结晶总是在某一温度下进行的，而合金大多是在某一温度范围内进行的，并且在结晶过程中各相的成分还会发生变化。因此合金的结晶过程比纯金属复杂得多，要用相图才能表示清楚。

（1）合金相图的建立和分析

合金相图可以用热分析法作出，将合金的组织状态描绘在以温度为纵坐标、合金化学成分为横坐标的图形上，就得出了合金相图。相图上的合金化学成分通常用质量分数表示。

下面以 Pb-Sb 合金为例，说明具有共晶反应的二元合金相图的建立方法。

① 配制。配制一系列化学成分不同的 Pb-Sb 合金，见表 1-14。

表 1-14　Pb-Sb 合金的化学成分与临界点

化学成分（质量分数/%）	Pb	100	95	89	50	0
	Sb	0	5	11	50	100
临界点/℃	开始结晶温度	327	300	252	490	631
	结晶终了温度	327	252	252	252	631

② 绘图。分别测定并作出所配合金的冷却曲线，即图 1-44 中的 1、2、3、4、5 冷却曲线。

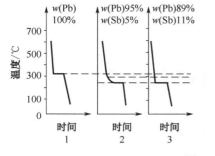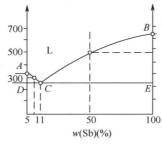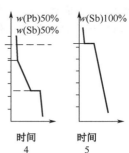

图 1-44　Pb-Sb 合金相图的绘制

③ 找临界点。找出各冷却曲线上的临界点，分别画在对应的合金化学成分、温度坐标中。

④ 连线。将相同意义的临界点连接，就得到了如图 1-44 所示的 Pb-Sb 合金相图。

图 1-44 中各点和线的意义：

A 点——纯组元铅的熔点（327℃）。

B 点——纯组元锑的熔点（631℃）。

ACB 线——液相线。此线以上，合金呈液相，用 L 表示。不同成分的液态合金冷却到此温度线时即开始结晶。*AC* 线以下，从液相中结晶出 Pb；*CB* 线以下，从液相中结晶出 Sb。

DCE 线——固相线。合金冷却到此温度线结晶完毕，故此线以下合金呈固相。*ACB* 线和 *DCE* 线之间的区域为凝固区，即固相和液相共存。

C 点——共晶点。质量分数为 89%的铅和 11%的锑液态合金冷却到此点温度（252℃）时，同时结晶出铅和锑。这种从共晶成分的液态合金中，在共晶温度同时结晶出两种固相的转变，称为共晶转变，共晶转变的产物称为共晶体。

其他化学成分的 Pb-Sb 合金，其凝固后的组织由纯金属和共晶体组成。

根据对点及线的分析，可以知道各种化学成分的 Pb-Sb 合金在不同温度时的状态或组织。

从上述相图的建立过程中可以看出，二元合金相图比纯金属结晶要复杂得多，其特点是：

● 二元合金相图需要两根坐标轴来表示，纵坐标表示温度，横坐标表示化学成分，在横坐标两端分别表示两个纯组元，因此该二元合金中的任何一个化学成分的合金都可以在横坐标上找到相应的位置。

● 由于合金结晶时温度和化学成分是在不断变化着的，因此发生相变时要用相界线来表示。

● 相图中，由相界线划出的区域称为相区。二元合金相图中有单相区和双相区。在其相区中最多只有两个相。若二元合金中出现三相共存，则必定有一个恒温转变，在图上表示为水平线。

（2）其他类型的二元合金相图

由于组成二元合金的元素很多，而且它们的性能又不尽相同，因此二元合金相图的种类很多。下面介绍几种基本类型的简单二元合金相图。

① 匀晶相图。组成合金的各组元在固态下能无限互溶时（如 Cu-Ni 合金、Fe-Cr 合金等）其相图属于匀晶相图。图 1-45 所示为 Cu-Ni 合金相图。

图 1-45 中：

A 点——纯铜的熔点（1083℃）。

B 点——纯镍的熔点（1455℃）。

上 *AB* 线——液相线，液相线以上是单相液相区，用 L 表示。

下 *AB* 线——固相线，固相线以下是单相固相区，其组织为铜和镍互溶时组成的固溶体，用 α 表示。两个单相区之间是液相与固溶体两相并存区，即凝固区，由 L 和 α 组成。

从匀晶相图中可以看出，这类合金的结晶都是在一个温度范围内进行的，结晶后是单相固溶体。在匀晶相图中，由液相结晶出单相固溶体的过程称为匀晶转变。绝大多数的二元合金相图都包含匀晶转变部分。

② 共析相图。共析成分的固溶体在共析温度（恒定温度）下转变为另外两种固相称为共析转变。具有共析转变的相图称为共析相图。例如，Fe-C 合金在 727℃发生共析转变，由单相固溶体转变为两相的机械混合物，称为共析体。图 1-46 所示为 Fe-Fe₃C 相图左下角。

③ 共晶相图。具有共晶转变的相图称为共晶相图。如 Pb-Sb、Al-Si、Pb-Sn 合金等的相图都属于共晶相图。

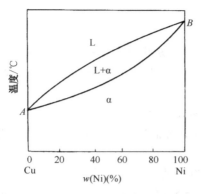

图 1-45　Cu-Ni 合金相图

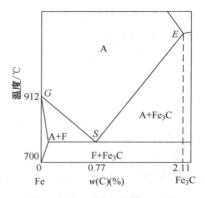

图 1-46　Fe-Fe₃C 相图左下角

　　形成共晶相图的二组元之间，在液态时能无限互溶，在固态时只能有限溶解，当溶质含量超过溶剂组元的溶解度时，这些合金在凝固时可能发生共晶转变。

　　（3）合金相图的应用

　　① 根据相图形式判断合金的性能。相图形式能反映合金平衡组织随着化学成分变化而变化的规律。如当形成机械混合物时，其力学性能是各相性能的算术平均值；当形成固溶体时，其力学性能（如硬度）按曲线变化。

　　相图与工艺性能也有联系。如当形成单相固溶体时，一般具有较好的塑性，即压力加工性能好；当形成共晶合金时，因在恒定温度下进行结晶，熔点又低，故其铸造性能好。

　　② 判断热处理的可能性。若合金具有同素异构转变和共析转变，则该合金一般都可以进行淬火处理。相图上的临界点是制定热处理工艺的依据。

　　但合金相图仅仅反映合金在平衡条件下存在的相及相变规律，并不能表示这些相的形状、大小和分布对合金力学性能产生的影响。同时，在实际生产中，合金很少能达到平衡状态，应用合金相图就具有一定的偏差性，因此在分析生产问题时，要了解合金在非平衡条件下的情况。

 习题与思考题

　　1. 晶体与非晶体的主要区别是什么？

　　2. 什么是晶格、晶胞、晶面和晶向？

　　3. 常见金属的晶格类型有哪些？举例说明属于各晶格类型的金属。

　　4. 什么是单晶体和多晶体？它们有何区别？

　　5. 金属晶体的缺陷有哪几种？其产生原因是什么？

　　6. 试述纯金属的结晶过程。

　　7. 什么是过冷度？影响过冷度大小的因素是什么？

　　8. 晶粒的大小对金属的力学性能有何影响？

　　9. 试述典型铸锭三个不同晶区的形成及对力学性能的影响。

10．一般铸锭存在哪些缺陷？

11．什么是金属的同素异构转变？说明纯铁同素异构转变过程。

12．什么是合金、组元、相？

13．什么是组织？合金的组织主要有哪几类？

14．固溶体有哪两种类型？

15．什么是固溶强化？

16．什么是合金相图？

1.3　铁碳合金

铁碳合金是实际生产中应用最广泛的一种金属材料。它是以铁和碳为主要元素组成的合金，也称黑色金属。铁碳合金是一个合金系，其材料关系如图 1-47 所示。

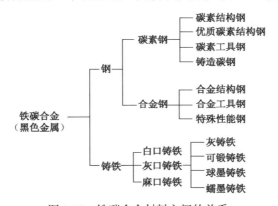

图 1-47　铁碳合金材料之间的关系

一、铁碳合金的基本组织

在铁碳合金中，根据碳的质量分数的不同，碳可以与铁组成化合物，也可以形成固溶体，还可以形成混合物。因此，在铁碳合金中常出现以下几种基本组织。

1．铁素体

碳溶于体心立方晶格的 α-Fe 中形成的间隙固溶体称为铁素体。常用"F"或"α"来表示，其晶胞如图 1-48 所示。

由于体心立方晶格原子间的间隙很小，所以碳在 α-Fe 中的溶解度很小，在 727℃时铁素体中的最大 $w(C)$ 仅为 0.0218%。随着温度的降低，在室温时铁素体中的 $w(C)$ 降低到 0.006%。由于铁素体中碳的含量极微，所以铁素体的组织和性能与纯铁相似，即具有良好的塑性和韧性，强度和硬度较低。图 1-49 所示为铁素体的显微组织。

2．奥氏体

碳溶于面心立方晶格的 γ-Fe 中所形成的间隙固溶体称为奥氏体，用"A"表示。其晶胞如图 1-50 所示。

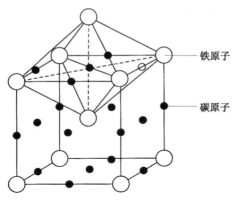

图 1-48　铁素体晶胞

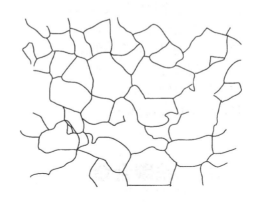

图 1-49　铁素体的显微组织

由于面心立方晶格原子间的间隙较大，因此，γ-Fe 的溶解能力较强，在 1148℃时奥氏体中的 w（C）可达 2.11%。随着温度的下降，碳在 γ-Fe 中的溶解度也逐渐下降，在 727℃时，溶碳量为 0.77%。图 1-51 所示为奥氏体的显微组织。奥氏体的强度和硬度不高，但具有良好的韧性和低的塑性变形抗力，易于锻造变形。

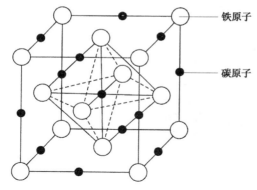

图 1-50　奥氏体晶胞

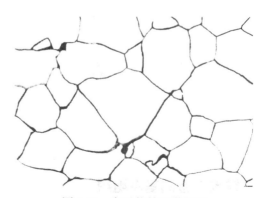

图 1-51　奥氏体的显微组织

3. 渗碳体

碳与铁以一定的比例形成的具有复杂晶格的间隙化合物 Fe_3C 称为渗碳体，用"Fe_3C"表示。渗碳体的含碳量为 6.69%，是一个高碳相，铁与碳原子数之比为 3∶1，具有复杂的晶体结构。

由于碳在 α-Fe 中的溶解度小，所以在常温下，碳在铁碳合金中主要是以渗碳体形式存在的。由于铁碳合金含碳量和工艺条件的不同，渗碳体的组织形态不同，常呈片状、球状、网状或长条状。渗碳体的性能特点是高熔点、高硬度，而塑性、冲击韧度几乎等于零，脆性很大。渗碳体是碳钢中的主要强化相，它的数量、形状、大小及分布对钢的性能有很大的影响。

在铁碳合金相图中，Fe_3C 是基本相，它可以和其他相共同组成多种类型组织。Fe_3C 是亚稳定化合物，在一定条件下可以分解而形成石墨状态的自由碳。

4．珠光体

珠光体是铁素体和渗碳体的混合物，用符号P表示。它是渗碳体Fe_3C和铁素体F片层相间、交替排列形成的混合物。其显微组织如图1-52所示。由于这种组织的钢显微试样抛光浸蚀后表面呈珍珠光泽，故称珠光体。

图 1-52　珠光体的显微组织

在缓慢冷却条件下，珠光体的含碳量为 0.77%。由于珠光体是由硬的渗碳体和软的铁素体组成的混合物，其力学性能取决于铁素体和渗碳体的性能，大体上是两者性能的平均值，故珠光体的强度较高，硬度适中，具有一定的塑性，综合性能良好。

5．莱氏体

在铸铁或高碳合金钢中，由奥氏体（或其他转变的产物）与碳化物（包括渗碳体）组成的共晶组织称为莱氏体，用符号 Ld 表示。

由于奥氏体在 727℃时转变为珠光体，所以在室温时莱氏体由珠光体和渗碳体组成。为区别起见，将 727℃以上的莱氏体称为高温莱氏体（Ld），将 727℃以下的莱氏体称为低温莱氏体（L'd）。

图 1-53 所示为低温莱氏体的显微组织。由于莱氏体的基体是渗碳体，所以它的性能接近于渗碳体，硬度高，塑性很差。

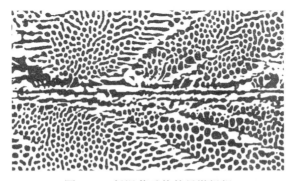

图 1-53　低温莱氏体的显微组织

上述五种基本组织中，铁素体、奥氏体和渗碳体都是单相组织，称为铁碳合金的基本相；珠光体、莱氏体则是由基本相混合组成的多相组织。莱氏体和珠光体的不同在于前者是在渗碳体的基体上分布着珠光体，后者是在铁素体基体上分布着渗碳体。

铁碳合金基本组织的性能和特点见表1-15。

表1-15 铁碳合金基本组织的性能和特点

组织名称	符号	含碳量/%	存在温度区间/℃	力学性能			性能特点
				R_m /MPa	A/%	HBW	
铁素体	F	0.0218	室温~912	180~280	30~50	50~80	有良好的塑性、韧性，较低的强度和硬度
奥氏体	A	2.11	727以上	—	40~60	120~220	强度、硬度不高，但塑性较好，且具有良好的锻压性能
渗碳体	Fe₃C	6.69	室温~1227	30	0	800	高熔点、高硬度，塑性和韧性几乎为零，脆性大
珠光体	P	0.77	室温~727	800	20~35	180	强度较高，硬度适中，有一定塑性并有较好的综合力学性能
莱氏体	Ld	4.30	727~1148	—	—	—	性能接近渗碳体，硬度高，塑性和韧性差
	L'd		室温~727	—	0	>700	

二、碳合金相图

铁碳合金中，铁和碳可形成一系列的化合物，如 Fe₃C、Fe₂C、FeC 等，如图 1-54 所示。目前，应用的铁碳合金相图其 w（C）仅为 0%~6.69%（图 1-54 中阴影部分），因为更高碳质量分数的铁碳合金脆性很大，加工困难，没有实用价值，所以铁碳合金相图也可认为是 Fe-Fe₃C 相图。

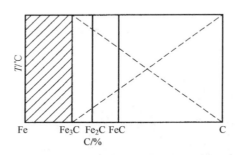

图 1-54　Fe-C 相图的组成

1. Fe-Fe₃C 相图分析

（1）Fe-Fe₃C 相图的简化

为便于掌握和分析 Fe-Fe₃C 相图，将相图 1-55 中左上角部分（液态向 δ-Fe 及 δ-Fe 向 γ-Fe 的转变）省略。这样既不影响常用铁碳合金的分析，又不影响实际绝大多数钢种热处理及热加工工艺问题的分析。简化的 Fe-Fe₃C 相图如图 1-56 所示。

（2）Fe-Fe₃C 相图中点、线的含义

Fe-Fe₃C 相图的特性点和特性线在国际上使用统一的字母表示。

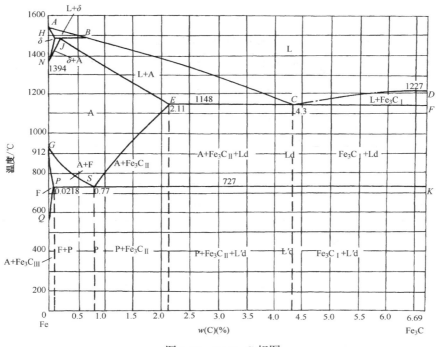

图 1-55　Fe-Fe₃C 相图

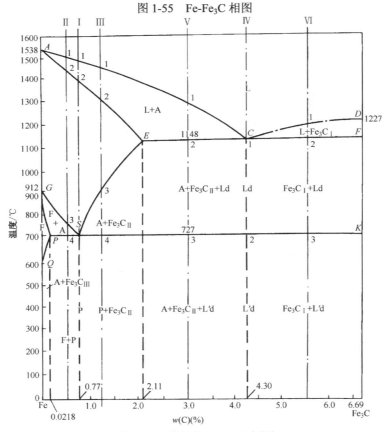

图 1-56　简化的 Fe-Fe₃C 相图

① 特性点。Fe-Fe$_3$C 相图中各特性点的温度、成分及其含义见表 1-16。

表 1-16 Fe-Fe$_3$C 相图中各特性点的温度、成分及其含义

特性点	温度/℃	w（C）/%	特性点的含义	特性点	温度/℃	w（C）/%	特性点的含义
A	1538	0	纯铁的熔点	G	912	0	α-Fe⇌γ-Fe，纯铁的同素异构转变点
C	1148	4.3	共晶点 L⇌A+Fe$_3$C	S	727	0.77	共析点 A⇌F+Fe$_3$C
D	127	6.69	渗碳体的熔点	P	727	0.0218	碳在 α-Fe 中的最大溶解度
E	1148	2.11	碳在 γ-Fe 中的最大溶解度	Q	600	≈0.0057	碳在 α-Fe 中的溶解度

② 特性线。特性线是各个不同成分的合金具有相同意义的临界点连接线，它们的物理意义见表 1-17。

表 1-17 Fe-Fe$_3$C 相图中特性线的含义

特 性 线	含 义	说 明
ACD 线	液相线	此线以上区域全部为液相，用 L 来表示。金属液冷却到此线开始结晶，在 AC 线以下从液相中结晶出奥氏体，在 CD 线以下晶出渗碳体，从液相直接析出的渗碳体称为一次渗碳体（Fe$_3$C$_I$）
AECF 线	固相线	金属液冷却到此线全部结晶为固态，此线以下为固相区。液相线与固相线之间为金属液的结晶区域。这个区域内金属液与固相并存，AEC 区域内为金属液与奥氏体，CDF 区域内为金属液与一次渗碳体
GS 线	开始线	冷却时发生同素异构转变从奥氏体中析出铁素体的开始线（或加热时铁素体转变成奥氏体的终止线），常用符号 A$_3$ 表示
ES 线	在 γ-Fe 中的溶解度曲线	碳在 γ-Fe 中的溶解度随温度变化的曲线。此线以下开始从奥氏体中析出二次渗碳体（Fe$_3$C$_{II}$）
ECF 线	共晶转变线	合金冷却到此线时（1148℃）要发生共晶转变，从具有共晶成分的液态合金中同时结晶出奥氏体和渗碳体的机械混合物，即莱氏体
PSK 线	共析转变线	合金冷却到此线时（727℃）要发生共析转变，从具有共析成分的奥氏体中同时析出铁素体和渗碳体的机械混合物，即珠光体
PQ 线	在 α-Fe 中的溶解度曲线	碳在 α-Fe 中的溶解度随温度变化的曲线。此线以下开始从铁素体中析出三次渗碳体（Fe$_3$C$_{III}$）

2．典型铁碳合金的结晶过程分析

（1）共析钢

共析钢的含碳量为 0.77%，如图 1-57 所示的合金①。温度高于点"1"时合金①处于液态，当冷却到和 AC 线相交时（点 1），液体 L 开始结晶，析出奥氏体（A），此时奥氏体的相对量少，奥氏体中含碳量低。随着温度下降，液体中不断析出奥氏体晶体，奥氏体的成分不断沿 AE 线变化，而液相的成分不断沿 AC 线变化。当温度下降到点"2"时，液体结晶为奥氏体的过程结束，其组织全部由均匀的奥氏体晶粒构成。继续冷却到点"3"即 S 点，发生共析反

应：$A \xrightarrow{727℃} (F + Fe_3C) P$，得到珠光体。温度继续下降到室温仍为珠光体。合金①的冷却结晶示意图如图 1-58 所示。

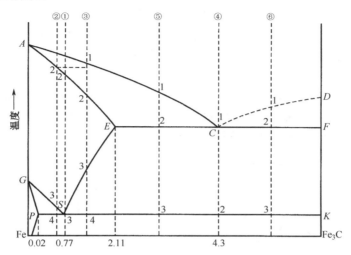

图 1-57　典型合金在 Fe-Fe₃C 相图中的位置

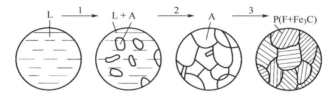

图 1-58　共析钢冷却结晶示意图

（2）亚共析钢

以含碳量为 0.6% 的合金为例，图 1-57 所示的合金②为亚共析钢。点 "3" 以上与前述的合金①类似，通过 "1"、"2" 点结晶为奥氏体，在 2~3 阶段处于均匀的奥氏体状态。当冷却到点 "3" 时，开始析出少量的铁素体。

随着温度的下降，铁素体越来越多，其成分沿 *GP* 线不断变化，奥氏体成分沿 *GS* 线变化。由于铁素体内几乎不能溶碳，在铁素体不断增多的同时，剩下的越来越少的奥氏体中含碳量将不断增加。当温度下降到点 "4" 时，组织中除铁素体外，还有未转变的奥氏体，此时，奥氏体的含碳量已增加到了 0.77%，温度达到 727℃，这部分奥氏体将转变成珠光体。因此在 3~4 阶段，合金由 F+A 构成，在略低于点 "4" 温度时，合金由 F+P 构成。继续冷却，铁素体中要析出三次渗碳体，但因其数量很少，常被忽略。故亚共析钢的室温组织为 F+P，其结晶过程与组织变化如图 1-59 所示。

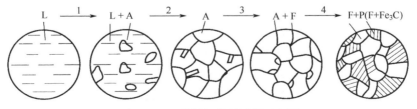

图 1-59　亚共析钢结晶过程示意图

（3）过共析钢

以含碳量为1.2%的合金为例，图1-57所示的合金③为过共析钢。这种合金通过"1"、"2"点结晶为奥氏体，在2～3阶段合金处于均匀奥氏体状态，冷却到点"3"，从奥氏体中析出渗碳体。析出的渗碳体沿奥氏体晶界呈网状分布，叫做二次渗碳体，用 Fe_3C_{II} 表示。在继续冷却过程中，Fe_3C_{II} 的数量不断增多，由于 Fe_3C_{II} 含碳量高（6.67%），所以剩下来的奥氏体中的含碳量将逐渐减少。

当温度下降到点"4"（727℃）时，奥氏体的含碳量降至0.77%转变为珠光体。故在3～4阶段，合金由 $A+Fe_3C_{II}$ 组成；在略低于点"4"直到室温，其组织为 $P+Fe_3C_{II}$。

这类合金的结晶示意图如图1-60所示。图1-61为钢的显微组织示意图。

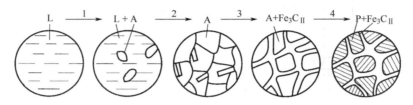

图1-60 过共析钢的结晶示意图

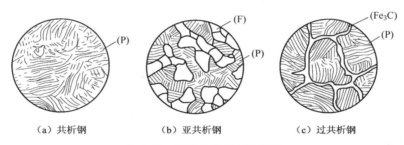

（a）共析钢　　　（b）亚共析钢　　　（c）过共析钢

图1-61 钢的显微组织示意图

（4）共晶铸铁

共晶铸铁的含碳量为4.3%，如图1-57所示的合金④，在点"1"以上的温度时处于液态，冷却到 C 点（点"1"）就要发生共晶转变：$L \xrightarrow{1148℃} A$（2.11%C）$+Fe_3C$，即从液体中同时结晶出奥氏体和渗碳体，即莱氏体。直到所有的液体全部转变为莱氏体，温度保持不变。

随着温度的继续下降，莱氏体要发生一系列变化，即在1～2阶段要从莱氏体中的奥氏体内析出 Fe_3C_{II}，继续冷却到点"2"（727℃）时，剩余的奥氏体（含碳量达0.77%）发生共析转变，转变为珠光体。合金④在室温时的组织为低温莱氏体（$P+Fe_3C$），其显微组织如图1-62所示，合金④在冷却过程中的组织变化如图1-63所示。

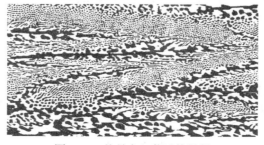

图1-62 共晶白口莱氏体组织

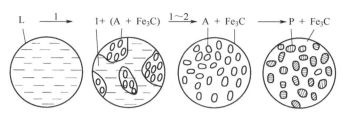

图 1-63　共晶铸铁结晶过程及组织转变示意图

用同样的方法可以分析亚共晶铸铁⑤及过共晶铸铁⑥的结晶过程。

3. 含碳量对铁碳合金的组织、性能的影响

（1）对铁碳合金组织的影响

铁碳合金的室温组织均由铁素体和渗碳体两相组成。不同含碳量的铁碳合金其室温组织是不同的。图 1-64 所示为铁碳合金的成分与室温组织的关系。

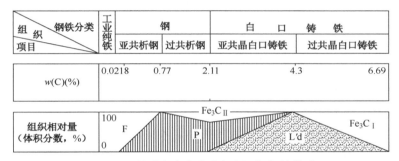

图 1-64　铁碳合金的成分与室温组织的关系

应当指出，铁碳合金中含碳量增大时，不仅组织中渗碳体相对量增加，而且渗碳体的形态分布情况也有所变化：呈片状时分布在珠光体内，呈网状时分布在奥氏体晶界上，而形成莱氏体时，渗碳体则成了基体。

（2）对铁碳合金性能的影响

合金组织的变化，必然引起性能的变化。如前所述，铁素体是软韧相，渗碳体是硬脆相。一般来说，随着含碳量增加，渗碳体数量增加，合金的强度、硬度将提高，而塑性和韧性则下降。此外，合金性能还与渗碳体的形态、大小和分布有关。

珠光体中的渗碳体以细片状分布在铁素体基体上起到强化作用，当渗碳体呈网状分布在晶界上或渗碳体为基体时，合金的强度随之降低，脆性增大。这就是过共析钢及白口铸铁脆性高的原因。

图 1-65 所示为含碳量对钢力学性能的影响。由图可见，在亚共析钢中，随着含碳量的增加，钢中珠光体数量逐渐增多，所以强度、硬度不断提高，而塑性、韧性不断下降。当含碳量超过共析成分时，随着含碳量的增加，强度、硬度继续上升，但当 $w(C) > 1\%$ 时，由于二次渗碳体呈明显网状，故强度下降，而硬度仍不断增加。

生产上用钢，为了保证有一定的塑性和韧性，一般 $w(C) \leqslant 1.4\%$。

对 $w(C) > 2.11\%$ 的白口铸铁，因组织中出现大量的渗碳体和莱氏体，使白口铸铁硬而脆，不易进行切削加工，故应用不广。

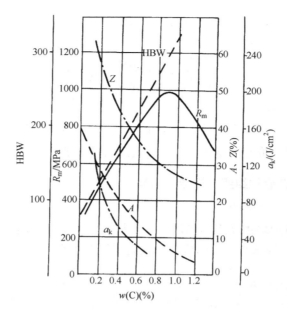

图 1-65　含碳量对钢力学性能的影响

4．Fe-Fe₃C 相图的应用

（1）选材依据

碳对铁碳合金的组织和性能有着重大的影响。不同成分的铁碳合金在力学性能和工艺性能等方面有极大的差异。

在设计和生产中，通常是根据机械零件或工程构件的使用性能来选择钢的成分（钢号）。如要求塑性、韧性及焊接性能好，但强度、硬度要求不高时，应选用低碳钢；而机器的主轴或车辆的转轴要求有较好的综合性能，则应选用中碳钢；车刀、钻头等工具应选用高碳钢。白口铸铁中由于莱氏体的存在而具有很高的硬度和耐磨性，但脆性大，难以加工，其应用受到一定限制，通常可作为生产可锻铸铁的原料或直接铸成不受冲击而耐磨的轧辊等。

（2）在铸造生产中的应用

根据 Fe-Fe₃C 相图的液相线，可以找出不同成分的铁碳合金的熔点，从而确定合适的熔化温度与浇注温度。

图 1-66 给出了钢和铸铁的浇注区。可以看出，钢的熔化温度与浇注温度均比铸铁高。而铸铁中靠近共晶成分的铁碳合金不仅熔点低，而且凝固温度区间小，有较好的铸造流动性，适于铸造。

（3）在锻造工艺上的应用

钢经加热后获得单相的奥氏体组织，其强度低，塑性好，易于塑性变形加工。因此，钢材轧制或锻造的温度范围多选在单一奥氏体区。但始锻温度不得过高，以免钢材在锻轧时严重氧化，甚至因晶界熔化而碎裂；终锻温度也不得过低，否则钢材因塑性太差，易在锻轧过程中产生裂纹。

（4）在热处理工艺上的应用

Fe-Fe₃C 相图中的左下角部分是钢进行热处理的重要依据，不同含碳量的钢在加热和冷却时发生相变的规律和对应温度，是对不同含碳量的钢采用不同热处理工艺时确定加热温度的重要依据。

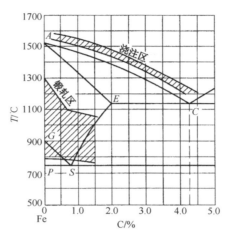

图 1-66　Fe-Fe₃C 相图与铸、锻工艺的关系

三、碳素钢

碳素钢是指含碳量大于 0.0218% 而小于 2.11%，且不含有特意加入的合金元素的铁碳合金。

1. 钢中常存元素对其性能的影响

碳素钢中除铁和碳两种主要元素外，还含有少量硅、锰、硫、磷等元素，这些元素，有的是从炉料中带来的，有的是在冶炼过程中不可避免地带入的，它们的存在必然会对钢的性能产生一定的影响，见表 1-18。

表 1-18　碳素钢中常存元素对性能的影响

常存元素	影　响	要　求
锰（Mn）	锰有很好的脱氧能力，能很大程度上减少钢中的 FeO，降低钢的脆性；其主要作用是能与硫形成 MnS，以减轻硫的有害作用。此外，在室温下锰能溶于铁素体，具有固溶强化效果，可提高钢的强度和硬度	其含量一般小于 0.8 %
硅（Si）	硅的脱氧作用比锰还强，能够有效清除 FeO，提高钢的质量。在室温下硅也能溶于铁素体，对钢有一定的强化作用	其含量一般在 0.17%～0.37%
硫（S）	硫是由生铁及燃料带入钢中的杂质。在固态下，硫在铁中的溶解度极小，而是以 FeS 的形态存在于钢中。由于 FeS 的塑性差，使含硫较多的钢脆性较大。更严重的是，FeS 与 Fe 可形成低熔点（985℃）的共晶体分布在奥氏体的晶界上。当钢加热到 1000～1200℃进行轧制或锻压时，晶界上的共晶体已熔化，晶粒间结合被破坏，使钢材在加工过程中沿晶界开裂	硫是有害的元素，在钢中要严格限制硫的含量，钢的含硫量不得超过 0.05 %
磷（P）	磷由生铁带入钢中，磷能部分溶于铁素体中，由于磷比其他元素具有更强的固溶强化作用，因而使钢的强度、硬度显著增加，但同时会形成脆性很大的化合物 Fe₃P，致使塑性、韧性剧烈地降低。此外，磷的有害作用还表现在使脆性转变温度升高，致使钢在室温下（一般为 100℃以下）呈现脆裂	其含量通常应小于 0.045%
氢（H）	使钢产生氢脆，也可使钢中产生微裂纹，即白点	一般应不存在

2．碳素钢的分类

碳素钢的分类方法很多，常用的分类方法见表1-19。

表1-19　碳素钢的分类方法

分类方法	种类	说明	分类方法	种类	说明
按含碳量分类	低碳钢	C≤0.25%	按脱氧程度分类	镇静钢	特点及性能见表1-20
	中碳钢	C=0.25%～0.60%		沸腾钢	
	高碳钢	C≥0.60%		半镇静钢	
按钢的质量分类	普通钢	S≤0.050%，P≤0.045%	按制造加工分类	铸钢	采用各种不同方法生产出来的钢件
	优质钢	S≤0.035%，P≤0.035%		锻钢	
	高级优质钢	S≤0.025%，P≤0.025%		热轧钢	
按钢的用途分类	结构钢	用于制造各种机械零件和工程构件		冷轧钢	
	工具钢	主要用于制造各种刀具、模具和量具等		冷拔钢	

表1-20　镇静钢和沸腾钢的特点及性能

种类	镇静钢	沸腾钢
获取方法	在浇注前用硅铁、锰铁和铝充分脱氧	冶炼末期用弱脱氧剂脱氧
脱氧程度	脱氧完全，基本上无CO气泡产生，钢液保持平静	脱氧不完全，产生大量的CO气泡，钢液有明显的沸腾现象
特点	内部组织致密，疏松孔较少	成分不均匀，组织不致密
力学性能	冲击韧性良好	冲击韧性较差
	在条件相同的情况下，强度和延伸率大致相同	

在给钢的产品命名时，往往把成分、质量和用途几种分类方法结合起来，如碳素结构钢、优质碳素结构钢、合金工具钢、高速工具钢等。

3．碳素钢的牌号与用途

（1）碳素结构钢

国家标准GB700—2006规定，碳素结构钢的牌号由前缀符号、质量等级符号、脱氧方法符号和产品用途及工艺等符号四个部分组成。

前缀符号——Q（屈服强度中"屈"字汉语拼音字母字头）+屈服强度值（单位MPa）。

质量等级符号——分为A、B、C、D级，从A到D依次提高。

脱氧方法符号——在必要时给予标注，有F、Z、TZ。F表示沸腾钢，Z表示镇静钢，TZ表示特殊镇静钢。Z和TZ符号在钢号组成表示方法中予以省略。

产品用途、工艺等符号——在牌尾加注出来。如压力容器用钢为R，锅炉用钢为G，桥梁用钢为Q等。

碳素结构钢的牌号共有5种，其化学成分与力学性能见表1-21。它通常轧制成钢板或各种型材（圆钢、方钢、扁钢、角钢、槽钢、工字钢和钢筋等），用于厂房、桥梁、船舶等建筑结构或一些受力不大的机械零件（如铆钉、螺钉、螺母等）。

表 1-21　碳素结构钢的化学成分与力学性能

牌号	等级	化学成分/%					脱氧方法	力学性能		
		C	Mn	Si	S	P		R_{eL}/MPa	R_m/MPa	A/%
				不大于						
Q195	—	0.06~0.12	0.25~0.50	0.30	0.050	0.045	F，Z	195	315~390	33
Q215	A	0.09~0.15	0.25~0.55	0.30	0.045	0.045	F，Z	215	335~450	31
	B				0.050					
Q235	A	0.14~0.22	0.30~0.65	0.30	0.050	0.045	F，Z	235	375~460	26
	B	0.12~0.20	0.30~0.70		0.045					
	C	≤0.18	0.35~0.80	0.30	0.040	0.040	Z，TZ			
	D	≤0.17			0.035	0.035				
Q255	A	0.18~0.28	0.40~0.70	0.30	0.050	0.045	Z	255	410~550	24
	B				0.045					
Q275	—	0.28~0.38	0.50~0.80	0.35	0.050	0.045	Z	275	490~630	20

（2）优质碳素结构钢

优质碳素结构钢与普通碳素结构钢的差别主要表现在化学成分及性能方面。钢中所含硫、磷量较少，常用来制造各种重要的机械零件，如轴类零件、齿轮、弹簧等。

优质碳素结构钢根据用途可分为渗碳钢、调质钢及弹簧钢。

① 碳素渗碳钢。渗碳钢是指用于制造渗碳零件的钢，常用于在受冲击和磨损条件下工作的一些机械零件。渗碳钢一般是低碳钢，含碳量不超过0.25%。由于含碳量低，所以强度、硬度较低，但塑性、韧性及焊接性良好，经过渗碳处理后，零件的表面变为高碳，而心部仍是低碳。零件表面组织硬度达58~62HRC，满足耐磨的要求；而心部的组织为铁素体+珠光体，保持较高的韧性，满足承受冲击载荷的要求。常用的渗碳钢是15、20钢。

② 碳素调质钢。调质钢主要用于制造受循环载荷与冲击载荷或各种复合应力下工作的零件。主要表现在零件具有高强度与良好的塑性及韧性相配合的综合力学性能。

大多数调质钢的含碳量为0.25%~0.50%，这类钢具有较高的强度和硬度，其塑性、韧性随含碳量的增加而逐步降低，切削性能良好。这类钢含碳量过低时，不易淬硬；含碳量过高时则韧性不足。所以当零件要求较高的塑性和韧性时，选用含碳量小于0.4%的调质钢；反之，当要求较高强度、硬度时，则选用含碳量大于0.4%的调质钢。

调质钢是结构钢中用量最大的钢种，常用调质钢为45、40Mn、50Mn钢。

③ 碳素弹簧钢。弹簧钢通常是指用于制造弹簧的钢，主要用来制造具有较高强度、耐磨性和弹性的零件。弹簧钢通常是高碳钢，碳素弹簧钢的一般含碳量为0.6%~0.9%，常用碳素弹簧钢为65、65Mn钢。

优质碳素结构钢的牌号用两位数字表示，表示该钢平均含碳量的万分数，如 45 表示平均含碳量为 0.45%的优质碳素结构钢。若为高级优质、特级优质钢时，在牌号尾加注 A、E 表示。若为沸腾钢或为适应各种专门用途的某些专用钢，则在牌号尾标注出规定的符号，如 10F，表示平均含碳量为 0.10%的优质碳素结构钢中的沸腾钢；20G，表示平均含碳量为 0.20%的优质碳素结构钢中的锅炉用钢。若为较高含锰量的钢，则在牌号后加 Mn。

优质碳素结构钢的牌号共 31 种，其化学成分和力学性能见表 1-22。

表 1-22　优质碳素结构钢的牌号、化学成分和力学性能

牌　号	化学成分/%			力 学 性 能					
				R_{eL}	R_m	A	Z	HBW	
				MPa		%		热轧钢	退火钢
	C	Si	Mn	不小于				不大于	
08F	00.05~0.11	≤0.03	0.25~0.50	175	295	35	60	131	—
08	0.05~0.12	0.17~0.37	0.35~0.65	195	325	33	60	131	—
10F	0.07~0.14	≤0.07	0.25~0.50	185	315	33	55	137	—
10	0.07~0.14	0.17~0.37	0.35~0.65	205	335	31	55	137	—
15F	0.12~0.19	≤0.07	0.25~0.50	205	355	29	55	143	—
15	0.12~0.19	0.17~0.37	0.35~.65	225	375	27	55	143	—
20	0.17~0.24	0.17~0.37	0.35~0.65	245	410	25	55	156	—
25	0.22~0.30	0.17~0.37	0.50~0.80	275	450	23	50	170	—
30	0.27~0.35	0.17~0.37	0.50~0.80	295	490	21	50	179	—
35	0.32~0.40	0.17~0.37	0.50~0.80	315	530	20	45	189	—
40	0.37~0.45	0.17~0.37	0.50~0.80	335	570	19	45	217	187
45	0.42~0.50	0.17~0.37	0.50~0.80	355	600	16	40	241	197
50	0.47~0.55	0.17~0.37	0.50~0.80	375	630	14	40	241	207
55	0.52~0.60	0.17~0.37	0.50~0.80	380	645	13	35	255	217
60	0.57~0.65	0.17~0.37	0.50~0.80	400	675	12	35	255	229
65	0.62~0.70	0.17~0.37	0.50~0.80	410	695	10	30	255	229
70	0.67~0.75	0.17~0.37	0.50~0.80	420	715	9	30	269	229
75	0.72~0.80	0.17~0.37	0.50~0.80	880	1080	7	30	285	241
80	0.77~0.85	0.17~0.37	0.50~0.80	930	1080	6	30	285	241
85	0.82~0.90	0.17~0.37	0.50~0.80	980	1130	6	30	302	255
15Mn	0.12~0.19	0.17~0.37	0.50~0.80	245	410	26	55	163	—
20 Mn	0.17~0.24	0.17~0.37	0.70~1.00	275	450	24	50	197	—
25 Mn	0.22~0.30	0.17~0.37	0.70~1.00	295	490	22	50	207	—
30 Mn	0.27~0.35	0.17~0.37	0.70~1.00	315	540	20	45	217	187
35 Mn	0.32~.40	0.17~0.37	0.70~1.00	335	560	19	45	2259	195
40 Mn	0.37~0.45	0.17~0.37	0.70~1.00	355	590	17	45	229	207
45 Mn	0.42~0.50	0.17~0.37	0.70~1.00	375	620	15	40	241	217
50 Mn	0.48~0.56	0.17~0.37	0.70~1.00	390	645	13	40	255	217
60 Mn	0.57~0.65	0.17~0.37	0.70~1.00	410	695	11	35	269	229
65 Mn	0.62~0.70	0.17~0.37	0.90~1.20	430	735	9	30	285	229
70 Mn	0.67~0.75	0.17~0.37	0.90~1.20	450	785	8	30	285	229

（3）碳素工具钢

碳素工具钢是用于制造各种工具的碳素钢。其成本低，一般具有较好的耐磨性和加工性能。由于大多数工具在使用过程中首先要求具有高硬度与高耐磨性，故碳素工具钢是含碳量

为 0.65%～1.35%的优质钢或高级优质钢。

碳素工具钢按用途分为刃具钢、模具钢和量具钢。各碳素工具钢淬火后硬度相近，但随着含碳量的增加，未溶渗碳体增多，钢的耐磨性增加，而韧性降低。因此，不同牌号的工具钢用于制造不同使用要求的各类工具。

碳素工具钢的牌号以汉字"碳"的汉语拼音字母字头"T"及后面的阿拉伯数字表示，其数字表示钢中平均含碳量的千分数。若为高级优质碳素工具钢，则在其牌号后面标以字母 A。碳素工具钢的牌号、化学成分和力学性能见表 1-23。

表 1-23　碳素工具钢的牌号、化学成分和力学性能

牌　号	化学成分/%					HRC（不小于）	应　　用
	C	Mn	Si	S	P		
T7	0.65～0.74	≤0.40	≤0.35	≤0.03	≤0.035	62	受冲击，有较高硬度和耐磨性要求的工具
T8	0.75～0.84						
T8Mn	0.80～0.90	0.40～0.60					
T9	0.85～0.94	≤0.40					受中等冲击载荷的工具和耐磨机件
T10	0.95～1.04						
T11	1.05～1.14						
T12	1.15～1.24						不受冲击，而要求有较高硬度的工具和耐磨机件
T13	1.25～1.34						

（4）铸造碳钢

铸造用碳钢一般用于制造形状复杂、力学性能要求较高的机械零件。这些零件形状复杂，很难用锻造或机械加工的方法制造，又由于力学性能要求较高，不能用铸铁来铸造。铸造碳钢广泛用于制造重型机械的某些零件，如轧钢机机架、水压机横梁、锻锤和砧座等。

铸造碳钢的含碳量一般在0.20%～0.60%，如果含碳量过高，则塑性变差，而且铸造时易产生裂纹。铸钢的铸造性能比铸铁差，主要表现为流动性差，收缩量大，易产生偏析。铸钢晶粒较粗大，组织比较疏松，性能比锻钢差。

铸造碳钢的牌号由"铸钢"两字的汉语拼音字母字头"ZG"加两组数字组成。第一组数字表示屈服强度，第二组数字表示抗拉强度。如 ZG270—500，表示屈服强度不小于 270MPa、抗拉强度不小于 500MPa 的铸造碳钢。铸造碳钢的牌号、化学成分和力学性能见表 1-24。

表 1-24　铸造碳钢的牌号、化学成分和力学性能

牌　　号	化学成分/%					室温下的力学性能			
	C	Si	Mn	P	S	R_{eL} 或 $R_{p0.2}$/MPa	R_m/MPa	$A_{11.3}$/%	Z/%
	不大于					不小于			
ZG200-400	00.20	0.50	0.80	0.04		200	400	25	40
ZG230-450	0.30	0.50	0.90	0.04		230	450	22	32
ZG270-500	0.40	0.50	0.90	0.04		270	500	18	25
ZG370-570	0.50	0.60	0.90	0.04		370	570	15	21
ZG340-640	0.60	0.60	0.90	0.04		340	640	12	18

四、铸铁

铸铁是一种碳铁合金，工程上将含碳量为 2.11%～6.69% 的铁碳合金统称为铸铁。但常用铸铁的含碳量一般为 2.5%～4%，其碳元素主要以石墨形式存在。石墨的强度、塑性和硬度极低，它对金属基本起削弱的作用，其削弱的程度取决于石墨的形态、分布和数量。

1. 铸铁的种类

根据化学成分、生产工艺、组织和性能特点的不同，铸铁可分为：灰铸铁、球墨铸铁、可锻铸铁、蠕墨铸铁和特殊铸铁（包括耐热、耐磨、耐蚀等）。

（1）灰铸铁

灰铸铁俗称灰口铸铁，因其断面呈暗灰色而得名。它是一种价格便宜的结构材料，在铸铁生产中，灰铸铁产量约占 80% 以上。

① 灰铸铁的组织与性能。灰铸铁的化学成分一般为：C 2.7%～3.6%，Si 1.0%～3%，Mn 0.4%～1.2%，S<0.15%，P<0.3%。它的组织由金属基体和片状石墨两部分组成。根据石墨化的程度不同，可分为三种不同基体组织的灰铸铁：铁素体灰铸铁（铁素体+片状石墨）、铁素体-珠光体灰铸铁（铁素体+珠光体+片状石墨）、珠光体灰铸铁（珠光体+片状石墨）。

由于灰铸铁中的碳元素大部分或全部以片状石墨的形式存在，因此在切削加工时，切屑呈崩碎状。同时，由于石墨有润滑作用，可以减轻刀具的磨损，延长刀具的使用寿命，所以灰铸铁具有很好的切削性能。另外，由于灰铸铁具有良好的铸造性能、减振性能和润滑条件下的减磨性能，因而大量应用在各种机械上，如齿轮箱壳体、机床床身。

② 灰铸铁的牌号和用途。灰铸铁的牌号由"灰铁"两字的汉语拼音字母字头"HT"及一组数字组成，该组数字表示最低抗拉强度。其牌号和应用见表1-25。

表 1-25　灰铸铁的牌号和应用

牌　号	最低抗拉强度/MPa	应 用 举 例
HT100	100	适用于负荷小，对摩擦、磨损无特殊要求的零件，如盖、油盘、支架、手轮等
HT150	150	适用于承受中等负荷的零件，如机床支柱、底座、刀架、齿轮箱、轴承箱等
HT200	200	适用于承受较大负荷的零件，如机床床身、立柱、汽车缸体、轮毂、联轴器、油缸、齿轮、飞轮等
HT250	250	
HT300	300	适用于承受较高负荷的重要零件，如齿轮、大型发动机曲轴、缸体、缸盖、高压油缸、阀体、泵体等
HT350	350	

注：灰铸铁是根据强度分级的，一般采用 φ30mm 铸造试棒，切削后进行测定。

（2）可锻铸铁

可锻铸铁俗称玛钢、马铁。它是白口铸铁通过石墨化退火，使渗碳体分解而获得团絮状石墨的铸铁。

由于石墨呈团絮状，减轻了石墨对金属基体的割裂作用和应力集中，因而可锻铸铁相对灰铸铁有较高的强度，塑性和韧性也有很大的提高。但可锻铸铁不能铸造。

① 可锻铸铁的组织与性能。可锻铸铁的成分一般分为：C 2.2%～2.8%，Si 1.2%～1.8%，Mn 0.4%～0.6%，P<0.1%，S<0.25%。

可锻铸铁的生产过程包括两个步骤：首先铸造白口铸铁件，然后进行长时间的石墨化退火。为了保证在一般冷却条件下获得白口铸铁件，又要在退火时使渗碳体易分解，并呈团絮状石墨析出，就要严格控制铁水的化学成分。与灰铸铁相比，碳和硅的含量要低一些，以保证铸件获得白口组织。但也不能太低，否则退火时难以石墨化，延长退火周期。

② 可锻铸铁的牌号及用途。可锻铸铁的牌号由三个字母和两组数字组成。前两个字母"KT"是"可铁"两字的汉语拼音的第一个字母，第三个字母代表可锻铸铁的类别。后面两组数字分别代表最低抗拉强度和伸长率的数值。如 KTH300 — 06，则表示是黑心可锻铸铁，其最低抗拉强度为 300MPa，最低伸长率为 6%。再如 KTZ450 — 06，则表示是珠光体可锻铸铁，其最低抗拉强度为 450MPa，最低伸长率为 6%。

（3）球墨铸铁

铁水经过球化处理而使石墨大部分或全部呈球状的铸铁称为球墨铸铁。

① 球墨铸铁的组织与性能。球墨铸铁的化学成分一般为：C 3.6%～3.9%，Si 2.0%～2.8%，Mn 0.6%～0.8%，S＜0.07%，P＜0.1%。

与灰铸铁相比，它的碳、硅含量较高，以有利于石墨球化。球墨铸铁按基体组织不同，可分为铁素体球墨铸铁、铁素体-珠光球墨铸铁和珠光球墨铸铁三种。由于球墨铸铁中的石墨呈球状，其割裂基体的作用及应力集中现象在减小，可以充分发挥金属基体的性能，所以它的强度和塑性已超过灰铸铁和可锻铸铁，接近铸钢。

② 球墨铸铁的牌号及用途。球墨铸铁的牌号由"球铁"两字的汉语拼音的第一个字母"QT"和两组数字组成，两组数字分别代表其最低抗拉强度和伸长率。其牌号、力学性能和用途见表 1-26。

表 1-26　球墨铸铁的牌号、力学性能和用途

牌　号	R_m/MPa	R_{eL}/MPa	A/%	硬度/HBW	用　途
	不　小　于				
QT400-18	400	250	18	130～180	汽车轮毂、驱动桥壳体、离合器、拨叉、阀体、阀盖
QT400-15	400	250	15	130～180	
QT450-10	450	310	10	160～210	
QT500-7	500	320	7	170～230	内燃机的机油泵齿轮、铁路车辆轴瓦
QT600-3	600	370	3	190～270	柴油机曲轴、连杆、汽缸套、进排气门座，车床主轴、矿车车轮
QT700-2	700	420	2	225～305	
QT800-2	800	480	2	245～335	
QT900-2	900	600	2	280～360	汽车锥齿轮、转向节、传动轴、内燃机曲轴

（4）蠕墨铁铸

它是近代发展起来的一种新型结构材料。它是在高碳、低硫、低磷的铁水中加入蠕化剂，经蠕化处理后，使石墨变为短蠕虫状的高强度铸铁。蠕虫状石墨介于片状石墨和球状石墨之间，金属基体和球墨铸铁相近。其减振性、导热性、耐磨性、切削加工性和铸造性能近似于灰铸铁。它主要应用于承受循环载荷、要求组织致密、强度要求较高、形状复杂的零件，其牌号、力学性能和用途见表 1-27。

表 1-27　蠕墨铸铁的牌号、力学性能和用途

牌　　号	R_m/MPa	R_{eL}/MPa	A/%	硬度/HBW	用　　途
	不　小　于				
RUT420	420	335	0.75	200～280	适于制造要求强度或耐磨性高的零件，如活塞、制动鼓、玻璃模具
RUT380	380	300	0.75	193～274	
RUT340	340	270	1.00	1170～249	适于制造要求较高强度、刚度和耐磨的零件，如飞轮、制动鼓、玻璃模具
RUT300	300	240	1.50	140～217	适于制造要求较高强度及承受热疲劳的零件，如排气管、汽缸盖、液压件
RUT260	260	195	3.00	121～197	适于承受冲击负荷及热疲劳的零件，如汽车的底盘零件、增压器、废气进气壳体

2. 铸铁的石墨化

（1）石墨化的途径

铸铁中的石墨可以从液态中直接结晶出或从奥氏体中直接析出，也可以先结晶出渗碳体，再由渗碳体在一定条件下分解而得到（$Fe_3C \rightarrow 3Fe+C$），如图 1-67 所示。

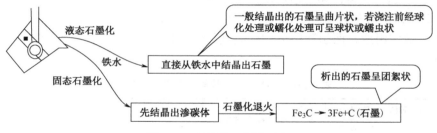

图 1-67　铸铁的石墨化途径

（2）影响石墨化的因素

影响石墨化的因素主要是铸铁的成分和冷却速度。

铸铁中的各种合金元素根据对石墨化的作用不同，可以分为两大类：一类是促进石墨化的元素，有碳（C）、硅（Si）、铝（Al）、镍（Ni）、铜（Cu）和钴（Co）等，其中碳和硅对促进石墨化的作用最为显著。因此，铸铁中碳、硅含量越高，往往其内部析出的石墨量就越多，石墨片也越大。另一类是阻碍石墨化的元素，有铬（Cr）、钨（W）、钼（Mo）、钒（V）、锰（Mn）和硫（S）等。

冷却速度对石墨化的影响也很大，当铸铁结晶时，冷却速度越缓慢，就越有利于扩散，使析出的石墨越大、越充分；在快速冷却时碳原子无法扩散，则阻碍石墨化，促进白口化。而铸件的冷却速度主要取决于壁厚和铸型材料，铸件越厚，铸型材料散热性能越差，铸件的冷却速度就越慢，越有利于石墨化。这就是在加工铸铁件时，往往在其表面会遇到"白口"且很难切削的原因。

3. 铸铁的组织与性能的关系

当铸铁中的碳大多数以石墨形式析出后，其组织可看成是在钢的基体上分布着不同形态、大小、数量的石墨。由于石墨的力学性能很差，其强度和塑性几乎为零，这样就可以把分布在钢的基体上的石墨看成不同形态和数量的微小裂纹或孔洞，这些孔洞一方面割裂了钢的基

体，破坏了基体的连续性，另一方面又使铸铁获得了良好的铸造性能、切削加工性能，以及消音、减振、耐压、耐磨、缺口敏感性低等诸多优良性能。

在相同基体的情况下，不同形态和数量的石墨对基体的割裂作用是不同的，呈片状时表面积最大，割裂最严重；蠕虫状次之；球状表面积最小，应力最分散，割裂作用的影响就最小；石墨的数量越多、越集中，对基体的割裂也就越严重，铸铁的抗拉强度也就越低，塑性就越差。铸铁的硬度则主要取决于基体的硬度。

习题与思考题

1. 什么是铁素体、奥氏体、渗碳体、珠光体、莱氏体？它们的性能如何？
2. 绘出简化的 Fe-Fe$_3$C 相图，解释主要点和特性线的含义，并填上各区域的组织。
3. 什么是共析钢、亚共析钢、过共析钢？
4. 含碳量对铁碳合金的组织性能有何影响？
5. 铁碳合金图在选材、热处理、铸造、锻造等方面有什么用途？
6. 什么是碳素钢？钢中常存元素对其性能有何影响？
7. 怎样确定碳素钢的种类？
8. 碳素结构钢的牌号由哪几部分组成？各部分的意义是什么？
9. 碳素工具钢的牌号如何表示？说明其含义。
10. 什么是铸铁？其种类有哪些？
11. 什么是铸铁的石墨化？影响铸铁石墨化的因素有哪些？
12. 铸铁的组织与性能有何关系？

1.4　合金钢

为改善性能，冶炼时在碳素钢的基础上有目的地加入一种或数种合金元素的钢，称为合金钢。合金元素的加入显著提高和改善了钢的性能，使它具有较高的力学性能和耐热、耐酸、耐蚀等特殊性能，并在机械制造中得到了广泛的应用。

一、合金元素对钢性能的影响

合金元素在钢中可以两种形式存在：一是溶解于碳钢原有的相中，另一种是形成某些碳钢中所没有的新相。合金元素在钢中的作用是非常复杂的，它对钢的组织和性能有很大影响。

1. 合金元素对钢中基本相的影响

（1）强化铁素体

几乎所有合金元素都可以或多或少地溶入铁素体中，形成合金铁素体。由于其与铁的晶格类型和原子半径有差异，势必会引起铁素体晶格畸变，产生固溶强化，从而使铁素体的强度、硬度提高，但塑性、韧性却有下降趋势。

合金元素对铁素体韧性的影响与它们的含量有关，如Si<1.00%，Mn<1.50%时，铁素体韧性没有下降，而当含量超过此值时，韧性则有下降的趋势；而铬和镍在适当范围内（Cr≤2.0%，Ni≤5.0%）可使铁素体的韧性提高。

对于大多数结构钢来说，在退火、正火、调质状态下，铁素体是钢的主要基本相，所以当合金元素在铁素体中含量适当时，一般可以使钢得到强化，却并不降低韧性。

（2）形成合金碳化物

在钢中能形成碳化物的元素有：铁（Fe）、锰（Mn）、铬（Cr）、钼（Mo）、钨（W）、钒（V）、铌（Nb）、锆（Zr）、钛（Ti）等。其中，钒、锆、钛为强碳化物形成元素，铬、钼、钨为中强碳化物形成元素，锰为弱碳化物形成元素。合金碳化物主要有以下两类。

① 合金渗碳体。合金渗碳体是渗碳体中一部分铁被碳化物形成元素置换后所得到的产物，其晶体结构与渗碳体相同，可表达为（Fe，Me）$_3$C（Me代表合金元素）。合金渗碳体的硬度有明显增加，因而可提高钢的耐磨性。同时它们在加热时也较难溶于奥氏体中，因此热处理时加热温度应该高一些。

② 特殊碳化物。特殊碳化物与渗碳体晶格完全不同，它比合金渗碳体具有更高的熔点、硬度及耐磨性。在合金钢中，当存在强碳化物形成元素时，即使含量少，只要有足够的碳，就倾向于形成特殊碳化物（如WC、VC、TiC）。而中强碳化物形成元素只有当其含量较高时，才倾向于形成特殊碳化物。

碳化物是钢中的重要相之一，碳化物的类型、数量、大小、形状及分布对钢的性能有很重要的影响。例如，当钢中存在弥散分布的特殊碳化物时，将显著增加钢的强度、硬度与耐磨性，而不降低韧性，这对提高工具的使用性能是极为有利的。

所有合金元素都能在加热时溶入奥氏体，形成奥氏体合金，并在随后的淬火时形成合金马氏体。

2．合金元素对钢力学性能的影响

合金元素对力学性能的影响见表1-28。

表1-28　合金元素对力学性能的影响

力 学 性 能	影 响 结 果	说　　　明
强度	固溶强化	溶质原子由于与基体原子的大小不同，因而使基体晶格发生畸变，产生强化
	细晶强化	许多碳化物形成元素由于其容易与碳形成熔点非常高的碳化物，可以阻碍晶粒的长大，从而具有细化晶粒的作用
	弥散强化	合金元素加入金属中，在一定条件下会析出第二相粒子，当粒子细小而分散时具有强化作用
塑性	脆化	除了极少数合金元素外，合金元素都会降低钢材的塑性和韧性，使钢脆化
韧性		

3．合金元素对钢的工艺性能的影响

合金元素对工艺性能的影响见表1-29。

表 1-29　合金元素对工艺性能的影响

工 艺 性 能	影 响 结 果	说　明
铸造性能	下降	加入高熔点的合金元素后，液态金属黏度增大，铸造性能下降
锻造性能	明显下降	含有大量碳化物的合金钢，高温强度很高，热塑性明显下降，导热性能降低，锻造时容易锻裂。所以锻造加热必须缓慢，以免造成热应力
焊接性能	变差	在相同的含碳量下，合金元素的含量越高，则焊接性能越差
切削加工性		含有大量硬而脆的碳化物，所以其切削加工性能比普通碳钢差。为了提高钢的切削加工性能，可以在钢中加入一些改善切削性能的合金元素，最常用的是硫

4．合金元素对钢的热处理的影响

（1）提高钢的淬透性

除钴外，所有的合金元素溶入奥氏体后，都会降低原子扩散速度，使奥氏体稳定性增加，从而使等温转变 C 曲线右移，从而降低了钢的临界冷却速度，提高了钢的淬透性。

提高淬透性的常用合金元素主要有钼（Mo）、锰（Mn）、镍（Ni）和硼（B）等。

（2）细化晶粒

除锰外，在加热转变过程中，合金元素能强烈地阻碍奥氏体晶粒的长大，达到细化晶粒的目的。

（3）提高钢的回火稳定性

合金钢在回火过程中，由于合金元素的阻碍作用，使马氏体不易分解，碳化物不易析出，即使析出后也不易聚集长大，而保持较大的弥散度，使钢在回火过程中硬度下降较慢。

与碳素钢相比，在相同的回火温度下，合金钢比相同含碳量的碳素钢具有更高的硬度和强度。在强度要求相同的条件下，合金钢可在更高的温度下回火，回火时间也增加，可充分消除内应力，从而使韧性更好。

高的回火稳定性，使钢在较高温度下，仍能保持高硬度和高耐磨性。

二、合金钢的分类及牌号表示方法

1．合金钢的分类

合金钢的分类方法见表 1-30。

表 1-30　合金钢的分类方法

分 类 方 法	种　类	说　明
按用途分类	合金结构钢	用于制造各种机械零件和工程构件。它又分为低合金高强度钢、渗碳钢、调质钢、弹簧钢、滚动轴承钢等
	合金工具钢	用于制造各种工具，可分为刃具钢、模具钢和量具钢等
	特殊性能钢	具有某种特殊物理、化学性能的钢，如不锈钢、耐热钢、耐磨钢等
按合金元素总含量分类	低合金钢	合金元素总含量<5%
	中合金钢	合金元素总含量为5%～10%
	高合金钢	合金元素总含量>10%

2．合金钢牌号的表示方法

（1）合金结构钢牌号的表示

结构钢的牌号采用两位数字+元素符号（或汉字）+数字表示。前面的数字表示钢平均量的万分数；元素符号（或汉字）表明钢中含有的主要合金元素；后面的数字表示该元素的含量。

当合金元素的含量小于 1.5% 时则不予标出；当平均含量为 1.5%～2.5%，2.5%～3.5%，…时，则相应地标以 2，3，…，依次类推。合金结构钢牌号示例如图 1-68 所示。

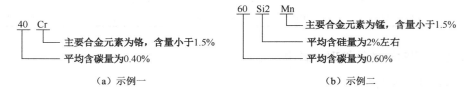

（a）示例一　　　　　　　（b）示例二

图 1-68　合金结构钢牌号示例

（2）高级优质或特级优质钢牌号的表示

合金钢多为优质钢，无须特殊表示，但当合金钢为高级优质或特级优质钢时，则分别在其牌号尾部加 A、E 表示。其牌号示例如图 1-69（a）所示。必要时可将表示产品用途、特性或工艺方法的字符加在牌号尾部，如图 1-69（b）所示。其常用的字符见表 1-31。

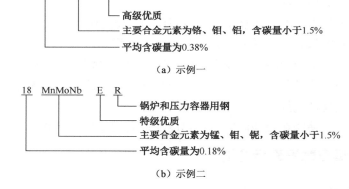

（a）示例一

（b）示例二

图 1-69　高级优质或特级优质钢牌号的表示

表 1-31　合金钢牌号常用字符

用　途	汉　字	字　母	用　途	汉　字	字　母
锅炉的压力容器用钢	容	R	汽车大梁钢	梁	L
锅炉用钢（管）	锅	G	高性能建筑结构用钢	高建	GJ
低温压力容器用钢	低容	DR	低焊接裂纹敏感性钢	低焊接裂纹敏感性	CF
桥梁用钢	桥	Q	保证淬透性钢	淬透性	H
耐候钢	耐候	NH	矿用钢	矿	K
高耐候钢	高耐候	GNH	船用钢		采用国际符号

（3）合金工具钢牌号的表示

合金工具钢牌号的表示方法与合金结构钢基本相同，只是在表示含碳量时，只用一位数字表示平均含碳量的千分数。当含碳量大于或等于 1.0%时，不予标出。合金元素含量表示方法与合金结构钢相同，当平均含铬量小于 1%时，在铬含量（以千分数计）前加数字"0"，如图 1-70 所示。

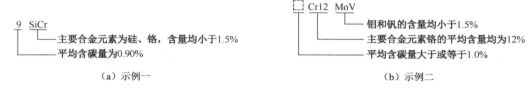

（a）示例一　　　　　　　　　　　　　　　　　（b）示例二

图 1-70　合金工具钢牌号示例

对于高速钢，其含碳量均不标出，如 W18Cr4V 钢的平均含碳量为 0.7%～0.8%，在高碳钢高速钢前可以加"C"。

（4）特殊性能钢牌号的表示

① 不锈钢或耐热钢。不锈钢或耐热钢的牌号用两位或三位数字表示含碳量的最佳控制值（以万分之几或十万分之几计），合金元素含量的表示方法与合金结构钢相同。

当材料只规定含碳量上限时，若含碳量上限小于或等于 0.10%，则以其上限值的 3/4 表示；其含碳量上限大于 0.10%，则以其上限值的 4/5 表示（两位数，万分数计）。如 06Cr18Ni9，表示平均含碳量不大于 0.08%，平均含铬量为 18%，含镍量为 9%的铬镍不锈钢。12Cr7 表示含碳量不大于 0.15%，含铬量为 17%的高碳铬不锈钢。

当含碳量上限小于或等于 0.03%（超低碳）时，则以三位数表示含碳量最佳控制值（十万分数计），如 015Cr19Ni11 是一种含碳量上限为 0.02%，最佳控制值为 0.015%，平均含铬量为 19%，含镍量为 11%的极低碳不锈钢。

当含碳量规定有上下限时，则采用平均含碳量表示（两位数，万分数计），如 20Cr13 表示含碳量为 0.16%～0.25%，平均含碳量为 0.20%，含铬量为 13%的不锈钢。

当不锈钢中有意加入铌、钛、锆、氮等元素时，即使含量很低，但也应在牌号中标出。如 022Cr18Ti 为一种含碳量不大于 0.03%，最佳控制值为 0.022%，含铬量为 18%，含钛量小于 1.0%的不锈钢。

② 特殊专用钢。在钢的牌号前加注出汉语拼音字母的字头，以表示其用途，但不标出含碳量，其合金元素含量的标注与上相同。

如滚动轴承钢中高铬轴承钢的前面标"G"（"滚"字汉语拼音字母字头），而不标含碳量，表示为 GCr15。铬元素后面的含铬量以千分数计，其他元素以百分数计。如 GCr15SiMn 表示含铬量为 1.5%，硅、锰含量均小于 1.5%的滚动轴承钢。Y15 表示含碳量小于 0.15%的易切钢。

三、合金钢的力学性能与应用

1. 合金结构钢

（1）低合金高强度结构钢

低合金高强度结构钢是在低碳钢的基础上，加入少量合金元素锰、硅、钒、铌和钛等发展起来的，是一类可焊接的低碳合金工程结构钢，主要用于房屋、桥梁、船舶、车辆、铁道和高压容器等工程构件，如图 1-71 所示。低合金高强度结构钢多在热轧或正火状态下使用。

常用低合金高强度结构钢的牌号、力学性能与应用见表1-32。

（a）桥梁

（b）球罐

图 1-71　低合金高强度结构钢的应用

表 1-32　低合金高强度结构钢的牌号、力学性能与应用

牌　号	力 学 性 能			特　　性	应 用 场 合
	R_{eL}/MPa	R_m/MPa	A/%		
Q295	235～295	390～570	23	韧性、塑性、冷弯性和焊接性以及冲压成形性能良好	适用于制造各种容器、螺旋焊管、农机结构件、车辆冲压件、输油管道、低压锅炉汽包等
Q345	275～345	470～630	21	具有良好的综合力学性能，塑性和焊接性能良好	适用于制造桥梁、车辆、管道、锅炉、电站、厂房等
Q390	330～390	490～650	19	具有良好的综合力学性能，塑性和冲击韧性良好	适用于制造锅炉汽包、中高压石油化工容器、起重机、较高负荷的焊接件、连接构件等
Q420	360～420	520～680	18	具有良好的综合力学性能和优良的低温韧性，焊接性能好，冷热加工性能良好	适用于制造高压容器、重型机械、船舶、机车车辆以及其他大型焊接结构件
Q460	400～460	550～720	17	具有极好的综合力学性能	用于大型挖掘机、起重运输机构、钻井平台等

（2）合金渗碳钢

合金渗碳钢用来制造既有优良的耐磨性、耐疲劳性，又能承受冲击载荷作用的零件，如图 1-72 所示。碳素渗碳钢（C=0.10%～0.25%）由于淬透性差，仅能在表层获得高的硬度，而心部得不到强化，故只适用于制造受力较小的渗碳零件。一些性能要求高或截面更大的零件，均须采用合金渗碳钢。

（a）机床及汽车小齿轮

（b）曲轴

（c）蜗杆

图 1-72　合金渗碳钢的应用

合金渗碳钢的含碳量为 0.10%～0.25%，可保证心部有足够的塑性和韧性；加入铬、镍、锰、硅、硼等合金元素以提高钢的淬透性，使零件在热处理后，表层和心部均得到强化；此外，加入少量钒、钛等合金元素，主要是为了防止在高温长时间渗碳过程中的晶粒长大。

常见合金渗碳钢的牌号、力学性能与应用见表 1-33。

表 1-33　合金渗碳钢的牌号、力学性能与应用

类　别	牌　号	力学性能（不小于）			应 用 范 围
		R_{eL}/MPa	R_m/MPa	A/%	
低淬透性	20Cr	540	835		截面不大的机床变速箱齿轮、齿轮轴、凸轮、活塞销、活塞环、联轴器、滑阀等
	20Mn2	590	785		代替 20Cr 制造渗碳小齿轮、小轴、汽车变速箱操纵杆等
	20MnV				活塞销、齿轮、锅炉及高压容器等焊接结构件
中淬透性	20CrMn	735	930	10	截面不大、中高负荷的齿轮、轴、蜗杆、调速器的套筒等
	20CrMnTi	835	1080		截面直径在 30mm 以下，受调速、中或重负荷以及冲击、摩擦的渗碳零件，如齿轮轴、爪形离合器等
	20MnTiB	930	1100		代替 20CrMnTi 钢制造汽车、拖拉机上的小截面、中等载荷的齿轮
	20CrMnVB	980			代替 20CrMnTi
高淬透性	12Cr2Ni4A	1080	1175		在高负荷下工作的齿轮、蜗轮、蜗杆、转向轴等
	18Cr2NiWA	835			大齿轮、曲轴、花键轴、蜗轮等

（3）合金调质钢

合金调质钢用来制造一些受力复杂的重要零件，如图 1-73 所示。要求有很高的强度，又要有很好的塑性和韧性，具有良好的综合力学性能。

图 1-73　受力复杂的重要零件

这类钢的含碳量一般为 0.25%～0.50%，含碳量过低，硬度不足；过高则韧性不足。对于合金调质钢，随合金元素的增加，含碳量趋于下降。合金调质钢中常加入少量铬、锰、硅、镍、硼等合金元素以增加钢的淬透性，同时使铁素体强化并提高韧性。加入少量钼、钒、钨、钛等碳化物形成元素，可阻止奥氏体晶粒长大和提高钢的回火稳定性。

常见合金调质钢的牌号、力学性能和用途见表 1-34。

表 1-34　常见合金调质钢的牌号、力学性能和用途

类　别	牌　号	力学性能（不小于）			应 用 范 围
		R_{eL}/MPa	R_m/MPa	A/%	
低淬透性	40Cr	785	980	9	中等载荷、中等转速机械零件，如齿轮轴、曲轴、连杆螺栓等
	40CrB			10	主要代替 40Cr，如汽车的车轴、转向器、花键轴及机床的主轴、齿轮等
	35SiMn	725	885	15	中等载荷、中等转速机械零件，如传动齿轮、主轴、转轴、飞轮等，可全面代替 40Cr

续表

类 别	牌 号	力学性能（不小于）			应 用 范 围
		R_{eL}/MPa	R_m/MPa	A/%	
中淬透性	40CrNi		980	10	截面尺寸较大的轴、齿轮、连杆和曲轴等
	42CrMn	785		9	在高速及弯曲负荷下工作的轴、连杆等，在高速、高负荷且无强冲击负荷下工作的齿轮轴、离合器等
	42CrMo	930	1080	12	机车牵引用的大齿轮、增压器传动齿轮、发动机汽缸、负荷极大的连杆及弹簧类等
	38CrMoAlA	835	980	14	镗杆、磨床主轴、自动车床主轴、精密丝杠、精密齿轮、高压阀杆、汽缸套等
高淬透性	40CrNiMo			12	重型机械中高负荷的轴类，大直径的汽轮机轴，直升机的旋翼轴、齿轮，喷气发动机的涡轮轴等
	40CrMnMo	785		10	40CrNiMo 的代用钢

（4）合金弹簧钢

合金弹簧钢主要用来制造尺寸较大或承受动载荷的重要弹簧，如图 1-74 所示。

（a）汽车减振板弹簧　　　　　（b）汽封弹簧　　　　　（c）拉力器

图 1-74 合金弹簧钢的应用

合金弹簧钢的含碳量一般为 0.45%～0.70%。常加入合金元素锰、硅、铬等，其目的是提高淬透性，同时强化铁素体；其中硅还能显著提高钢的弹性极限和屈强比，是弹簧钢的常用元素之一；但是硅增加了钢在加热时的表面脱碳倾向，锰增大了钢的过热倾向。另外，钢中有时还加入钼、钨、钒等元素使晶粒细化。

常用合金弹簧钢的牌号、力学性能和用途见表 1-35。

表 1-35 常用合金弹簧钢的牌号、力学性能和用途

牌 号	力学性能（不小于）			应 用 范 围
	R_{eL}/MPa	R_m/MPa	A/%	
55Si2Mn	1200	1300	6	20～25mm 弹簧，可用于 230℃ 以下温度
60Si2Mn			5	25～30mm 弹簧，可用于 230℃ 以下温度
50CrV	1150		10	30～50mm 弹簧，可用于 210℃ 以下温度
60Si2CrVA	1700	1900	5	小于 50mm 弹簧，可用于 250℃ 以下温度

（5）滚动轴承钢

滚动轴承钢是制造各类滚动轴承的滚动体及内、外套圈（图 1-75）的专用钢，也可用来制造各种工具和耐磨零件。

图 1-75　滚动轴承钢的应用

滚动轴承是一种高速转动的零件，工作时接触面积很小，不仅有滚动摩擦，而且有滑动摩擦，承受了很高、很集中的周期性交变载荷，所以常常出现接触疲劳破坏。因此要求滚动轴承钢具有高而均匀的硬度、高的弹性极限和接触疲劳强度、足够的韧性和淬透性、一定的耐腐蚀能力。

常用的滚动轴承钢是高碳低铬钢，含碳量为 0.95%～1.10%，含铬量为 0.4%～1.65%。高碳是为了保证有高的淬硬性，同时可形成铬的碳化物强化相；铬的主要作用是增加钢的淬透性。对大型滚动轴承，其材料成分中须加入硅、锰等元素，进一步提高淬透性。滚动轴承钢对有害元素及杂质的限制极高，一般规定含 S<0.02 %，含 P>0.027%；非金属夹杂物（氧化物、硅化物、硅酸盐等）的含量必须很低，否则会降低轴承钢的力学性能，影响轴承的使用寿命。

目前应用最多的滚动轴承钢有：GCr15 主要用于中小型滚动轴承，GCr15SiMn 主要用于较大的滚动轴承。

2. 合金工具钢

合金工具钢通常按用途分类，按国家标准 GB/T1299—2000 分成六组，这里主要介绍量具刃具用钢、耐冲击工具钢、合金模具钢和高速工具钢。

（1）量具刃具用钢

量具刃具用钢中的合金元素总量少，主要有铬（Cr）、硅（Si）、锰（Mn）等元素。与碳素工具钢相比，量具刃具用钢主要在淬透性方面有明显提高，在热硬性、硬度、耐磨性等方面并无显著改善。因此从应用方面看，量具刃具用钢主要用于制造形状较复杂、截面尺寸较大的低速切削刃具，如图 1-76 所示。

图 1-76　量具刃具用钢的应用

量具是机械制造过程中控制加工精度的测量工具，如卡尺、千分尺、量块、样板等。在使用时常与被测工件接触，受到磨损和碰撞。因此要求量具具有高硬度、高耐磨性、高的尺寸稳定性以及足够的韧性。量具刃具用钢含碳量高，一般为 w（C）=0.9%～1.5%。为减少淬火变形，常向量具刃具用钢中加入 Cr、W、Mn 等元素，以提高其淬透性，保证高的尺寸精度。简单的量具，如卡尺、样板、钢直尺、量块等，采用 T10A、T11A、T12A、Cr2、9SiCr

等钢制造；形状复杂、对精度要求高的量具，如塞规等，一般采用热处理变形小的冷作模具钢（如 CrWMn）或滚动轴承钢制造；要求耐蚀性的量具，可用马氏体型不锈钢（如 30Cr33、40Cr13、95 Cr18 等）制造。

（2）耐冲击工具钢

这类钢在 CrSi 钢的基础上添加质量分数为 2.0%～2.5%的 W，以细化晶粒，提高韧带性。如 5CrW2Si 钢，主要用于制造风动工具、錾、冲模、冷作模具等，如图 1-77 所示。

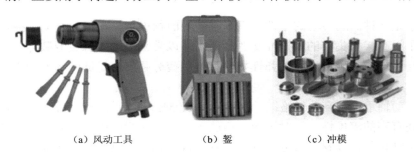

|（a）风动工具|（b）錾|（c）冲模|

图 1-77　耐冲击工具钢的应用

（3）合金模具钢

用于制造冲压、锻造和压铸等模具的钢统称模具钢。按使用状态，模具钢可分为冷作模具钢和热作模具钢，另外还有专用的无磁模具钢和塑料模具钢。

① 冷作模具钢。冷作模具的工作温度不超过 300℃，在工作中承受很大的压力、弯曲应力、冲击力和摩擦力。为防止冷作模具因磨损、断裂、崩角和变形超差等出现报废现象，要求冷作模具钢应具有高硬度（一般为 58～62HRC）、高耐磨性，并要有足够的强度和韧性。

冷作模具钢应有较高的含碳量，以保证获得高硬度和高耐磨性。其合金元素的作用与合金刃具钢相似，加入一定量的铬、锰、硅等元素，主要目的是提高淬透性。但为了提高钢的耐磨性，也加入钨、钒等元素。

② 热作模具钢。热作模具用于使加热后的金属或液态金属获得所需的形状。其型腔表面温度可达 600℃以上。它在繁重的条件下工作，对它有如下要求：

- 由于工作时承受很大的冲击力，要求模具具有高的强度、韧性及一定的耐磨性。
- 由于模具的型腔与热金属接触，要求模具在高温下仍能保持高的力学性能，即有高的耐回火性。
- 热作模具工作时反复受热受冷，多数模具是因这种反复冷热的"热疲劳"引起表面裂纹的发展而报废的，因此热作模具还应具有抗热疲劳的能力。
- 热作模具一般是较大型的，为使整个截面有均匀的力学性能，要求其有高的淬透性。
- 要求热作模具有好的导热性，使型腔的热量迅速散开，从而使温度不致过高。

热作模具钢一般为中碳合金钢。如果碳含量过高，将使其塑性下降，导热性也较差；如果碳含量过低，则其硬度和耐磨性达不到要求。所以，热作模具钢的 w（C）=3%～0.6%。

锤锻模要求韧性较高，不强调对热硬性的要求，常采用 5CrMnMo 和 5CrNiMo 钢（淬透性好，用于厚度大于 400mm 的大型模具）。

压铸模、热挤压模要求热强度和热硬性较高，常选用 3Cr2W8V 和 4Cr5MoSiV 钢。

（4）高速工具钢

高速工具钢简称高速钢，是含有 W、Mo、Cr、V 等合金元素较多的合金工具钢，俗称锋钢或白钢。

高速钢具有较高的强度、韧性以及良好的刃磨性，能承受较大的切削冲击力。但高速钢的耐热性较差，其耐热温度为 550～600℃，允许的最大切削速度为 30m/min。由于高速钢的切削速度比碳素工具钢和合金工具钢高几倍甚至十几倍，所以称其为高速钢。但对于机加工来说，仍属于低速切削。

高速工具钢的品种较多，主要有普通高速工具钢、高性能高速工具钢和粉末冶金高速工具钢。

① 普通高速工具钢。普通高速工具钢应用广泛，约占高速工具钢总量的 75%。经热处理后硬度为 62～66HRC。按钨、钼质量分数的不同，分为钨系高速工具钢和钨钼系高速工具钢，常用牌号及其性质见表 1-36。

表 1-36　普通高速工具钢的类别、常用牌号、性质及应用

类别	常用牌号	性质	应用
钨系	W18Cr4V （18-4-1）	性能稳定，刃磨及热处理工艺控制较方便	金属钨的价格较高，国外已很少采用，目前国内使用普遍，以后将逐渐减少
钨钼系	W6Mo5Cr4V2 （6-5-4-2）	最初是国外为解决钨而研制出以取代 W18Cr4V 的高速钢（以 1%的钼取代 2%的钨）。其高温塑性与韧性都超过 W18Cr4V，而切削性能却大致相同	主要用于制造热轧工具，如麻花钻等
	W9Mo3Cr4V （9-3-4-1）	根据我国资源的实际情况而研制的刀具材料，其强度与韧性都比 W6Mo5Cr4V2 好，高温塑性和切削性能良好	使用将逐渐增多

② 高性能高速工具钢。高性能高速工具钢是在普通高速工具钢中增加了一些 C、V，并添加 Co 和 Al 等合金元素得到的，耐磨性和耐热性得到了显著提高。高性能高速工具钢主要有高钒高速工具钢、钴高速钢、铝高速钢。高性能高速工具钢的主要牌号与性能见表 1-37。

表 1-37　高性能高速工具钢的主要牌号与性能

类别	牌号	硬度/HRC			抗弯强度/GPa	冲击韧性/（MJ/m²）
		常温	500℃	600℃		
高钒	W6Mo5Cr4V3	65～67		51.7	3.2	0.5
	W12Cr4V4Mo	66～67		52	3.2	0.1
含钴	W2Mo9Cr4VCo8	67～69	60	55	2.7～3.8	0.23～0.3
	W6Mo5Cr4V2Co8	66～68		54	3.0	0.3
含铝	W6Mo5Cr4V2Al	67～69	60	55	2.9～3.9	0.23～0.3
	W10Mo4Cr4V3Al	67～69	60	54	3.1～3.5	0.2～0.28

③ 粉末冶金高速工具钢。上述高速工具钢均为熔炼高速工具钢，其在制造过程中避免不了碳化物的偏析，致使碳化物颗粒粗细及分布不均匀。而粉末冶金高速工具钢完全避免了碳化物的偏析，晶粒细化，分布均匀，强度、硬度、耐磨性等有了显著提高。且物理、力学性能各向同性，减少了热处理造成的变形与应力，而磨削性能与普通高速工具钢基本相同。

粉末冶金高速工具钢适用于制造切削难加工材料的刀具，以及进行强力、断续切削和要求锋利、强度和韧性高的刀具，如齿轮刀具、立铣刀、拉刀、精密螺纹刀具等，如图 1-78 所示。

（a）齿轮刀具　　　　　　　　（b）立铣刀　　　　　　　　（c）拉刀

图 1-78　粉末冶金高速工具钢的应用

3．特殊性能钢

特殊性能钢是指用于特殊用途和具有特殊的物理、化学性能的钢，如不锈钢、耐热钢、耐磨钢、超高强度钢、低温用钢、电工用钢等。它们在工业上的应用越来越广泛，并且发展十分迅速。

（1）不锈钢

在化学工业中，一些设备是在化学介质（如酸、碱、盐及活性气体等）中工作的，其失效情形大都因腐蚀所致。因此，在这些条件下工作的机械零件或工具，要求材料不仅具有一定的力学性能，而且还须具有高的耐蚀性能。常用的不锈钢主要是铬钢和铬镍钢，以及在此基础上根据性能要求适当加入其他合金元素的钢。

① 铬不锈钢。常用铬不锈钢的牌号有12Cr13、20Cr13、30Cr13、68Cr17和85Cr17等。钢中的铬的质量分数必须大于或等于13%，以使钢具有良好的耐蚀性，而碳则保证钢有适当的强度。随着钢中含碳量的增加，钢的强度、硬度、耐磨性提高，而韧性和耐蚀性则下降。因为碳与铬形成碳化铬，会降低铁素体中的含铬量，使其电位不能跃升。

含碳量较低的 12Cr13 和 20Cr13 钢，具有良好的抗大气、海水、蒸气等介质腐蚀的能力，塑性和韧性很好，适用于制造在腐蚀条件下工作、受冲击载荷的零件，如汽轮机叶片、水压机阀门等，如图 1-79 所示。含碳量较高的 30Cr13 等，经淬火、低温回火后，得到回火马氏体组织，有较高硬度（50HRC）、耐磨性，用于制造不锈弹簧、轴承、阀片、阀门、手术刀片、医疗器械、不锈刃具，以及在弱酸腐蚀条件下工作的要求较高强度的耐蚀零件。68Cr17、85Cr17钢经淬火回火后，硬度可达 54～56HRC，可以制作不锈切片机械刃具及剪切刃具、手术刀片、滚珠轴承等高耐磨耐蚀的零件。

（a）汽轮机叶片　　　　　　　　　　　（b）水压机阀门

图 1-79　铬不锈钢的应用

② 铬镍不锈钢。在 w（Cr）=18%的钢中加入质量分数为 9%～10%的镍，形成铬镍不锈钢，如 12Cr18Ni9 等。这类钢经过热处理后，呈单一奥氏体组织，能获得良好的耐蚀性，并且具有良好的焊接性、冷加工性（冷变形、深冲）及低温韧性，用于制造在各种腐蚀介质中（硝酸、大部分有机和无机酸的水溶液、磷酸及碱等）使用的吸收塔、酸槽、管道、储藏及运输酸类用的容器等，如图 1-80 所示。常用不锈钢的牌号和化学成分见表 1-38。

（a）管道

（b）容器

图 1-80　铬镍不锈钢的应用

表 1-38　常用不锈钢的牌号和化学成分

| 牌　号 | 化学成分（质量分数/%） | | | | | | |
	C	Cr	Ni	Mn	Si	P	S
12Cr13	0.08～0.15	11.50～13.50	≤0.60%	≤1.00	≤1.00	≤0.040	≤0.030
30Cr13	0.26～0.35	12.00～14.00					
68Cr17	0.60～0.75	16.00～18.00					
12Cr18Ni9	≤0.15	17.00～19.00	8.00～10.00	≤2.00		≤0.045	

（2）耐热钢

金属材料的耐热性是包括抗氧化性和高温强度的一个综合概念。耐热钢就是在高温下不易发生氧化并具有较高强度的钢。

因在耐热钢中加入了一定的铬、铝、硅等元素后，钢在高温下与氧接触时，表面能生成致密的高熔点氧化膜，严密地覆盖住零件表面，保护钢不受高温气体的继续腐蚀。所以耐热钢具有抗高温氧化性和热强性。

耐热钢可分为抗氧化钢、热强钢和气阀钢。

① 抗氧化钢。如 3Cr18Mn12Si2N、2 Cr20Mn9 Ni2Si2 N 等，主要用于长期在高温下工作但对强度要求不高的零件，如各种加热炉的构件、渗碳炉构件、加热炉传送带等。

② 热强钢。热强钢不仅要求在高温下具有良好的抗氧化性，而且要求具有较高的高温强度。常用的热强钢如 15CrMo 钢是典型的锅炉钢，可制造在 350℃ 以下工作的零件；14Cr11MoV、15Cr12WMoV 钢有较高的热强性、良好的减振性及组织稳定性，用于蒸汽机叶片、紧固件等。

③ 气阀钢。气阀钢是热强性较高的钢，主要用于高温下工作的气阀，如 42Cr9Si2 钢用于制造 600℃ 以下工作的汽轮机叶片、发动机排气阀；45Cr14Ni14W2Mo 钢是目前应用最多的气阀钢，用于制造工作温度不低于 650℃ 的内燃机重载荷排气阀。

（3）耐磨钢

有些零件如拖拉机履带、破碎机牙板、球磨机衬板、铁道道岔等，工作时都受到严重磨损及强烈撞击，因此要求具有很高的耐磨性。通常，采用高锰耐磨钢 ZGMn13[w（C）=1.0%～

1.3%、w（Mn）=11%～14%]来制造。

ZGMn13 铸态为奥氏体和碳化物组织，有脆性。将钢加热至 1000～1100℃，保温一段时间，使钢中的碳化物全部溶解到奥氏体中，然后迅速在水中冷却，由于冷却速度快，碳化物来不及从奥氏体中析出，能得到单一的奥氏体组织，此方法即为水韧处理。

水韧处理后，高锰钢的韧性、塑性特别高，但硬度仅为 180～220HBW。它在大的压应力或冲击力下能迅速加工硬化，使硬度由 220HBW 提高到 450～550HBW。其耐磨性（指高压下的耐磨性，低压下并不耐磨）变得极好，一般比碳素钢高十几倍。高锰钢在冲击下变得硬而耐磨是表面加工硬化，并发生马氏体转变的结果。

高锰钢不易切削加工，但有良好的铸造性能，可铸造成形状复杂的铸件，故高锰钢一般造后经热处理才使用。

（4）超高强度钢

超高强度钢一般是指屈服强度在 1176MPa、抗拉强度在 1372MPa 以上的钢。它的主要特点是具有很高的强度和足够的韧性，能承受很高的应力，同时有很大的比强度，使结构尽可能地减轻自重。

超高强度钢主要用于制造薄壁结构飞行壳体和用做火箭、导弹等的结构材料，近年来在工具、模具和机械制造方面也开始应用。如在合金调质钢的基础上发展起来的 40CrNiMo 钢，常用于航空工业中，如制造飞机发动机曲轴、大梁、起落架等，在机械工业中用于制造重载荷、要求高强度的重要零件。从热作模具钢移植过来的 4Cr5MoSiV 钢，适于制作超音速飞机的机体。

习题与思考题

1．什么是合金钢？合金元素对钢的性能有何影响？
2．合金钢如何分类？
3．合金结构钢牌号如何表示？请举例说明。
4．高级优质或特级优质钢牌号如何表示？请举例说明。
5．合金工具钢牌号如何表示？请举例说明。
6．特殊性能钢牌号如何表示？
7．普通低合金高强度结构钢有哪些优良性能？其主要用途有哪些？
8．合金渗碳钢中合金元素的作用有哪些？简述合金渗碳钢的力学性能。
9．简述合金调质钢的力学性能。
10．简述合金弹簧钢的力学性能和用途。
11．滚动轴承钢有什么特点？它的用途有哪些？
12．合金工具钢有几种类型？各主要用途有哪些？
13．高速工具钢分为哪几种？各性能特点是什么？
14．不锈钢有哪些种类？它们的化学成分有何特点？有什么用途？
15．耐热钢有哪些种类？各有何特点？代表的牌号是什么？

1.5　钢的热处理

钢的热处理是将钢材通过在固态下加热、保温和冷却等方法改变其内部组织，而获得所需要的组织结构和性能的一种工艺方法。其工艺曲线如图 1-81 所示，热处理是根据钢在加热和冷却过程中组织转变规律进行的，根据热处理原理所确定的温度、时间、介质等工艺参数称为热处理工艺。根据工艺方法的不同，钢的热处理分类如图 1-82 所示。

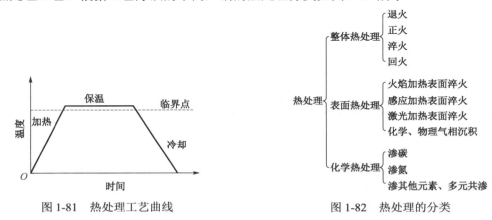

图 1-81　热处理工艺曲线　　　　　图 1-82　热处理的分类

根据热处理在零件加工中的作用又可分为预先热处理和最终热处理。若热处理作为机械零件切削加工前的一个中间工序，以改善切削加工性能及为后续工序做组织准备，则称为预先热处理，如改善锻、轧、铸毛坯组织的退火和正火。获得零件最终使用性能的所有热处理称为最终热处理，如使机械零件获得良好综合力学性能的淬火加高温回火。

热处理不同于其他加工工序，它不改变工件的形状和尺寸，只改变其组织和性能，它是保证工件内在质量的重要工序。

一、钢在加热与冷却时的组织转变

1. 钢在加热时的组织转变

（1）钢在加热与冷却时的相变温度

在实际热处理过程中，不可能在平衡条件下进行加热和冷却。因此，钢中的相不能完全按铁碳合金相图中的 A_1、A_2 和 A_{cm} 线转变，钢的组织转变总有滞后的现象，即在加热时钢的转变温度要高于平衡状态下的临界点，在冷却时要低于平衡状态下的临界点。为了便于区别，通常把加热时的各临界点分别用 A_{c1}、A_{c3} 和 A_{ccm} 表示，冷却时的各临界点分别用 A_{r1}、A_{r3} 和 A_{rcm} 表示，如图 1-83 所示。

（2）钢的奥氏体化

热处理时须将钢加热到一定温度，使其组织全部或部分转变为奥氏体，这种通过加热获得奥氏体组织的过程称为奥氏体化。下面以共析钢为例说明钢的奥氏体化过程。

共析钢加热前为珠光体组织，一般为铁素体与渗碳体相间排列的层片状组织，加热过程中奥氏体转变过程可分为 4 个阶段进行，见表 1-39。

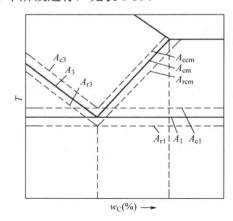

图 1-83 钢在加热和冷却时的临界点位置

表 1-39 共析钢中奥氏体形成过程

过　　程	分 析 说 明	示　　意
形核	转变过程中，原铁素体由体心立方晶格变为奥氏体的面心立方晶格，渗碳体由复杂斜方晶格变为面心立方晶格。晶核在铁素体与渗碳体的交界处产生	 F　　Fe₃C
长大	奥氏体不断向两侧扩展长大，直至铁素体消失，奥氏体彼此相遇	A　　未溶Fe₃C
残余渗碳体的溶解	铁素体与奥氏体晶格相近，转变速度高于渗碳体，渗碳体全部溶解需要一定时间	未溶Fe₃C
均匀化	即使渗碳体全部溶解，在原渗碳体区域碳浓度也偏高，须保温足够时间，使奥氏体成分均匀化	A

亚共析钢和过共析钢要转变为单一的奥氏体，须分别加热至 A_{c3}、A_{ccm} 以上，同时为了使成分均匀化，还须在此温度适当保温。

珠光体向奥氏体转变时，由于珠光体内的铁素体与渗碳体的交界面多，产生的晶核就多，转变的结果必然会形成许多细小的奥氏体晶粒。如继续升高温度或延长保温时间，由于在高温下原子扩散比较容易，奥氏体的晶粒便会相互合并，形成粗晶粒。

细晶粒组织不仅强度、塑性比粗晶粒高，而且冲击韧性也明显提高。因此，在热处理生产中必须控制钢的加热温度和保温时间，在保证奥氏体能够充分转变的条件下，得到细小的奥氏体晶粒，从而使冷却后产物组织的晶粒也细小。

2. 钢在冷却时的组织转变

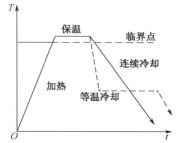

在热处理工艺中常采用等温冷却和连续冷却两种冷却方式。其工艺曲线如图 1-84 所示。下面以共析钢为例来说明钢在等温冷却时的组织转变。

过冷奥氏体就是在共析温度以下存在的奥氏体，它处于不稳定状态。

过冷奥氏体等温转变图是用来分析过冷奥氏体的转变温度、转变时间和转变后组织之间关系的图形，可以用试验方法求得。

图 1-84　两种冷却方式的工艺曲线

把共析钢制成若干个尺寸相同的薄片试样，加热到 A_{c1} 温度以上，使其转变为均匀的奥氏体，然后分别迅速放入低于 A_1 的不同温度（如 700℃、650℃、550℃、500℃、450℃、350℃等）的盐浴炉中，使过冷奥氏体发生转变，再在不同的等温过程中，测出过冷奥氏体转变开始和终了的时间，把它们按相应的位置标记在温度-时间坐标图上，然后将所有的开始转变点和终止转变点分别连成光滑的曲线，便可得到过冷奥氏体等温转变图，如图 1-85 所示。

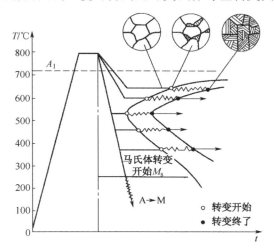

图 1-85　共析钢过冷奥氏体等温转变图的建立

如果把加热到奥氏体的共析钢试样迅速冷却到 230℃以下，过冷奥氏体将发生马氏体转变，即在下部有两条水平线，一条是过冷奥氏体向马氏体转变的开始温度线（M_s 线），另一条为过冷奥氏体向马氏体转变的终止温度线（M_f 线），如图 1-86 所示，这是共析钢过冷奥氏体等温转变图。因为该曲线的形状像英文字母"C"，所以又称为"C"曲线。从图中可以看出，A_1 以上是奥氏体稳定区域；在 A_1 以下转变开始线以左，由于过冷现象，奥氏体仍能存在一段时间，这段时间称为孕育期，孕育期的长短标志着过冷奥氏体的稳定性大小；曲线的拐弯处（550℃左右）俗称"鼻尖"，孕育期最短（约为1s），过冷奥氏体稳定性最小。"鼻尖"将曲线分为上下两部分，上部称为高温转变区，下部称为中温转变区。

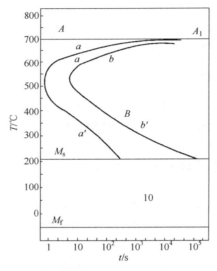

图 1-86　共析钢奥氏体等温转变曲线

① 珠光体型转变区。在 A_1～550℃温度范围内，奥氏体转变产物是珠光体，即形成铁素体与渗碳体的混合物，组织呈片状，所以这种类型的转变又称珠光体型转变。

在珠光体型转变过程中，由 A_1 以下温度依次降低到 550℃左右，层片状组织的片间距依次减小。根据片层间距的大小不同，这类组织又分为三种，见表 1-40。

表 1-40　珠光体型转变的组织及性能特点

组　织	符　号	形成温度/℃	性　能　特　点	显　微　组　织
珠光体	P	A_1～650	硬度为 170～200HBW，强度较高，硬度适中，有一定的塑性，具有较好的综合性能	
索氏体	S	650～600	硬度为 230～320HBW，综合力学性能优于珠光体	
托氏体	T	600～550	硬度为 330～400HBW，综合力学性能优于索氏体	

② 贝氏体型转变区。在 550℃～M_s（230℃）温度范围内，因转变温度较低，原子的活动能力较弱，转变后得到的组织为含碳量具有一定过饱和度的铁素体和分散的渗碳体（或碳化物）所组成的混合物，称为贝氏体，用符号 B 表示。

根据转变温度及组织的形态不同又分为上贝氏体和下贝氏体两种。贝氏体型转变的组织及性能特点见表 1-41。

表 1-41　贝氏体型转变的组织及性能特点

组　织	符　号	形成温度/℃	性 能 特 点	显 微 组 织	
				图 示	说 明
上贝氏体	$B_上$	550～350	硬度为 40～45HRC，强度低，塑性很差，基本上没有实用价值		渗碳体呈较粗的片状平行分布于铁素体之间，呈羽毛状
下贝氏体	$B_下$	350～M_s	硬度为 45～55HRC，具有较高强度、良好的塑性和韧性		碳化物呈细小颗粒状或短杆状均匀分布在铁素体内，呈黑色针叶状

③ 马氏体型转变区。当钢从奥氏体区急冷到 M_s 以下时，奥氏体便开始转变为马氏体。这是一种非扩散的转变过程。由于转变温度低，原子扩散能力小，只有 γ-Fe 向 α-Fe 的晶格改变，而不发生碳原子的扩散。因此，溶解在奥氏体中的碳，转变后原封不动地保留在铁的晶格中，形成碳在 α-Fe 中的过饱和固溶体，称为马氏体，用符号 M 表示。

过冷奥氏体转变为马氏体，只是结构的改变而没有成分的变化，即奥氏体中固溶的碳全部保留在新相马氏体中，形成碳在 α-Fe 中的过饱和固溶体。碳原子处于 α-Fe 体心立方晶格的 c 轴上，使 c 轴伸长。碳原子过饱和的结果造成晶格畸变，使马氏体晶格成为体心正方晶格，如图 1-87 所示。c/a 之值称为马氏体的正方度。含碳量越高，马氏体的正方度越大。低碳马氏体的正方度很小，甚至不显示正方度，这主要是含碳量低的缘故。

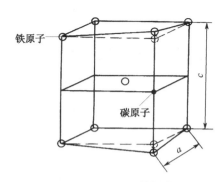

图 1-87　马氏体晶格示意图

马氏体的显微组织如图 1-88 所示。图 1-88（a）所示为 w（C）=1.2%时的马氏体，一般呈片状，称为片状马氏体。其性能特点为硬度高而脆性大。图 1-88（b）所示为 w（C）=0.2%时的马氏体，为一束束相互平行的细条状，称为板条马氏体。其性能特点是具有良好的强度和好的韧性。

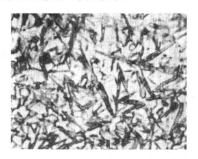

（a）片状马氏体

（b）板条马氏体

图1-88　马氏体的显微组织

马氏体的力学性能主要取决于含碳量。如强度、硬度随着含碳量的增加而提高，如图1-89所示。但含碳量大于0.6%后，硬度增加就趋于平缓，这一现象与钢淬火时残留奥氏体的数量有关。此外，马氏体的组织形态对力学性能有影响：低碳板条马氏体兼有很高的强度和良好的韧性，而高碳片状马氏体硬度虽高，但韧性差。因此在保证足够强度和硬度的情况下，要尽可能获得板条马氏体，以进一步提高钢的韧性。

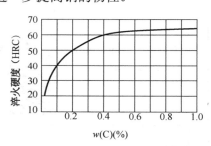

图1-89　含碳量与马氏体硬度的关系

马氏体转变仅仅是晶格的改变，而没有成分的变化，是无扩散型转变。马氏体转变需要很大的过冷度，必须过冷到一定温度范围内（$M_s \sim M_f$）才能形成。马氏体转变速度极快，一般不需要孕育期。马氏体形成时，总有一小部分奥氏体未能转变而被残留下来，这就是马氏体转变的不完全性。

二、钢的退火与正火

退火和正火都是应用非常广泛的热处理工艺，在机械零件加工制造过程中，正火和退火经常作为预先热处理工序，安排在铸造和锻造之后、切削（粗）加工之前，用来消除前一工序所带来的某些缺陷，为后续工序做组织准备。但对要求不高的工件，它也可作为最终热处理。

1. 退火与正火的目的

① 调整硬度以便进行切削加工。经适当退火和正火后，可使工件硬度调整到170～250HBS，该硬度值具有最佳的切削加工性能。

② 消除残余内应力，以减少工件后续加工中的变形和开裂。

③ 细化晶粒，改善组织，提高力学性能。图 1-90 是 35 钢经退火细化晶粒的显微组织图，其中图 1-90（a）为退火前的显微组织图，图 1-90（b）为退火后的显微组织图。

（a）退火前　　　　　　　　　　（b）退火后

图 1-90　35 钢退火前后的显微组织

④ 为最终热处理做准备。

2. 退火

退火是将金属或合金加热到适当温度，保持一定时间，然后缓慢冷却的热处理工艺。根据钢的成分和工艺目的不同，退火可分为完全退火、球化退火、等温退火、均匀化退火（扩散退火）、去应力退火和再结晶退火，见表 1-42。

表 1-42　退火的种类与应用

种　　类	说　　明	应用场合
完全退火	将钢完全奥氏体化，随之缓慢冷却，获得接近平衡状态组织的退火工艺。完全退火又称重结晶退火和普通退火，其退火的周期比较长	主要用于亚共析成分的中碳钢和中型合金钢的铸、锻件及热轧型材，有时也用于焊接结构。一般作为重要件的预先热处理，也可作为一些不重要工件的最终热处理
球化退火	使钢中碳化物球状化而进行的退火工艺。它是一种不完全退火。目的在于降低硬度，改善切削加工性能，并为后续的淬火做组织准备	主要用于共析和过共析碳素钢及合金工具钢
等温退火	是将钢件或毛坯加热到高于 A_{c3}（或 A_{c1}）温度，保持适当时间后，较快地冷却到珠光体转变温度区间的某一温度并等温保持，使奥氏体转变为珠光体型组织，然后在空气中冷却的退火工艺。等温退火使工件在炉内的停留时间大大缩短，提高了热处理炉的使用率，缩短了生产周期	适合某些合金钢的小型工件
均匀化退火（扩散退火）	均匀化退火是将铸件加热到略低于固相线的温度 $A_{c3}+$（150～200℃），长时间保温，然后缓冷的热处理工艺	主要用于消除某些具有化学成分偏析的铸钢件及锻轧件
去应力退火	去应力退火是将工件加热至 A_{c1} 以下某一温度（根据具体需要确定）保温后随炉冷却到 160℃ 以下出炉空冷。去应力退火是一种无相变的退火	主要用于消除铸、锻、焊件的内应力，稳定尺寸，防止后续工序中工件变形和开裂

3. 正火

正火是将钢材或钢件加热到 A_{c3}（或 A_{cm}）以上 30～50℃，保温适当的时间后，在静止的空气中冷却的热处理工艺。

正火与退火的主要区别是冷却速度不同，正火后的组织比较细，比退火强度、硬度有所提高，而且生产周期短、操作简单。

过共析钢正火后可消除网状碳化物，所以正火是最常用的消除网状碳化物的热处理工艺；低碳钢正火可显著改善切削加工性能。碳的质量分数在 0.4%以下的中低碳钢都可用正火代替完全退火。因此，正火是一种优先采用的预先热处理工艺。一些大直径工件也可以用正火作为最终热处理。各种退火、正火的加热温度如图 1-91 所示。

三、钢的淬火

淬火是将钢件加热到 A_{c3} 或 A_{c1} 点以上 30～50℃，经适当保温后，然后以大于 v_k 的冷却速度冷却而获得马氏体或贝氏体组织的热处理工艺。它是钢的重要强化手段，是随后回火时调整和改善性能的前提。

1．淬火温度的选择

为使淬火后能得到均匀细小的马氏体，首先要在淬火加热时得到细小而均匀的奥氏体，否则会使淬火组织的脆性增大，在淬火冷却时会引起变形和开裂。

各种钢的淬火加热温度主要依其临界点来确定，一般规定在临界点以上 30～50℃。各种碳钢的淬火加热温度范围如图 1-92 所示。

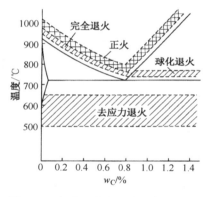

图 1-91　各种退火和正火的加热温度

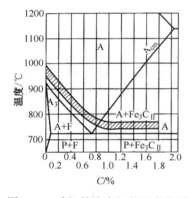

图 1-92　碳钢的淬火加热温度范围

对于亚共析钢，适宜的淬火温度一般为 $A_{c3}+$（30～50℃），以获得均匀细小的板条状马氏体。如果淬火温度过高，则将获得粗大马氏体组织，同时会引起钢件较严重的变形。如果淬火温度过低，则在淬火组织中将出现铁素体，造成钢的硬度不足，强度不高。

对于过共析钢，适宜的淬火温度一般为 $A_{c1}+$（30～50℃），这样可获得均匀细小马氏体和粒状渗碳体的混合组织。如果淬火温度过高，则将获得粗片状马氏体组织，同时引起较严重变形，淬火开裂倾向增大；另外，由于渗碳体溶解过多，淬火后钢中残余奥氏体量增多，降低钢的硬度和耐磨性。如果淬火温度低，则可能得到非马氏体组织，钢的硬度达不到要求。

对于合金钢，因大多数合金元素阻碍奥氏体晶粒长大（Mn、P 除外），为取得较好的淬火效果，使合金元素充分溶解和均匀化，淬火温度允许比碳钢稍高一些。

2．淬火冷却介质

淬火冷却既要保证工件获得马氏体组织，又要减少变形和避免开裂。理想的淬火冷却如图 1-93 所示，它在过冷奥氏体最不稳定的鼻尖温度区应该快冷，以防止过冷奥氏体分解；在其他温度区，特别是在马氏体转变的温度区应该慢冷，以减少热应力和相变应力，从而减少变形和开裂。

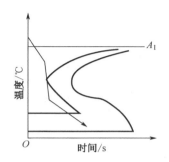

图 1-93　理想淬火冷却曲线示意图

目前还没有找到一种理想的淬火冷却介质，为使淬火效果比较理想，一是选择较合适的淬火介质，二是改进淬火的方法。生产中常用的冷却介质有水、油及盐或碱的水溶液。表 1-43 列出了几种常用的淬火冷却介质的冷却能力。

表 1-43　常用的淬火冷却介质的冷却能力

淬火冷却剂	冷却速度/（℃·s⁻¹）		淬火冷却剂	冷却速度/（℃·s⁻¹）	
	650～550℃	300～200℃		650～550℃	300～200℃
18℃的水	600	270	10%的碳酸钠水溶液	800	270
50℃的水	100	270	矿物油	100～200	20～50
10%的食盐水溶液	1100	300	矿物机器油	100	15～18

3．常用的淬火方法

常用的淬火方法见表 1-44。

表 1-44　常用的淬火方法

方　法	图　示	说　明	应用特点
单液淬火法	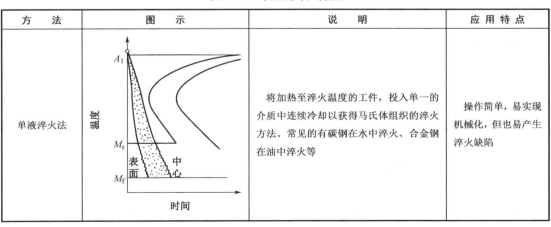	将加热至淬火温度的工件，投入单一的介质中连续冷却以获得马氏体组织的淬火方法。常见的有碳钢在水中淬火、合金钢在油中淬火等	操作简单，易实现机械化，但也易产生淬火缺陷

续表

方 法	图 示	说 明	应 用 特 点
双液淬火法		将工件先投入一种冷却能力较强（如水）的介质中，使工件在高温区的冷却速度大于临界冷却速度，以保证奥氏体不分解，而在低温区将工件马上转入另一种冷却能力较弱（如油）的介质中，使其冷却变慢，减少工件内外的温差，使内应力减小，可有效地防止变形和开裂。如先水后油、先水后空气等。正确控制工件在水中的冷却时间是此法成功的关键	主要适用于高碳钢零件和较大的合金钢零件。它克服了单液淬火的缺点，但其操作复杂，需要一定的实践经验
分级淬火法		将加热好的工件先浸入温度在 M_s 点附近的盐浴或碱浴中，稍加停留，待其表面与心部的温度基本一致后取出来让其空冷。不仅减少了由工件内外温度差造成的热应力，且因工件整个截面几乎同时发生马氏体的转变，所以也降低了淬火组织应力，因而有效地减少了变形和裂纹的产生	广泛用于形状复杂、对变形要求严格的工件。但受盐浴或碱浴冷却能力的限制，故仅适用于尺寸比较小的工件
等温淬火法		将工件加热后，直接投入稍高于 M_s 温度的盐浴或碱浴中，保温足够长的时间，当其发生下贝氏体转变后，再在空气中冷却。等温淬火后的工件硬度高、强韧性好、淬火变形小	应用于各种形状复杂、尺寸要求精确，并且硬度与韧性都要求较高的冷、热冲模和成形刃具等重要零件

四、钢的回火

回火是将经过淬火的零件加热到临界点 A_{c1} 以下的适当温度，保持一定时间（一般为1～3h），随后用符合要求的方法冷却（通常是空冷），以获得所需组织和性能的热处理工艺。

1. 回火的目的

为保证零件的使用性能和寿命，钢淬成马氏体后一般都要进行回火，其主要目的为：

① 降低零件脆性，消除或降低内应力。

② 获得所要求的力学性能。

③ 稳定尺寸。

④ 改善加工性。

2. 回火对钢性能的影响

图 1-94 所示为各种不同温度回火后钢的性能变化。从图 1-94（a）可以看出，回火温度低于 200℃时，淬火钢的硬度降低不多。但从 200℃开始，随着回火温度的升高，硬度将有明显的下降。

钢的韧性随回火温度的升高而提高，尤其在 400℃以上韧性升高速度大为增加，650℃左右达最大值，如图 1-94（b）所示。

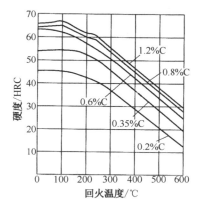

（a）碳钢的硬度与回火温度的关系

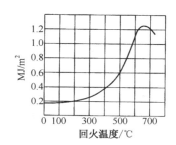

（b）0.4%C 碳钢的冲击韧性与回火温度的关系

图 1-94　回火对钢性能的影响

3. 回火种类及应用

根据钢件性能要求不同，按其回火温度范围可以将回火分为三类，见表 1-45。

表 1-45　回火种类及应用

种　类	温度范围/℃	说　明	应 用 场 合
低温回火	150～250	回火后得到回火马氏体组织（还有残余奥氏体和下贝氏体），其目的是保持高硬度和高耐磨性，降低淬火内应力和脆性	主要用于各种高碳钢的切削工具、冷冲模具、滚动轴承、渗碳零件等
中温回火	350～500	回火后得到回火托氏体组织，其目的是获得高屈服强度、弹性极限和较高的韧性	主要用于各种弹簧和模具的处理
高温回火	500～650	回火后得到回火索氏体组织。通常将淬火加高温回火称为调质处理，其目的是获得强度、硬度、塑性和韧性都较好的综合力学性能	广泛用于飞机、汽车、拖拉机、机床等重要的结构零件

五、钢的表面热处理

1. 火焰加热表面淬火

用高温的氧-乙炔火焰或氧与其他可燃气（煤气、天然气等）的火焰，将零件表面迅速加热到淬火温度，然后立即喷水冷却。

火焰加热表面淬火如图 1-95 所示。淬火喷嘴以一定速度沿工件表面移动，并将表面层加热到淬火温度，一个喷水设备紧跟火焰喷嘴后面，将被加热的表面迅速冷却淬硬。

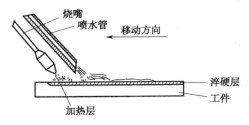

图 1-95　火焰加热表面淬火

火焰加热表面淬火的优点是淬火方法简单，不需要特殊设备，适用于单件或小批量零件的表面淬火。但由于其加热温度不易控制、工件表面易过热、淬火质量不够稳定等因素，限制了其在机械制造业中的广泛应用。

2. 感应加热表面淬火

（1）感应加热表面淬火原理

如图 1-96 所示，把零件放在紫铜管做成的感应器内（铜管中通水冷却），使感应器通过一定频率的交流电以产生交变磁场。结果在零件内产生频率相同、方向相反的感应电流，称为"涡流"。涡流在零件截面上分布是不均匀的，表面密度大、中心密度小。电流的频率越高，涡流集中的表面层越薄，这种现象称为"集肤效应"。由于钢本身具有电阻，因而集中于工件表面的涡流，由于电阻热使表面层被迅速加热到淬火温度，而心部温度不变。所以在随即喷水（合金钢浸油淬火）冷却后，零件表面层被淬硬。

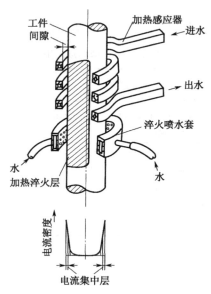

图 1-96　感应加热表面淬火

（2）感应加热表面淬火的特点

由于感应加热是依靠工件内部的感应电流直接加热的，所以加热效率很高，加热速度极快，从而使它具有以下一些特点。

① 加热速度极快，一般只要几秒钟到几十秒钟的时间就把零件加热到淬火温度。

② 加热时间短，奥氏体晶粒细小均匀，零件硬度比普通淬火的高 2～3HRC，且脆性较低。

③ 零件表面层存在残余压应力，可提高疲劳极限，且变形小，不易氧化和脱碳。

④ 生产率高，工艺操作易于实现机械化和自动化，适宜于大批量生产。

（3）感应加热表面淬火的应用

表面淬火零件宜选用中碳钢和中碳低合金钢，如 40、45、40Cr、40MnB 等。含碳量过低会影响表面硬度和耐磨性，含碳量过高会降低零件的韧性。对于在较小冲击和交变载荷下工作的零件及高碳工具钢、低合金工具钢和铸铁制造的工具、量具和冷硬轧辊等工件，也可用感应加热表面淬火来强化其表面。

六、钢的化学热处理

化学热处理是将钢件置于一定温度的活性介质中保温，使一种或几种元素渗入它的表层，以改变其化学成分、组织和性能的热处理工艺。

1. 钢的渗碳

渗碳是将钢件放在可以供给碳原子的物质中加热和保温，使碳原子渗入工件表面，再经淬火后，可以达到表面高硬度、高耐磨性，而心部又具有高韧性的目的，多用于动负荷（受冲击）条件下表面受摩擦的零件。

渗碳按渗碳介质的不同可分为固体、液体和气体渗碳三种，常用的是固体渗碳法和气体渗碳法。

为避免奥氏体晶粒过于粗大，渗碳的温度一般为 900～930℃。渗碳时间随渗碳层的深度要求而定。用煤油作为渗碳剂时，每小时可渗 0.2mm 左右。

渗碳层的碳浓度对零件使用性能有很大影响，一般情况下其含碳量在 0.8%～1.0%较好。

渗碳一般采用合金渗碳钢，而不采用碳素钢，因为碳素钢渗碳后淬火时要用水作为淬火剂，变形量大。对于承受冲击、重载荷的工件常采用韧性高、淬透性大的 18Cr2Ni4WA 和 20Cr2Ni4A 等高级渗碳钢，经热处理后表面有高的硬度及耐磨性，心部又具有高的强度、良好的韧性和很低的缺口敏感性。

低碳钢渗碳后，表层的 w（C）=0.85%～1.05%为最佳。渗碳缓冷后的组织如图 1-97 所示。表层为过共析钢组织，与其相邻内层为共析钢组织，再往里为亚共析钢组织的过渡层，心部为厚低碳钢组织（铁素体加少量珠光体）。

渗碳仅能使零件表层含碳量增加，如不进行热处理，其硬度和耐磨性还是很低的。因此渗碳后还必须进行淬火和 150～200℃的低温回火，使其表面硬度达到 58～62HRC。

2. 渗氮

把氮原子渗入钢件表面的过程叫渗氮。渗氮后可以显著地提高零件表面硬度和耐磨性，并能提高其疲劳强度和耐蚀性。

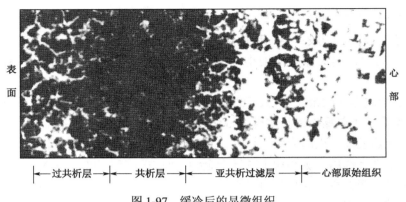

表面 | 心部

|←─过共析层─→|←─共析层─→|←─亚共析过滤层─────→|←─心部原始组织─→|

图 1-97　缓冷后的显微组织

（1）气体渗氮

气体渗氮就是把零件放在通有氨气的密封罐中加热，使氨气分解出氮原子而被工件表面吸收。

与渗碳不同，渗氮是在钢的临界温度以下进行的，加热温度通常是 550℃左右。渗氮以后表面硬度最高可达 65～70HRC，所以耐磨性很高。但是它的硬度不是靠淬火得来的，而是在渗氮过程中，氮原子与钢中的合金元素形成了硬度极高而又极细微的氮化物，使其表层强化。

渗氮的零件硬度高、耐磨性好，且渗氮后不用再进行热处理，因此变形小。但渗氮速度慢，工艺过程长，需要专用渗氮钢和专用渗氮设备。它主要适用于要求高耐磨性、高精度的零件，如高精度镗床、磨床主轴等。

（2）离子氮化

离子氮化是根据含氮的气体（氨气或氮气）在直流电场作用下产生辉光放电的作用，使氮原子离子化渗入金属表面。

离子氮化处理周期短，且表面无脆化层、变形小、表面干净，广泛用于齿轮、枪炮管、活塞销、气门、曲轴、汽缸套等零件。

3. 碳氮共渗

碳氮共渗是碳、氮原子同时渗入工件表面的一种化学热处理工艺（以渗碳为主）。目前生产中应用较广的是气体碳氮共渗法，其主要目的是提高钢的疲劳强度和表面硬度与耐磨性。

气体碳氮共渗的介质实际上就是渗碳和渗氮用的混合气体。最常用的方法是向炉内同时滴煤油和通氨气。也可采用三乙醇胺、甲酰胺和甲醇加尿素等作为滴入剂进行碳氮共渗。共渗温度一般为 820～860℃。

与渗碳一样，共渗后须进行淬火及低温回火以提高表面硬度及耐磨性，但共渗温度低，晶粒不易长大，可进行直接淬火。由于氮原子的渗入使共渗层淬透性提高，油冷即可淬硬，从而减少了工件的变形与开裂。

共渗层比渗碳层具有较高的耐磨性、抗蚀性和疲劳强度，比渗氮层具有较高的抗压强度。常用于处理低碳及中碳结构钢零件，如汽车和机床上的各类齿轮等。

4．渗硼

渗硼后的工件表面具有很高的硬度、耐磨性和良好的抗蚀性。

渗硼根据渗剂的不同也可分为固体、液体和气体渗硼。目前应用较多的为固体渗硼，渗剂有粉末和粒状两种。常以硼铁、碳化硼为供硼剂，以氟硼酸钾、氟化物为活化剂，加入一定量的氧化铝、碳化硅作为填充剂，制成粉末或加粘结剂制成粒状。渗硼温度为 900～950℃，一船情况下渗硼层深度为 0.05～0.15mm 较好，过厚会因脆性大而易剥落。

习题与思考题

1．说明共析钢加热过程中奥氏体转变的 4 个阶段。

2．共析钢奥氏体等温转变曲线分哪几部分？其形成温度和性能特点各是什么？

3．什么是钢的热处理？钢的热处理有哪些基本类型？

4．什么叫退火？主要目的是什么？生产中常用的退火有哪几种？

5．什么叫正火？正火和退火有何区别？

6．什么是淬火临界冷却速度？它对钢的淬火有何重要意义？

7．常用的淬火方法有哪几种？各有何特点？

8．什么叫回火？其目的何在？回火分为哪几种？

9．钢的表面热处理有哪几种？各有何特点？

10．什么是钢的化学热处理？它分为哪几种？

第2章 铸锻成形与焊接工艺

2.1 铸造成形

铸造是制造毛坯或零件的主要成形方法之一，它是将液态金属浇入与零件形状、尺寸相适应的铸型型腔中，冷却凝固后得到毛坯或零件的一种成形工艺。

用铸造方法得到的金属毛坯称为铸件，如图 2-1 所示。铸件一般作为零件的毛坯，需要经过切削加工后才能成为零件。

（a）铸造铝合金铸件　　　　　（b）铸造铜合金铸件　　　　　（c）球墨铸铁铸件

图 2-1　铸件

一、铸造的基本知识

1. 铸造的特点

一般来说，铸造具有如下特点。

① 铸造既可生产形状简单的铸件，又可生产形状复杂的铸件。对于具有复杂内腔的零件来说，铸造是最佳的成形方法，如机械设备中的箱体、缸体、床身、机架等结构件都采用铸造成形。

② 铸造的适应性强，工业生产中经常使用的金属材料，如铸铁、铸钢、铜合金、铝合金、镁合金、锌合金等都可以进行铸造生产，其中应用最广的是铸铁。

③ 铸造的生产成本相对低廉，设备比较简单。铸造生产所用的金属材料可以是金属废料，所使用的设备一般也不是高精密的设备，而且获得的铸件形状和尺寸与合格零件的形状和尺寸比较接近，甚至有些精密铸造技术生产的铸件可以直接获得零件，节省大量的机械加工工时及生产组织和半成品运输等费用，大大降低铸件的生产成本。

④ 砂型铸造生产的铸件的力学性能较差，质量不够稳定，铸件中会产生气孔、缩松、偏析、夹渣、组织粗大等缺陷，废品率较高，铸件的力学性能也比相同材料的锻件低。

⑤ 砂型铸造生产过程中，劳动强度较大，生产过程中产生的废气、粉尘、噪声等容易对环境造成污染，生产条件相对较差。

2．铸造方法的分类

铸造方法很多，通常分为砂型铸造和特种铸造两大类。砂型铸造是在砂型中生产铸件的铸造方法，其生产成本低、灵活性大、适应性广。特种铸造是指与砂型铸造不同的其他铸造方法，它在铸造生产中占有重要地位，随着科技的发展，特种铸造正逐步得到广泛的应用。

3．铸造的应用

铸造在机械装备的生产中应用广泛。按铸件的质量计算，在一般机械设备中，铸件占40%～90%；在重型机械（如机床、内燃机、水泵等）中，铸件占80%以上；在农业机械中，铸件占 40%～70%。随着成熟的铸造新技术与新工艺的不断出现与发展，铸造的应用范围将不断扩大，铸件的质量和精度也会越来越高。

二、砂型铸造

铸件的形状与尺寸主要由造型、造芯、合型、浇注等工序确定，铸件的化学成分则由金属熔炼过程确定。因此，造型、造芯、合型、金属熔炼、浇注是铸造生产中的重要工序。图 2-2 所示是齿轮毛坯的砂型铸造工艺流程简图。

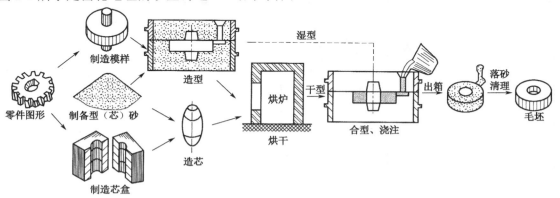

图 2-2　齿轮毛坯的砂型铸造工艺流程简图

1．造型

造型是指用型砂及模样等工艺装备制造砂型的方法和过程。铸型由型砂、金属或其他耐火材料制成，包括形成铸件形状的空腔、型芯和浇冒口系统的组合。当砂型由砂箱支承时，砂箱也是铸型的组成部分。砂型形成铸件的型腔，其形状和大小与铸件的形状和大小相适应，液态合金经过浇注系统充满型腔后，经冷却即可形成铸件。

（1）造型材料的性能要求

造型材料是制造铸型（芯）所用的材料，一般是指砂型铸造所用的材料。它主要包括水洗砂（型砂和芯砂）、黏结剂（黏土、膨润土、水玻璃、植物油、树脂等）、各种附加物（煤粉或木屑等）、旧砂和水。造型材料的好坏，对铸件的质量起着决定性的作用。为了获得合格的铸件，造型材料应具有一定的强度、可塑性、耐火性、透气性、退让性等。

① 强度。是型砂（或芯砂）在造型后能够承受外力作用而不被破坏的能力。如果型砂（或芯砂）的强度不足，容易造成塌箱、冲砂和砂眼等缺陷。

② 可塑性。是指为了在铸型中得到清晰的模样轮廓，型砂（或芯砂）所具有的塑造能力。砂本身是不具有良好的可塑性的，但在砂中加入黏结剂后，砂就具有了良好的可塑性。如砂中加入的黏土越多，型砂（或芯砂）的可塑性就越高。

③ 耐火性。是指型砂（或芯砂）在高温液体金属注入时，不软化、不易熔融烧结以致黏附在铸件表面上的性能。型砂（或芯砂）耐火性差，容易黏附型砂（或芯砂），导致清理困难和切削困难。

④ 透气性。是指型砂（或芯砂）由于砂粒之间存在空隙，能够通过气体的能力。型砂（或芯砂）的透气性差，容易造成部分气体残留在铸件中而产生气孔缺陷。

⑤ 退让性。是指铸件冷却收缩时，型砂（或芯砂）的体积可以被压缩的能力。型砂（或芯砂）的退让性差会阻碍铸件收缩，造成铸件产生内应力，甚至产生开裂等缺陷。为了提高型砂（或芯砂）的退让性，可在型砂（或芯砂）中加入木屑、草灰和煤粉等，使砂粒之间的间隙加大。

（2）造型工具

造型工具是指制造铸型用的工具。常用造型工具见表 2-1。

表 2-1　常用造型工具

名　称	图　示	名　称	图　示
砂箱	上箱 下箱	皮老虎	
底板		镘刀	
砂春		秋叶	

续表

名　称	图　示	名　称	图　示
通气针		提钩	
起模针		半圆	

（3）砂型的各组成部分

在造型过程中，将型砂舂紧在上砂箱和下砂箱中，连同砂箱一起，可分别形成上砂型和下砂型，如图 2-3 所示。型腔是模样从砂型中取出后形成的空腔，利用型腔在浇注后可形成铸件的外部轮廓。分型面是铸型组元间的接合面，即上砂型与下砂型的分界面。

型芯用于形成铸件的孔或内部轮廓。芯头是指模样上的突出部分，是在铸型内形成芯座的部分。芯头不形成铸件的轮廓，只是对型芯进行准确定位和支承，并使型芯落入型芯座内。型芯中设有通气孔，用于排出型芯在受热过程中产生的气体。

为使模样容易从铸型中取出或使型芯自芯盒中脱出，在模样上需要设置起模斜度，如图 2-4 所示。起模斜度是平行于起模方向，在模样或芯盒壁上设置的斜度。

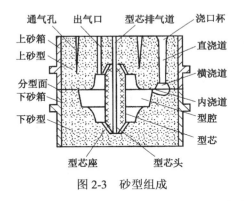

图 2-3　砂型组成

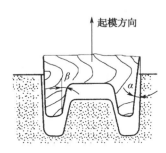

图 2-4　起模斜度

型腔上方设有出气口，用于排出型腔中的气体。另外，利用通气针也可在砂型中扎多个通气孔，用于排出型腔中的气体。浇注位置是指浇注时铸型分型面所处的位置，金属液从浇口杯中浇入，经直浇道、横浇道、内浇道平稳地流入型腔中。

（4）造型方法

对于砂型铸造来说，造型方法通常分为手工造型和机器造型两大类。

① 手工造型。手工造型是全部用手或手动工具完成的造型工序。常用手工造型方法、工艺特点和应用范围见表 2-2。

表 2-2　常用手工造型方法、工艺特点和应用范围

造 型 方 法	图 示	工 艺 特 点	应 用 范 围
整箱造型		模样是整体的，铸件型腔在一个砂箱内，分型面一般为平面，造型过程简单，不易产生错型	适用于形状简单、横截面依次减小、不允许有错箱缺陷的铸件
分模造型		模样在最大截面处分开成为两部分，分别在上砂箱和下砂箱中形成铸件型腔。分模造型操作简单，但模样制造复杂，合型时会产生错型	适用于制造形状较复杂、最大截面在中间以及带孔的铸件
挖砂造型		模样为整体式，但铸件的分型面是曲面。通过手工挖砂造型，生产率低，操作要求高	适用于单件或小批量生产模样是整体但分型面不是平面的铸件
假箱造型		造型前先预制好一个底胎（假箱），然后在底胎上造下型，底胎不参与浇注。假箱造型的操作比挖砂造型简单，操作效率高，不需要挖砂操作，容易分开分型	适用于小批或成批生产模样是整体模，且分型面不是平面的铸件
活块造型		在模样上将妨碍起模的凸出结构做成活块，起模时先将主体模起出，然后用工具从侧面取出活块。活块造型费工时，活块不易定位，对操作技术要求高，而且活块的总厚度不得大于模样主体部分的厚度，否则活块不易取出	适用于单件或小批量生产带有小凸台等妨碍起模的铸件
刮板造型		造型时采用与铸件截面形状相同的刮板逐渐刮制出砂型。刮板造型可降低模样制作成本，缩短生产准备时间；但是生产效率低，操作技术要求高，铸件精度低	适用于具有等截面的大、中型回转体铸件的单件或小批量生产
三箱造型		模样由上、中、下三部分组成，中箱的上、下两端面均为分型面，而且中箱高度与中箱中的模样高度相适应。三箱造型操作比较繁琐，生产效率低，需要合适的中砂箱，对操作技术要求高	适用于单件或小批量生产具有两个分型面的铸件
地坑造型		利用地坑作为下砂箱，上砂箱及造型方法与其他造型方法一样。地坑造型节约生产成本，但造型费工时，生产效率低，对操作技术要求高	适用于单件或小批量生产质量要求不高的铸件
组芯造型		主要特点是采用砂芯组成铸型。组芯造型可实现机械化，提高铸件精度，但生产成本高	适用大批量生产形状复杂的铸件

手工造型操作灵活，适应性强，模样制作成本低、生产准备时间短；但其效率低，劳动强度大，劳动环境差，主要用于单件小批量生产。

② 机器造型。机器造型是指用机器全部完成紧砂操作的造型工序。机器造型实质是用机器代替手工完成紧砂和起模过程。其生产率高，铸件尺寸精度和表面质量好，也改善劳动条件，适于成批或大量生产。

机器造型常用的紧砂方法有震压、抛砂、高压等，见表2-3。

表 2-3　机器造型常用的紧砂方法

方　　法		图　　示	说　　明	适 用 范 围
震压	震击		在震压造型机上进行。先将模板固定在工作台上，装好砂箱并填满型砂后由进气口向震击汽缸通压缩空气，使震击活塞带动砂箱上升，升到与排气口接通时，震击活塞落下，完成一次震击。经若干次震击后，由于惯性作用，型砂初步紧实。此时，再向压实汽缸通压缩空气，压实活塞上升，压头压入砂箱，使砂箱最上面的型砂被压实。最后排除压缩空气，压实活塞落下，完成全部紧砂过程。震击紧砂效果好，生产率高	广泛用于中小型铸件的大批量生产，但噪声大
	压实			
抛砂			抛砂紧实是用抛砂机来进行的。抛砂机机头中高速旋转的叶片把传送带运来的型砂连续不断地高速抛向砂箱，因而可以同时完成填砂紧实两个工序，生产效率高，型砂紧实度均匀	适用于紧实大型铸件
高压			高压紧实最常用的造型机是高压微震多触头式造型机。每个触头的工作液压缸可以是连通的，也可以是分别控制的，使整个砂型得到均匀的紧实度	适应不同形状、凹凸悬殊的模型

机器造型常用的起模方法有顶箱、漏模和翻转三种方式，见表2-4。

表2-4 机器造型常用的起模方法

方 法	图 示	说 明	适 用 范 围
顶箱起模	砂箱 顶杆 模板	砂紧实后，启动顶箱机构，使顶杆穿过模板顶起砂箱，即完成起模工序	顶箱起模机构简单，但起模时易掉砂，故只适用于型腔形状简单、深度较浅的中小型砂型。通常多用于制造上箱
漏模起模	A 模型 漏板 下漏	将模型上难以起模部分制成下漏，在起模过程中由漏板托起A处型砂，因而避免掉砂	适用于形腔复杂、深度较大的砂型
翻转起模	砂箱 翻板 模板 承受台	紧实后的砂箱夹持在翻板上，在翻转汽缸推动下，砂箱和模板随翻板一起翻转180°；然后承受台上升，托住砂箱；最后夹持器松开，下降承受台，砂箱随承受台下降，与模板脱离关系而起模	不易掉砂，多用于型腔深度较大的大中型铸件的生产，且多用来制造下箱

2. 造芯

造芯是指制造型芯的过程。型芯的主要作用是获得铸件的内腔，有时也可作为铸件难以起模部分的局部外形。由于型芯的表面被高温熔融金属所包围，受到的冲刷和烘烤最大，因此，要求型芯具有更高的强度、透气性、耐火性和退让性。

型芯可以采用手工造芯，也可以采用机器造芯。单件或小批生产大、中型回转体型芯时，可采用刮板造芯。手工造芯时主要采用型芯盒造芯。根据芯盒结构不同，手工造芯方法可分为三种，见表2-5。

表2-5 手工造芯方法

方 法		图 示	方 法	图 示
整体式芯盒造芯	舂砂、刮平		可拆式芯盒造芯	造芯	芯盒 型芯
	放烘芯板	烘芯板 型芯 芯盒	取芯	烘芯板

续表

方　　法		图　　示	方　　法	图　　示
整体式 芯盒造芯	取芯	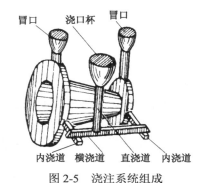	对开式芯盒造芯	型芯

3. 浇注系统

浇注系统是指浇注时为使熔融金属顺利平稳地填充型腔和冒口而在铸型中开设的一系列通道。浇注系统一般由浇口杯、直浇道、横浇道和内浇道组成，如图 2-5 所示。浇注系统按内浇道在铸件上的位置，可设计成顶注式浇注系统、中注式浇注系统、底注式浇注系统、阶梯式浇注系统等。

浇注系统的主要作用是保证熔融金属均匀、平稳地流入型腔，避免熔融金属冲坏型腔；防止熔渣、砂粒或其他杂质进入型腔；调节铸件的凝固顺序或补给铸件冷凝收缩时所需的液态金属。如果浇注系统设计不合理，则铸件容易产生冲砂、砂眼、夹渣、浇不到、气孔和缩孔等缺陷。

冒口　浇口杯　冒口

内浇道　横浇道　直浇道　内浇道

图 2-5　浇注系统组成

4. 合型

合型是指将铸型的各个组元（如上砂型、下砂型、型芯、浇口杯等）组合成一个完整铸型的操作过程。

合型后要保证铸型型腔的几何形状和尺寸准确，保证型芯稳固。型芯放好后，需要仔细检验型芯是否定位准确，只有在确定其准确无误后，方可扣上上砂箱和放置浇口杯。

5. 金属熔炼

金属熔炼是铸造生产的重要环节，对铸件的质量有直接影响。如果金属液的化学成分不合格，则会降低铸件的力学性能和物理性能。如果金属液的温度过低，会使铸件产生冷隔、浇不到、气孔和夹渣等缺陷；如果金属液的温度过高，会导致铸件的总收缩量增加、吸收气体过多，黏砂严重等缺陷。常用的熔炼设备有冲天炉、电炉、坩埚炉等。

6. 浇注

浇注是将熔融金属从浇包注入铸型的操作过程。熔融金属应在合理的温度范围内按规定的速度注入铸型。如果浇注温度过高，则熔融金属会吸气多，金属液收缩大，铸件容易产生气孔、缩孔、裂纹及黏砂等缺陷；如果浇注温度过低，则熔融金属的流动性变差，铸件会产生浇不足、冷隔等缺陷。

浇包分为人力式和起重吊式两种，如图 2-6 所示。浇注前，应把浇包中金属液表面飘浮的熔渣除去。

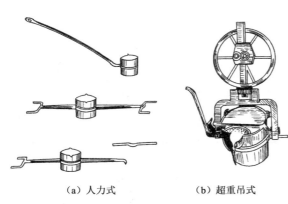

　　（a）人力式　　　　（b）超重吊式

图 2-6　浇包

7. 落砂、清理和检验

（1）落砂

落砂是用手工或机械使铸件和型砂（芯砂）、砂箱分开的操作过程。浇注后，必须经过充分的冷却和凝固才能分型。如果落砂时间过早，则铸件内部将产生较大的应力，导致铸件变形或开裂。此外，还会使铸铁表面产生白口组织，从而使切削加工变得困难。

（2）清理

清理是指落砂后从铸件上清除表面黏砂、型砂（芯砂）、多余金属（包括浇注系统、冒口、飞翅和氧化皮）等过程的总和。清理的主要任务是去除铸件上的浇注系统、冒口、型芯、黏砂及飞边、毛刺等部分。

（3）检验

检验是指清理铸件后，对其进行质量检验的过程。可通过肉眼观察（或借助尖嘴锤）找出铸件的表面缺陷，如气孔、砂眼、黏砂、缩孔、浇不到、冷隔等；对于铸件内部的缺陷，可采用耐压试验、超声波检测等方法进行检验。

三、特种铸造

砂型铸造时每个砂型只能浇注一次，生产率低；铸件的质量较差；型砂需要量大，导致生产组织工作复杂，劳动条件较差。与砂型铸造相比，特种铸造能避免砂型起模时的型腔扩大和损伤，合型时定位的偏差，砂粒造成的铸件表面粗糙和黏砂，从而使铸件的质量大大提高。

一般特种铸造所得到的铸件与成品零件的尺寸十分接近，可以减少切削加工余量，甚至无须切削加工即能作为成品使用。

1. 金属型铸造

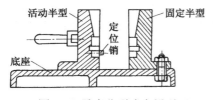

图 2-7　垂直分型式金属型

在重力作用下将熔融金属浇入金属型获得铸件的方法，称为金属型铸造。金属型可以经过几百次至几万次浇注而不致损坏，节省造型时间和材料，提高生产率，改善劳动条件，并且所得到的铸件尺寸精确，表面光洁，机械加工余量小，结晶颗粒细，力学性能较高。图 2-7 所示为垂直分型式金属型。

金属型热导率高、退让性差，浇注前必须先进行预热。连续浇注时，金属型因吸热而使温度升高，需要设置冷却装置。

金属型主要用于生产非铁合金（铝合金、铜合金或镁合金）铸件，如活塞、汽缸体、汽缸盖、液压泵壳体等；也可用于生产铸铁件，如碾压用的各种铸铁轧辊，其工作表面采用金属型铸造，可得到坚硬耐磨的白口铸铁层，称为冷硬铸造。金属型用于铸钢件较少，一般仅作钢锭模使用。

2. 压力铸造

将熔融金属在高压下高速充型，并在压力下凝固而获得铸件的方法，称为压力铸造。

压力铸造是在压铸机上进行的。压铸机可分为热压室式和冷压室式两类。热压室式压铸机将存储金属液的坩埚炉作为压射机构的一部分，压室在金属液中工作，常用于压制低熔点金属。冷压室式压铸机则在压铸机内不存储金属。图 2-8 所示为立式冷压室式压铸机工作原理。

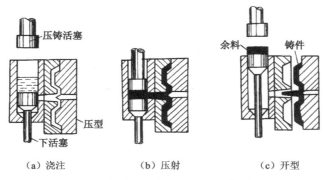

图 2-8　立式冷压室式压铸机工作原理

压力铸造具有金属型铸造的一些特点。金属型铸造是依靠金属液的重力充填铸型的，浇注薄壁件较为困难，并且为保护型壁，须涂上较厚的涂料，影响了铸件的公差等级。而压力铸造是在高压高速下注入金属液的，因而能铸出形状复杂的薄壁件。高的压力可保证金属液的流动性，因而可以适当降低浇注温度，不必使用涂料（或涂得很薄），可提高铸件的公差等级，所以各种孔眼、螺纹、精细的花纹图案，都可采用压力铸造直接得到。

压力铸造产品质量好，生产率高，适用于大批量生产，是实现少切削和无削加工的有效途径之一。

3. 熔模铸造

熔模铸造又称失蜡铸造。它是用易熔材料（如蜡料）制成模样，在模样上包覆若干层耐火涂料，制成型壳，熔出模样后经高温焙烧，即可浇注的铸造方法。熔模铸造工艺过程如图 2-9 所示。

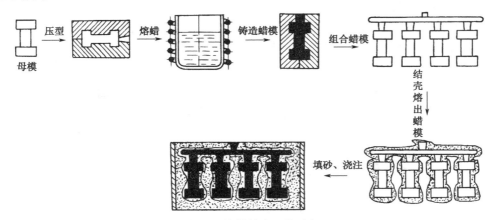

图 2-9　熔模铸造工艺过程

熔模铸造的铸型是一个整体，不受分型面的限制，可以制作任何种类复杂形状的铸件；所得铸件尺寸精确，表面光洁，能减少或无须切削加工，特别适用于高熔点金属或难以切削加工的铸件。但其生产工艺复杂，铸件重量不能太大，因而多用于制造各种复杂形状的小零件。

4．离心铸造

离心铸造是将金属液浇入绕水平、倾斜或二式旋转的铸型，在离心力作用下凝固成铸件的方法，如图 2-10 所示。离心铸造可以采用金属型或砂型。离心铸造机可分为卧式和立式两种。

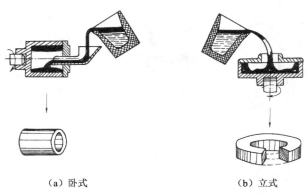

（a）卧式　　　　　　　　　（b）立式

图 2-10　离心铸造

由于离心作用，铸造圆形内腔时不用型芯和浇注系统，所含熔渣和气体都集中在内表面上，使金属呈方向性结晶，所以铸件结晶细密，可防止产生缩孔、气孔、渣眼等缺陷，力学性能较好，但内表面质量较差，因而此处加工余量应大一些。离心铸造适用于制造空心旋转体铸件。

5．低压铸造

低压铸造是将金属液在较低的压力下（一般为 0.02～0.08MPa）注入铸型，冷却凝固，以获得铸件的铸造方法。

低压铸造的工作原理如图 2-11 所示。由进气管道将具有一定压力的干燥压缩空气或惰性气体通入盛有液态金属的密封坩埚中，金属液在气体压力的作用下沿升液导管上升，经浇口进入铸型型腔中，在保持压力（或适度增压）状态下铸件完全凝固。撤除压力后，升液导管中未凝固的金属液利用重力流回坩埚中。经冷却后，开启铸型，取出铸件。

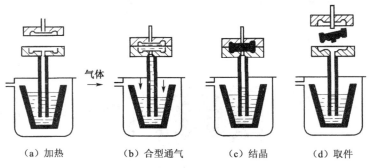

（a）加热　　　（b）合型通气　　　（c）结晶　　　（d）取件

图 2-11　低压铸造的工作原理

低压铸造设备简单，操作简便，容易实现机械化和自动化；适用于金属型、砂型、熔模型等多种铸型；省去了补缩冒口，金属的利用率高达 90% 以上；浇注时充型平稳，能够避免充型时金属液的冲刷和飞溅，铸件质量较好，主要用于制造非铁金属铸件。

四、铸造新技术与新工艺

1. 真空吸铸

利用负压将熔融金属吸入铸型（结晶器）的铸造方法称为真空吸铸。真空吸铸结晶器如图 2-12 所示。图 2-13 所示为真空吸铸示意图。

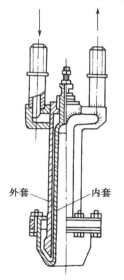

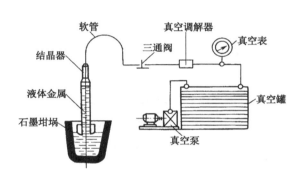

图 2-12　真空吸铸结晶器　　　　　　　　　图 2-13　真空吸铸

真空吸铸特点是：组织致密，金属工艺出品率高，设备简单，省略了造型、清理工序，生产率高，易于实现机械化、自动化，适用于生产铝合金、铜合金铸件。

2. 悬浮铸造

悬浮铸造是在浇注时向液态金属中添加金属粉末或合金液，使组元之间发生化学反应产生固相质点，成为凝固结晶时的核心，从而加快铸件凝固，细化铸件组织，提高铸件质量的一种铸造方法。常添加的材料有铁粉、铸铁丸、铁合金粉、钢丸等。由于所添加的粉末材料称为悬浮剂，因此而得名。

悬浮铸造可显著地提高铸钢、铸铁的力学性能，减少金属的体收缩、缩孔和缩松，提高铸件的抗热裂性能；减少铸锭和厚壁铸件中化学成分不均匀的现象，提高铸件和铸锭的凝固速度。但对悬浮剂及浇注温度的控制要求较高。

悬浮铸造不仅适用于金属铸件，而且适用于金属基复合材料铸件。

3. 挤压铸造

金属液在高挤压压力作用下充填金属型型腔，形成高致密度铸件的铸造方法称为挤压铸造。图 2-14 所示为挤压铸造示意图。

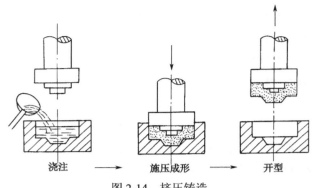

图 2-14　挤压铸造

挤压铸造的铸件晶粒细化，组织致密均匀，节约金属，但不宜用于生产小而薄或多型芯的复杂铸件。

4．半固态铸造

半固态铸造是将既非全液态，又非全固态的固态-液态的金属混合浆料，经压铸机压铸，形成铸件的铸造方法。

半固态铸造能够大大减少热量对压铸机的热冲击，延长压铸机的使用寿命，并可显著提高铸件的质量，降低能量消耗，也便于进行自动化生产。目前，该方法主要用于汽车轮毂的生产。

5．计算机技术在铸造生产中的应用

随着计算机技术的发展和广泛应用，将计算机应用于铸造生产中，其效果越来越好。利用计算机数值模拟技术可以对极为复杂的铸造过程进行定量描述和仿真，模拟出铸件充型、凝固及冷却中的各种物理过程，并可依此对铸件的设计结构和质量进行综合评价，达到简化和方便设计过程，提高设计速度，优化设计方案，降低设计成本的目的。

此外，计算机在生产管理、检测、数据处理、铸造机械控制等方面正得到广泛的应用，也在逐步地改善着铸造的生产面貌。

 习题与思考题

1．铸造有何特点？其方法分为哪几类？

2．什么是造型？对造型材料的性能有何要求？

3．造型的方法有哪些？常用手工造型方法有哪几种？

4．机器造型常用起模方法有哪些？各应用于哪些范围？

5．什么是造芯？常用手工造芯方法分哪几种？

6．什么是浇注系统？它由哪几部分组成？

7．什么是合型？

8．什么是浇注？操作时应注意哪些问题？

9. 特种铸造有哪几种？各适用于哪些场合？

10. 铸造新技术有哪些？其特点是什么？

2.2　锻压成形

一、锻压成形的分类特点与应用

1．锻压成形的分类

锻压成形是锻造和冲压的总称。其分类方法见表 2-6。

表 2-6　锻压成形的分类

分　　类		定　　义	图　　示
锻造	自由锻造	是在自由锻造设备上利用通用工具使金属坯料成形的工艺方法	上砧铁 坯料 下砧铁
	模型锻造	是在模锻设备上利用专用工具使金属坯料成形的工艺方法	下模　坯料　上模
	胎模锻造	是在自由锻造设备上利用可移动的胎模使金属坯料成形的工艺方法	导销孔 飞边槽　导销 模腔　小孔
冲压		是在冲压设备上利用冲模使坯料分离或变形的工艺方法	压板　凸模　坯料　凹模

2．锻压成形的特点和应用

锻压成形在机械、交通、电力、电子、国防等工业中得到了广泛的应用，其主要特点有：

① 改善金属内部组织。金属材料经锻压变形后，使其内部气孔、缩孔压合，其组织致密，强度提高。

② 节省金属。用塑性成形方法得到的工件可以达到很高的精度。不少零件已实现了少切削、无切削的要求，从而节省了金属材料。

③ 生产率高。对于金属材料的轧制、拉丝、冲裁、挤压等工艺尤其明显。

④ 适应性广。锻压成形能生产出小至几克的仪表零件，大至几百吨的重型锻件。

二、自由锻

1．自由锻工艺设备

根据自由锻工艺设备对坯料作用力的性质分为锻锤类和液压机两种。锻锤主要有空气锤和蒸汽-空气锤，液压机主要指水压机，见表2-7。

表2-7　自由锻工艺设备

设 备 名 称	图 示	说 明	应 用 范 围
空气锤	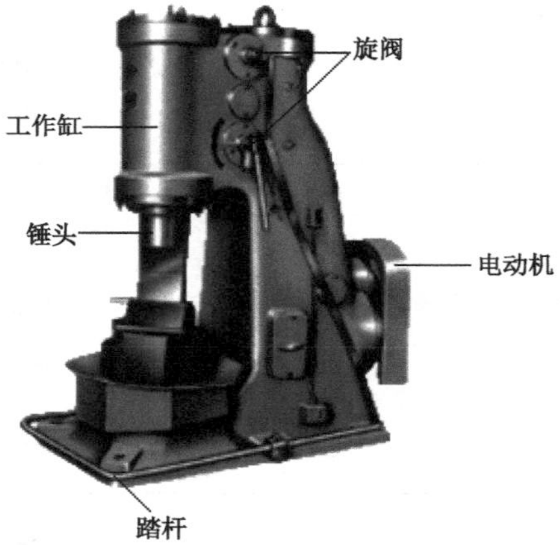 旋阀 工作缸 锤头 电动机 踏杆	电动机带动压缩缸活塞运动，将压缩空气经旋阀送入工作缸下腔或上腔，驱使锤头向上或向下运动并进行打击。其吨位以它落下部分的质量来表示，常用空气锤落下部分的质量为50kg～1t	主要用于小型锻件的镦粗、拔长、冲孔、弯曲，也可用于胎模锻造
蒸汽-空气锤	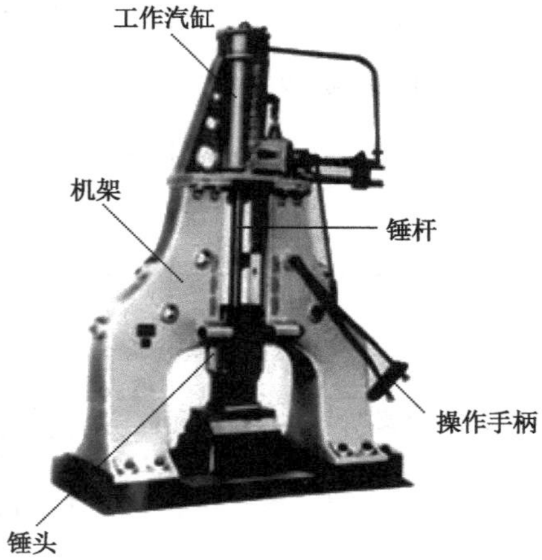 工作汽缸 机架 锤杆 操作手柄 锤头	以压缩空气或蒸汽为动力，驱动锤头上下运动进行了打击。蒸汽-空气锤吨位为0.25～0.5t	主要用于铸造中型工件

续表

设备名称	图　　示	说　　明	应用范围
水压机		通过高压水进入工作缸和回程缸推动中横梁上下移动实现对工件的锻造。以工作液体产生的压力表示其吨位，一般在 500～1500t 之间	适用于锻造大型锻件。它是巨型锻件的唯一成形设备

2. 自由锻的基本工序与操作

（1）镦粗

镦粗是使坯料横截面增大、高度减小的锻造工序，有整体镦粗和局部镦粗两种，如图 2-15 所示。

镦粗操作的工艺要点为：

① 坯料的高径比（高度 H_0 与直径 D_0 之比）应不大于 2.5。高径比过大的坯料容易镦弯或造成双鼓形，甚至发生折叠现象而使锻件报废，如图 2-16 所示。

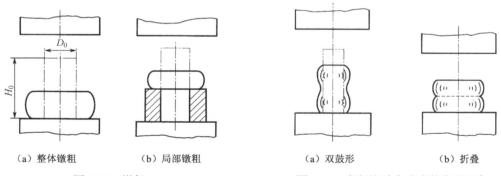

（a）整体镦粗　　　（b）局部镦粗　　　　　　（a）双鼓形　　　（b）折叠

图 2-15　镦粗　　　　　　　　　　　　图 2-16　高径比过大造成的废品现象

② 坯料的端面应平整并与坯料的中心线垂直，以防镦歪。端面不平整或不与中心线垂直的坯料，在镦粗时要用火钳夹住，使坯料中心与锤杆中心线一致。

③ 镦粗过程中如发现镦歪、镦弯或出现双鼓形时应及时进行矫正。其矫正方法如图 2-17 所示。

④ 局部镦粗时要采用具有相应尺寸的漏盘。漏盘上口应加工出圆角，孔壁最好有 3°～5° 的斜度，以便于倒出锻件。

（2）拔长

拔长是使坯料长度增加、横截面减小的锻造工序，如图 2-18 所示。

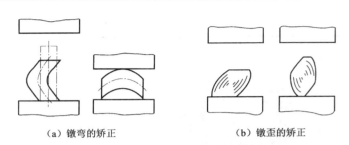

（a）镦弯的矫正　　　　　　　（b）镦歪的矫正

图 2-17　镦粗过程中的矫正方法

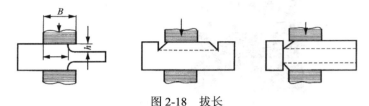

图 2-18　拔长

拔长操作的工艺要点为：

① 锻打过程中，坯料沿抵铁宽度方向（横向）送进。每次的送进量不宜过大，以抵铁宽度 B 的 0.3～0.7 倍为宜；如果送进量过大，金属主要沿坯料宽度方向流动，会降低拔长效率。

② 拔长过程中要不断翻转坯料。为便于翻转后继续拔长，压下量 h 要适当，应使坯料横截面的宽度与厚度之比不要超过 2.5。

③ 锻制台阶或凹挡时，要先在截面分界处压出凹槽。

④ 拔长后要进行修整，以使截面形状规则，矫直中心线的弯曲，并减小表面的锤痕。修整时，坯料沿抵铁长度方向（纵向）送进。

（3）冲孔

在坯料上冲出透孔或不透孔的工序称为冲孔。冲孔的操作工艺要点为：

① 为减小冲孔深度，冲孔前坯料应先镦粗。

② 冲孔前应先试冲，以保证孔位正确。

③ 冲孔过程中应保持冲子的轴线与锤杆中心线（即锤击方向）平行，以防将孔冲歪。

④ 一般锻件的透孔采用双面冲孔法冲出，即先从一面将孔冲至坯料厚度 2/3～3/4 的深度，如图 2-19（a）所示，取出冲子，翻转坯料，再从反面将孔冲透，如图 2-19（b）所示。

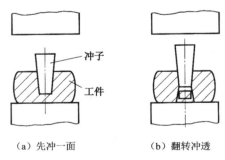

（a）先冲一面　　　　　　　（b）翻转冲透

图 2-19　双面冲孔的过程

⑤ 为防止冲孔过程中坯料开裂，一般要先冲出一较小的孔，然后采用扩孔的方法达到所要求的孔径尺寸。常用的扩孔方法有冲头扩孔和芯轴扩孔，见表 2-8。

表2-8　常用的扩孔方法

方　法	图　示	说　明
冲头扩孔	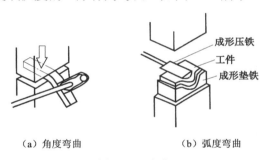	利用扩孔冲子锥面产生的径向分力将孔扩大。扩孔时，坯料内产生较大的切向拉应力，容易胀裂，故每次扩孔量不宜过大
芯轴扩孔		将带孔坯料沿切向拔长，扩孔量几乎不受什么限制，最适于锻制大直径的薄壁圆环件

（4）弯曲

将坯料弯成一定角度或弧度的工序称为弯曲，如图2-20所示。

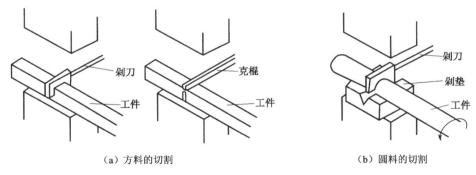

（a）角度弯曲　　　　　（b）弧度弯曲

图 2-20　弯曲

（5）切割

将锻件从坯料上分割或切除锻件余料的工序称为切割，如图2-21所示。

（a）方料的切割　　　　　（b）圆料的切割

图 2-21　切割

三、模型锻造

模型锻造按所使用设备的不同分为锤上模锻、压力机上模锻和胎模锻等。

1．锤上模锻

锤上模锻最常用的设备是蒸汽-空气模锻锤，如图 2-22 所示。模锻的锻模在锻造时须上下模准确对正，精度要求较高，因而模锻锤的锤头与导轨之间的间隙比自由锻锤小得多，而且机架直接与砧座连接，这样使锤头运动精确，能保证上下模对正。模锻锤的吨位以锤头落下部分的质量标定，一般为 0.5～160t；模锻件质量为 0.5～150kg。

锤上模锻所用的锻模如图 2-23 所示。锻模由上模和下模两部分组成。下模紧固在模垫上，上模紧固在锤头上，并与锤头一起做上下运动。锻造时毛坯放在模膛上，上模随着锤头的向下运动而对毛坯施加冲击力，使毛坯充满模膛，最后获得与模膛形状一致的锻件。锻件从模膛取出后，多数是带有毛边的，还须用切边模切除，才能获得完整的锻件。

图 2-22　模锻锤

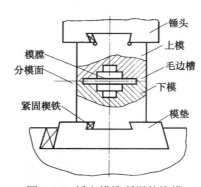

图 2-23　锤上模锻所用的锻模

锤上模锻振动，噪声大，劳动强度差，能源消耗多，对于大吨位的模锻，已逐渐被压力机上模锻代替。

2．压力机上模锻

压力机上模锻的工艺设备有曲柄压力机和摩擦压力机两种，见表 2-9。

表 2-9　压力机上模锻的工艺设备

设　备　名　称	图　　示	特　　点	应　　用
曲柄压力机		结构刚性大，能保证上下模膛精准对合，振动小，噪声低，易实现机械化、自动化，生产率高，锻件精度高	主要用于中、小锻件的大批量生产中

设 备 名 称	图 示	特 点	应 用
摩擦压力机		设备结构简单、造价低，工艺范围广，但生产率低，可节省金属，实现精密模锻	多用于模锻、校整、切毛边及精密模锻中小型锻件的中、小批量生产

3．胎模锻

胎模是在自由锻设备上锻造模锻件时使用的模具。常用的胎模有摔模、扣模、套模、合模等，见表 2-10。

表 2-10　常用胎模

名　称		图　示	说　明
摔模	卡摔		均用于回转体锻件（卡摔用于压痕，型摔用于制坯，光摔用于整径，校正摔用于校正整形）
	型摔		
	光摔		
	校正摔		
扣模	单扇扣模		用于非回转体类锻件的局部扣形，也可以为合模制
	双扇扣模		

续表

名 称		图 示	说 明
扣模	双扇扣模		用于非回转体类锻件的局部扣形，也可以为合模制坯
套模	开式套模	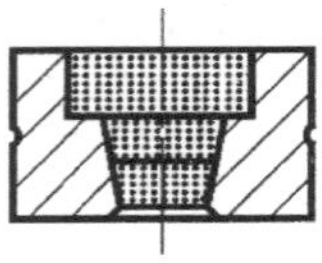	多用于法兰、齿轮类锻件，或为闭式套模制坯，取件时一般要翻转180°
	闭式套摸	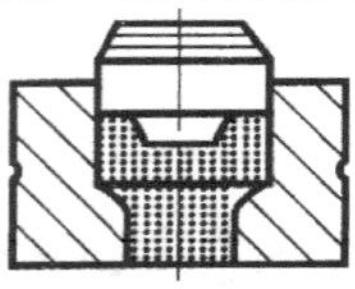	常用于回转体锻件，有时也用于非回转体锻件
	组合套模	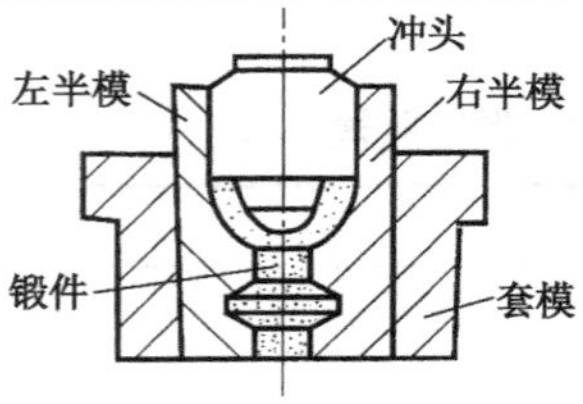	形状复杂的锻件可在套模内再加两个半模制成组合套模。坯料在两个半模模膛内成形，锻后先取出两个半模，再取出锻件
合模		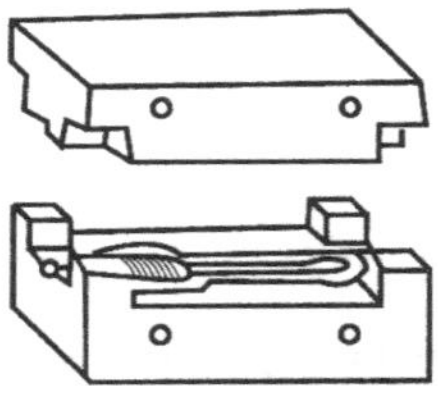	合模由上、下模及导向装置构成。适合于各类锻件的终锻成形，尤其是连杆、叉形等较复杂的非回转体件

四、冲压

冲压是用压力机通过模具对金属毛坯加压使其产生塑性变形，从而获得一定形状、尺寸的零件的加工方法。

1．冲压工艺设备

（1）冲模

冲模可分为简单冲模、连续冲模和复合冲模3类，见表2-11。

（2）冲床

冲床是板料冲压的主要设备，如图 2-24 所示，它实际上就是一台冲压式压力机。其原理是将圆周运动转换为直线运动，由主电动机出力，带动飞轮，经离合器带动齿轮、曲轮（或偏心齿轮）、连杆等运转，来达成滑块的直线运动，从主电动机到连杆的运动为圆周运动。

表 2-11　冲模

类　型	图　示	说　明
简单冲模		在冲床的一次行程中，只完成一道基本工序的冲模，如落料模、弯曲模、拉深模、切边模等。简单冲模结构简单、制造容易、生产率较低
连续冲模		在冲床的一次行程中，在不同工位上可同时完成几个工序的冲模。连续冲模生产效率高，工件精度不高，适用于一般精度工件的大批量生产
复合冲模		在冲床的一次行程中，在同一工位上可同时完成几个工序的冲模。生产率高，精度高

图 2-24　冲床

2．板料冲压的基本工序

板料冲压的工序可分为分离工序和变形工序两大类。分离工序主要指冲裁，包括落料、冲孔和修整；变形工序包括弯曲、拉深、翻边、胀形和起伏等。

（1）分离工序

① 落料和冲孔。落料和冲孔都是使坯料按封闭轮廓分离的工序。落料时，冲下部分为工件，带孔的周边为废料；冲孔时，冲下的部分为废料，带孔的周边为工件，如图 2-25 所示。

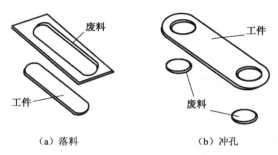

（a）落料　　　　　　　　　　（b）冲孔

图 2-25　落料与冲孔

落料和冲孔时金属的分离过程如图 2-26 所示。冲头接触和压缩板料，首先使板料产生弹性变形，随后产生塑性变形。由于金属的冷变形强化和应力集中，沿冲头和凹模刃口处开始产生裂纹，随着冲头继续压入，上下裂纹延伸并相接，使板料断裂分离。

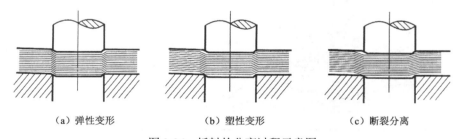

（a）弹性变形　　　　　　（b）塑性变形　　　　　　（c）断裂分离

图 2-26　板料的分离过程示意图

由板料分离过程可知，孔的尺寸取决于冲头，而冲下部分的尺寸取决于凹模，所以冲孔时，冲头的尺寸应等于孔的尺寸，凹模的尺寸则等于冲头尺寸加上间隙。落料时，凹模的尺寸等于工件尺寸，冲头的尺寸则等于凹模尺寸减去间隙。若冲头与凹模间的间隙不适当，则会造成工件切断面产生毛刺而影响工件质量。一般取间隙为材料厚度的 5%～10%。

② 修整。当零件的精度及表面粗糙度要求较高时，在落料冲孔后须进行修整工序，以切除原来粗糙和带有斜度的断面。修整时所用的模具与落料和冲孔时相似，但尺寸更为精确。修整时单边切除余量为 0.05～0.2mm，修整后切断面粗糙度 Ra 为 0.8～0.4μm，尺寸精度可达 IT6～IT7。

（2）变形工序

变形工序见表 2-12。

表 2-12 变形工序

工 序	图 示	说 明
弯曲	冲头 凹模	弯曲时在变形区内板料内侧受压、外侧受拉。当变形程度过大时，外侧将被拉裂。为防止拉裂，最小内弯半径 $r_{min}=（0.25\sim1）s$（s 为材料厚度，塑性好的材料取小值） 弯曲时，应尽可能使纤维方向与弯曲过程中正应力方向一致，否则容易发生弯裂。另外，工件受弯后都有回弹现象，因此应使模具角度比工件角度小一些。弯曲的回弹值为 $0°\sim10°$，随着弯曲半径增大、材料厚度减小及材料强度增加而增大
拉深	F_1 冲头 F_2 F_2 压边圈 凹模	利用模具使平板料变成开口中空零件的工序。拉深所用坯料通常由落料获得。在拉深过程中坯料周边切向受压而径向受拉，随着冲头进入凹模，直径逐渐缩小，最终成为开口空心状（当需要拉制很深的工件时，由于变形过程中的冷变形强化和径向拉应力会使工件底面转角处变薄甚至拉穿，所以不应一次拉成）
翻边		它是将板料外缘或孔的边缘翻出筒形边的工序。根据边缘的部位和应力状态不同，翻边可分为内孔翻边和外缘翻边
胀形		利用局部变形使坯料或半成品改变形状的工序
起伏		通过局部变形，在板坯或制品表面获得各种形状的凸起和凹陷的成形方法

五、锻压成形新技术与新工艺

随着现代工业的不断发展，对锻压加工工艺的要求也越来越高，在传统锻压加工工艺基础上,相继研发了一些成熟的金属锻压新技术与新工艺。

1．精密模锻

精密模锻是指利用某些刚度大、精度高的模锻设备锻造出形状复杂、高精度锻件的锻造工艺。其主要特点是使用两套不同精度的锻模。锻造时,先使用粗锻模对锻件进行锻造,留有 0.1～1.2mm 的精锻余量;然后,切下锻件的飞边,锻件经酸洗后重新加热到 700～900℃,再使用精锻模进行锻造,锻件精度高,可以实现少切削或无切削加工。

精密模锻主要用于制造锥齿轮、汽轮机叶片、航空及电器零件等。

2．液态模锻

液态模锻是将定量的液态金属直接浇入金属型内,在一定时间内以一定的压力作用在金属液(或半液态)上,经过结晶、塑性流动使之成形的加工工艺。它是一种介于压力铸造和模锻之间的新工艺,具有两种加工工艺的优点。由于结晶过程是在压力下进行的,改变了常态下结晶的组织特征,因此可以获得细小的等轴晶粒。

液态模锻的锻件尺寸精度高,力学性能好,可用于各种类型的合金,如铝合金、铜合金、灰铸铁、不锈钢等;其工艺过程简单,容易实现自动化。

3．高速锤锻

高速锤锻是利用高压空气或氮气发出来的高速气体,使滑块带着模具进行锻造或挤压的加工工艺。

高速锤锻锤头的打击速度可达 30m/s,可提高金属的可锻性,能够锻打高强度钢、耐热钢、工具钢及高熔点合金等,锻造工艺性能好;其生产的锻件精度高、质量好,设备投资少。

高速锤锻适合于锻造形状复杂、薄壁、高肋的高精度锻件,如叶片、涡轮、壳啄、齿轮等。

4．超塑性模锻

超塑性是指金属在特定的组织、温度条件和变形速度下变形时,其塑性比常态提高几倍到几百倍,而变形抗力降低到常态的几分之一甚至几十分之一的异乎寻常的性质。

常用的超塑性成形方法有超塑性模锻和超塑性挤压等。金属在超塑性状态下不产生缩颈现象,变形抗力很小。因此,利用金属材料在特定条件下所具有的超塑性来进行塑性加工,可以加工出形状复杂的零件。超塑成形加工具有金属填充模膛性能好,锻件尺寸精度高,切削加工余量小,锻件组织细小、均匀等特点。

5．挤压

挤压是使坯料在挤压模中受到很大的三向压力的作用,而使其产生塑性变形的锻压工艺。

挤压时,金属坯料处于三向受压状态,金属坯料的塑性好;挤压可生产形状复杂、深孔、薄壁、异形面的锻件;锻件的精度高,生产率很高,节省原材料,锻造流线分布合理,锻件力学性能好。但挤压的变形抗力大,一般多用于挤压非铁金属锻件、低碳钢锻件、低合金钢锻件、不锈钢锻件等。

挤压按被挤压金属的流动方向和凸模运动关系可分为正挤压、反挤压、复合挤压和径向挤压，如图 2-27 所示。挤压常用于生产中空锻件，如排气阀、油杯等。

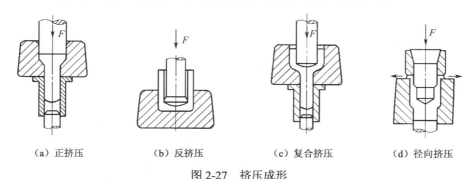

（a）正挤压　　　（b）反挤压　　　（c）复合挤压　　　（d）径向挤压

图 2-27　挤压成形

6．辊锻

辊锻是用一对相向旋转的扇形模具使坯料产生塑性变形，以获得所需锻件或锻坯的锻造工艺，如图 2-28 所示。

辊锻时，坯料被扇形模具挤压成形，常作为模锻前的制坯工序，也可直接制造锻件。例如扳手、连杆、叶片、火车轮箍、齿圈、法兰和滚动轴承内、外圈等就是采用辊锻锻造成形的。

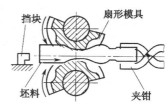

图 2-28　辊锻

7．计算机在锻压技术中的应用

计算机在锻压技术中的应用主要体现在模锻工艺方面，利用计算机辅助设计（CAD）和计算机辅助制造（CAM）程序，通过人机对话，借助有关资料，对模具、坯料、工序安排等内容进行优化设计，可以获得最佳模锻工艺设计方案，达到缩短设计周期，提高模具精度和寿命，提高锻件质量，降低生产成本的目的。

习题与思考题

1．锻压成形分哪几类？其主要特点是什么？

2．自由锻的工艺设备有哪些？各适用于什么范围？

3．自由锻的基本工序有哪些？

4．如何矫正镦粗过程中出现的镦歪、镦弯现象？

5．常用的胎模有哪些？各适用于什么场合？

6．冲模可分为哪几种？各自的特点和应用有哪些？

7．板料冲压的基本工序有哪些？

8．锻压成形新技术与新工艺有哪些？

2.3 焊接工艺

焊接是将两个或两个以上的焊件在外界某种能量的作用下，借助于各焊件接触部位原子间的相互结合力连接成一个不可拆除的整体的一种加工方法。它广泛应用于工业生产的各种领域，如图 2-29 所示。

（a）鸟巢　　　　　　　　　　　　　　　　（b）轮船

图 2-29　焊接在工业生产技术中的应用

一、焊接基础知识

1. 焊接的生产过程与特点

根据焊接过程中金属所处状态的不同，焊接方法可分为熔焊、压焊和钎焊三大类，见表 2-13。

表 2-13　焊接方法的基本原理与用途

焊接方法		基本原理	用途
熔焊	气焊	利用氧-乙炔或其他气体火焰加热母材、焊丝和焊剂而达到焊接的目的	适用于焊接薄件、有色金属和铸铁等
	手工电弧焊	利用电弧作为热源熔化焊条和母材而形成焊缝的一种手工操作的焊接方法	应用范围极为广泛，尤其适用于焊接短焊缝和全位置焊接
	埋弧自动焊	电弧在焊接剂层下燃烧，利用焊剂作为金属熔池的覆盖层，将空气隔绝使之不能侵入熔池，焊丝的进给和电弧沿接缝的为机械操纵，焊缝质量稳定，成形美观	适于水平位置长焊缝的焊接和环形焊缝的焊接
	等离子弧焊	利用气体充分电离后，再经过机械收缩效应、热收缩效应和磁收缩效应而产生一束高温热源来进行焊接	可用于焊接不锈钢、耐热合金钢、铜及铜合金、钛及钛合金以及钼、钨及其合金等
	气电焊	利用专门供应的气体保护焊接区的电弧焊，气体作为金属熔池的保护层将空气隔绝	惰性气体保护焊用于焊接合金钢及铝、铜、钛等有色金属及其合金，氧化性气体保护焊用于普通碳素钢及其低合金钢材料的焊接

续表

焊接方法		基本原理	用途
压焊	电阻焊	利用电流通过焊件接触时产生的电阻热，并加压进行焊接的方法。分为点焊、缝焊和对焊。点焊和缝焊是焊件加热到局部熔化状态，对焊是焊件加热到塑性状态或表面熔化状态	可焊接薄板、棒材、管材等
	摩擦焊	利用焊件间相互摩擦产生的热量将母材加热到塑性状态，然后加压形成焊接接头	用于钢及有色金属及异种金属材料的焊接（限方、圆截面）
钎焊		采用比母材熔点低的材料作为填充金属，利用加热使填充金属熔化，母材不熔化，借液态填充金属与母材的毛细作用和扩散作用实现焊接连接	一般用于焊接尺寸较小的焊件

（1）焊接的生产过程

火车、汽车、轮船等，它们的外壳和骨架就是用一些钢板和型钢焊接起来的。图 2-30 所示的油罐车罐体是一个典型的焊接结构。焊接是罐体生产的关键工序，通过焊接才能把一些钢板制造成符合要求的油罐车罐体。这种工序的顺序如图 2-31 所示。

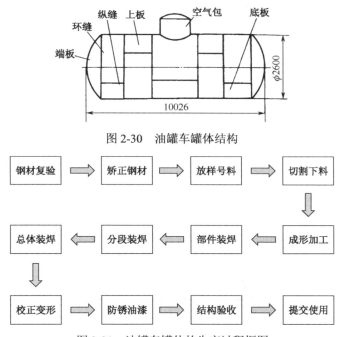

图 2-30　油罐车罐体结构

图 2-31　油罐车罐体的生产过程框图

在这些工序中，主要分两个阶段：备料阶段（成形加工以前的工序）和装焊阶段。备料阶段中，先要把罐体所需的板材矫平，再按照图样要求的尺寸在钢板上划线，然后按划线剪切成形，后进行加工。在装焊过程中，要进行部件的装焊、分段装焊和总体装焊工作。部件的装焊是将剪切成形加工完的构件装焊成部件。部件比较简单，常由两个或由两个以上的构件装成独立的组合体。如罐体的上板，有许多块钢板，可先将两块钢板焊接成部件。分段装焊是把各个部件组合装焊成分段部件，它的尺寸较大，构造也较为复杂。如罐体的上板和底板是由几个部件组焊成的。总体装焊是将分段组合装焊成整体结构。如罐体是由端板、上板、空气包、底板4个部件装焊而成的。

在结构生产过程中，要考虑选用最佳的加工方法和焊接方法，选用合理的焊接顺序和检测手段，使焊接生产具有合理性、先进性，以保证不断提高产品质量。

（2）焊接的特点

① 焊接结构的应力集中变化范围比铆接结构大。焊缝除了起着连接焊件的作用外，还与基体金属组成一个整体，并能在外力作用下与它一起变形。因此，焊缝的形状和布置必然会影响应力的分布，使应力集中在较大的范围内变化。应力集中对结构的脆性断裂和疲劳有很大的影响。采取合理的工艺和设计，可以控制焊接结构的应力集中，提高其强度和寿命。

② 焊接结构有较大的焊接应力和变形。经焊接后的焊件因局部加热而不可避免地在结构中产生一定的焊接应力和变形。焊接应力和变形不但会引起工艺缺陷，而且还会影响结构的承载能力（如强度、刚度和受压稳定性）及结构的加工精度和尺寸的稳定性。

③ 焊接接头具有较大的不均匀性。因焊缝金属的成分和组织与基体金属不同，接头各部位经历的热循环不同，使得接头不同区域的性能不同。焊接接头的不均匀性表现在力学性能及金相组织上。对于高强度钢选用不同的焊接材料和工艺，接头各区域的组织和性能也有很大差别。接头的这种不均匀性对接头的断裂行为有很大影响。

④ 焊接接头中存在着一定数量的质量缺陷。焊接接头中通常有裂纹、气孔、夹渣、未焊透、未熔合等质量缺陷。质量缺陷的存在会降低强度，引起应力集中，损坏焊缝的致密性，是造成焊接结构破坏的主要原因之一。但是，采用合适的工艺措施加强工艺质量管理，这些质量缺陷是可以预防的，即使已产生了质量缺陷，也是可以修复的。

⑤ 焊接接头的整体性。焊接接头的整体性是焊接结构区别于铆接结构的一个重要特性。这个特性一方面赋予焊接结构高密封性和高刚度，另一方面也带来了问题。例如，止裂性能不如铆接结构好，裂纹一旦扩展，就不易制止，而铆接往往可以起到限制裂纹扩展的作用。

2．焊接接头与坡口形式

（1）焊接接头

焊接接头类型较多，常用的四种基本接头形式是对接接头、T 形接头、角接接头和搭接接头，见表 2-14。

表 2-14　焊接接头的基本形式

接 头 形 式	图 示	接 头 形 式	图 示
对接		对接	

续表

接头形式	图 示	接头形式	图 示
对接		角接	
T 形接		搭接	
角接		端接	

（2）坡口形式

为了保证在施焊过程中，在焊件全部厚度内充分焊透，以形成牢固的接头，就必须在焊件的待焊部位加工出具有一定形状的沟槽，这些沟槽叫做坡口。常见坡口的形式见表 2-15。

表 2-15　常见坡口的形式

坡口形式	图 示	坡口形式	图 示
I 形坡口		V 形坡口	

续表

坡口形式	图　　示	坡口形式	图　　示
X 形坡口	60°±5° 2 12~60	U 形坡口	20° 2 R8 2 40~80
U 形坡口	R5 10° 2 2 20~60	K 形坡口	2 50°±5° 2 20~40
	R5 10° 2 2 40~60		50°±5° 2 2 20~40

3. 焊缝的形状尺寸

　　焊缝是指焊件经焊接后形成的结合部分，它的形状可用一系列的几何尺寸来表示。不同形式的焊缝，其形状参数也不相同，主要有焊缝宽度、厚度、焊脚、余高、熔深、焊缝成形系数与熔合比等。

　　（1）焊缝宽度

　　焊缝表面与母材的交界处称为焊趾，焊缝表面两焊趾之间的距离称为焊缝宽度，如图 2-32 所示。

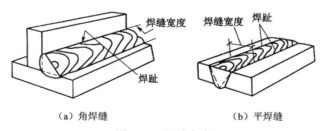

（a）角焊缝　　　　　　（b）平焊缝

图 2-32　焊缝宽度

　　（2）焊缝厚度

　　在焊缝横截面中，从焊缝正面到焊缝背面的距离称为焊缝厚度，如图 2-33 所示。

　　焊缝计算厚度是设计焊缝时使用的焊缝厚度，对接焊缝焊透时它等于焊件的厚度；采用角焊缝时等于在角焊缝横截面内画出的最大直角等腰三角形的高，如图 2-33 中所示。

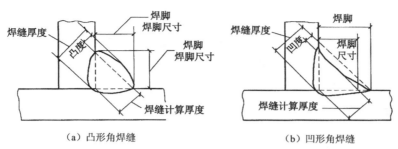

（a）凸形角焊缝　　　　　　　　　　（b）凹形角焊缝

图 2-33　焊缝厚度与焊脚

（3）焊脚

角焊缝的横截面中，从一个直角面上的焊趾到另一个直角面表面的最小距离称为焊脚。在图 2-33 中，角焊缝的横截面中画出的最大等腰直角三角形中直边的长度叫做焊脚尺寸。

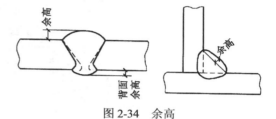

图 2-34　余高

（4）余高

超出母材表面焊趾连线上面的那部分焊缝金属的最大高度称为余高，如图 2-34 所示。在静载下，它有一定的加强作用，因而又称加强高。但在动载或交变荷载下，却不能起到加强作用，反而会因焊趾处应力集中而易脆断。因此，余高不能太大，焊条电弧焊时的余高值为 0～3mm。

（5）熔深

在焊接接头横截面上，母材或前道焊缝熔化的深度称为熔深，如图 2-35 所示。

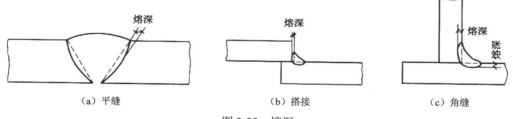

（a）平缝　　　　　　　　　（b）搭接　　　　　　　　　（c）角缝

图 2-35　熔深

（6）焊缝成形系数

熔焊时，在单道焊缝横截面上焊缝宽度 B 与焊缝计算厚度 H 的比值称为焊缝成形系数，如图 2-36 所示。如果焊缝成形系数小，表示焊缝窄而深，焊缝容易产生气孔和裂纹。因此焊缝成形系数需要保持一定的数值。

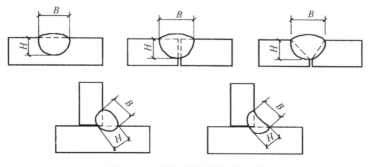

图 2-36　焊缝成形系数的计算

（7）熔合比

熔合比是指熔焊时被熔化的母材金属在焊缝金属中所占的百分比。它与焊接方法、焊接参数、接头尺寸形状、坡口形状、焊道数目以及母材的热物理性质有关。如果熔合比不同，即使采用的是同一焊接材料，其焊缝的化学成分也不会相同。

二、手工电弧焊

手工电弧焊简称手弧焊，是利用手工操纵焊条进行焊接的电弧焊方法，如图 2-37 所示。

图 2-37　手工电弧焊的操作

1．手工电弧焊工艺设备与工具

（1）电弧焊机

电弧焊机是进行手工电弧焊的主要设备，它实质上是用来进行电弧放电的电源。电弧焊机应可维持不同功率的电弧稳定地燃烧，同时焊接工艺参数应便于调节，焊接过程中工艺参数应保持稳定。此外，还应满足消耗电能少、使用安全、容易维护等要求。

电弧焊机按供应电流性质不同可分为直流焊机和交流焊机两大类，按结构不同又分为弧焊变压器、弧焊发电机和弧焊整流器三种类型，见表 2-16。

表 2-16　电弧焊机的分类与结构特点

分　类	图　示	特　点　说　明
直流电弧焊发电机		由一台交流电动机和一台直流发电机组成，电动机带动发电机而形成直流焊接电源；结构复杂，造价高，易损坏且维修困难；电流稳定，但运转时噪声大，且空载损耗大

续表

分　类	图　示	特 点 说 明
交流弧焊变压器		输出电流为交流电，结构简单，制造方便，成本低，使用可靠，维修方便
弧焊整流器		噪声小，空载损耗小，成本低，制造和维修方便

（2）电焊条

涂有药皮的供手弧焊用的熔化电极称为电焊条，简称焊条。如图 2-38 所示，在手工电弧焊过程中焊条不仅作为电极，用来传导焊接电流，维持电弧的稳定燃烧，同时对熔池起到保护作用，又可作为填充金属直接过渡到熔池，与液态基本金属合并进行一系列冶金反应后，冷却凝固形成焊缝金属。

焊条的直径指焊芯的直径，常用的直径有 1.6mm、2.0mm、2.5mm、3.2mm、4.0mm、5.0mm、6.0mm 共 7 种，长度范围为 200～550mm。

（3）焊钳

如图 2-39 所示，焊钳是用来夹持焊条（或碳棒）并传导电流进行焊接的工具。常用的焊钳有 300A、500A 两种规格，其技术参数见表 2-17。

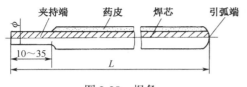

图 2-38　焊条

图 2-39　焊钳

表 2-17　焊钳技术参数

型　号	额定电流/A	焊接电缆孔径/mm	适用焊条直径/mm	质量/kg	外形尺寸/ 长 mm×宽 mm×高 mm
G352	300	14	2～5	0.5	250×80×40
G582	500	18	4～8	0.7	290×100×45

（4）焊接电缆

焊接电缆的作用是传导焊接电流。焊接电缆的型号有 YHH 型电焊橡胶套电缆和 YHHR 型电焊橡胶特软电缆。

焊接电缆的两端可通过接线夹头连接焊机和焊件，也减小了连接的电阻；工作时要防止焊件压伤和折断电缆；电缆不能与刚焊完的焊件接触，以免烧坏。

（5）面罩

面罩如图 2-40 所示，是为防止焊接时产生飞溅、弧光及其他辐射对焊工面部与颈部造成伤害的一种遮蔽工具，有手持式和头盔式两种。

（a）手持式面罩　　　　　　　　　　　　　　　　（b）头盔式面罩

图 2-40　面罩

面罩上装有遮蔽焊接有害光线的护目玻璃。为使护目玻璃不被焊接时的飞溅损坏，可在外面加上两片无色透明的防护白玻璃。有时为增加视觉效果可在护目玻璃后加一片焊接放大镜。

2. 焊接工艺参数

（1）焊条直径的选择

焊条直径的选择主要取决于焊件厚度、接头形式、焊缝位置和焊接层次等因素。通常情况下可根据焊件厚度来选择焊条直径，见表 2-18。

表 2-18　焊条直径与焊件厚度的关系

焊件厚度/mm	≤2	3~4	5~12	>12
焊条直径/mm	2	3.2	4~5	≥5

（2）电源种类与极性

由于直流电弧焊时，焊接电弧正、负极上的热量不同，所以采用直流电源时有正接和反接之分，如图 2-41 所示。

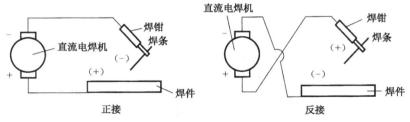

图 2-41　直流电源的正接与反接

正接是指焊条接电源负极，焊件接电源正极，此时焊件获得热量多，温度高，熔池深，易焊透，适于焊接厚件；反接是指焊条接电源正极，焊件接电源负极，此时焊件获得热量少，温度低，熔池浅，不易焊透，适于焊接薄件。

（3）焊接电流的选择

焊接电流的大小对焊接质量生产率有较大的影响。电流过小，电弧不稳定，易造成夹渣和未焊透等缺陷，从而降低接头的力学性能；电流过大，则会引起熔化金属的严重飞溅，甚至烧穿工件。

（4）电弧电压的选择

手工电弧焊电压主要由电弧长度来决定。电弧长，电弧电压高；电弧短，电弧电压低。

在焊接过程中，电弧过长，电弧燃烧不稳定、飞溅增多，焊缝成形不易控制，尤其对熔化金属保护不利，有害气体侵入，还将直接影响焊缝金属的力学性能。因此，焊接时应该使用短弧（即焊条直径的 0.5～1.0 倍）。

（5）焊接速度

单位时间内完成的焊缝长度称为焊接速度。焊接速度应该均匀适当，既保证焊透又要保证不烧穿，同时还要使焊缝宽度和高度符合图样设计要求。焊接速度对焊缝成形的影响见表 2-19。

表 2-19   焊接速度对焊缝成形的影响

速　度	图　示	影　响
太慢		焊接速度过慢，使高温停留时间增长，热影响区宽度增加，焊接接头的晶粒变粗，力学性能降低，变形量增大。当焊接较薄焊件时，则易烧穿
太快		焊接速度过快，熔池温度不够，易造成未焊透、未熔合、焊缝成形不良等缺陷
适中		速度均匀，既能保证焊透，又保证不烧穿，同时也使焊缝宽度和高度符合图样设计要求

（6）焊接层数

当焊件较厚时，往往需要多层焊，如图 2-42 所示。多层焊时，后层焊道对前一层焊道重新加热和部分熔化，可以消除前者存在的偏析、夹渣及一些气孔。后层焊道对前层焊道具有热处理作用，能改善焊缝的金属组织，提高焊缝的力学性能，因此，对一些重要的结构，焊接层数多些为好，每层厚度最好不大于 5mm。

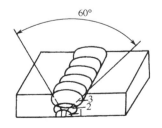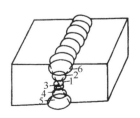

图 2-42   多层焊

3．手工电弧焊的基本操作

（1）引弧

电弧开始时，在焊条末端和焊件之间建立电弧的过程叫做引弧。常用的引弧方法有划擦法和敲击法两种，见表 2-20。

表 2-20　常用引弧的方法

引弧方法	图　示	操作说明	特　点
划擦法	引弧前　引弧后	先将焊条前端对准焊件，然后将手腕扭转一下，使焊条在焊件表面上轻微划擦一下，焊条提起 2～4mm，即在空气中产生电弧。引弧后，使电弧长度不超过焊条值	引弧方法似划火柴，易于掌握
直击法	引弧前　引弧后	先将焊条前端对准焊件，然后将手腕下弯，使焊条轻微碰一下焊件，再迅速将焊条提起 2～4mm，即产生电弧。引弧后，手腕放平，使弧长保持在与所用焊条直径相适应的范围内	引弧时，因手腕动作不灵活，感到不易掌握

（2）运条

焊接过程焊条相对焊件所做的各种操作运动总称运条。运条包括沿焊条轴线的送进、沿焊道轴线方向的移动和横向摆动三种动作，如图 2-43 所示。

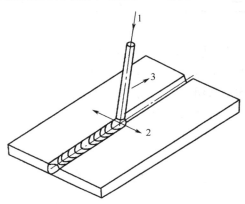

图 2-43　运条的基本动作

焊接过程中，为了获得较宽的焊缝，焊条在送进和移动过程中，还要做必要的摆动。常用运条方法及适用范围见表 2-21。

表 2-21　常用的运条方法及适用范围

运 条 方 法		图　　示	适 用 范 围
直线形			厚长 3～5mm 的 I 形坡口平焊，多层焊打底，多层焊、多道焊
直线往返形			焊薄板，间隙大的对接平焊或打底焊道
锯齿形			对接接头的平焊、立焊等，角接接头立焊
月牙形			
三角形	斜三角形		角接接头仰焊，对接接头开 V 形坡口横焊
	正三角形		角接接头平焊、仰焊，对接接头横焊
圆圈形	斜圆圈形		角接接头立焊，对接接头平焊
	正圆圈形		对接接头厚板平焊
八字形			

（3）焊缝的连接

在焊接操作时，由于受焊条长度的限制或操作姿势的变换，一根焊条往往不可能完成一条焊道。因此，出现了焊道前后两段的连接问题。焊道的连接一般有以下几种方式，如图 2-44 所示。

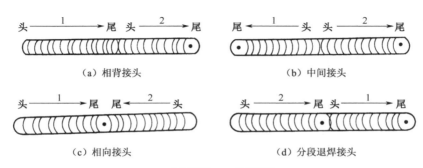

（a）相背接头　　　　　　　　　　　（b）中间接头

（c）相向接头　　　　　　　　　　　（d）分段退焊接头

1—先焊焊道；2—后焊焊道

图 2-44　焊道的连接方式

（4）焊缝的收尾

焊缝的收尾是指一条焊缝结束时采用的收弧方法。收尾动作不仅是熄弧，还要填满弧坑。如果收尾时即拉断电弧，会形成低于焊件表面的弧坑，另外，过深的弧坑使焊道收尾处强度减弱，并容易造成应力集中而产生弧坑裂纹。

一般收尾动作有划圈收尾法、反复断弧收尾法、回焊收尾法，见表 2-22。

表 2-22　焊缝收尾的方法

收尾的方法	图　示	操　作　说　明	适　用　场　合
划圈法		焊条移至焊道终点时，做圆圈运动，直到填满弧坑再拉断电弧	适用于厚板焊接，对于薄板则有烧穿的危险
反复断弧法		焊条移至焊道终点时，在弧坑上须做数次反复熄弧-引弧，直到填满弧坑为止	适用于薄板焊接
回焊法		焊条移至焊道收尾处即停止，但不熄弧，此时适当改变焊条角度。焊条位置由 1 转到 2，待填满弧坑后再转到 3，然后慢慢拉断电弧	适用于碱性焊条焊接

（5）定位焊

焊前为了固定焊件的相对位置进行的焊接操作称为定位焊，俗称点固焊。定位焊形成的短小的断续焊缝叫定位焊缝，也叫点固焊缝。定位焊缝一般比较短小，焊接过程中都不去掉，作为正式焊缝的一部分保留下来，因此，定位焊缝的质量好坏，位置、长度和高度是否合适，会直接影响正式焊缝的质量及焊件的变形。

三、气焊与气割

气焊是利用可燃气体与氧气混合燃烧的火焰所产生的热量用为热源，进行金属焊接的一种手工操作方法。气割是利用气体的热量将金属待切割处附近预热到一定的温度后，喷出高速氧流使其燃烧，以实现金属切割的方法。

1. 气焊工艺设备与工具

（1）氧气瓶

氧气瓶由瓶底、瓶体、瓶箍、瓶阀、瓶帽和瓶头组成，如图 2-45 所示，是用来存储和运输氧气的高压容器，其工作压力为 15MPa，容积为 40L。瓶体是用合金钢以热挤压而制成的圆筒形无缝容器，瓶体外表涂有天蓝色漆，并用黑漆写上"氧气"两字。

（2）减压器

减压器是将存储在气瓶内的高压气体减压为工件需要的低压气体的调节装置，以供给焊接、气割时使用，同时减压器还有稳压的作用，使气体工作压力不会随气瓶内的压力减小而降低。减压器的形式较多，有单级式减压器和双级式减压器，经常使用的是 QD-1 型单级反作用式，其外形如图 2-46 所示。

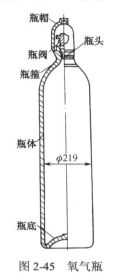

图 2-45　氧气瓶

图 2-46　QD-1 型单级反作用减压器

（3）乙炔发生器

乙炔发生器由筒体、电石篮、移动调节器、开盖手柄、储气罐、回火保险器等组成，如图 2-47 所示，是使用水与电石进行化学反应产生乙炔的装置。

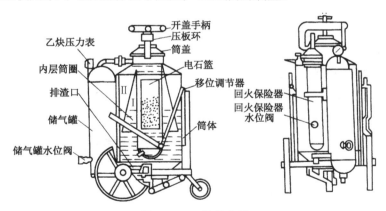

图 2-47　乙炔发生器

（4）回火保险器

回火保险器如图 2-48 所示，它是装在乙炔发生器和焊炬之间的防止乙炔气向发生器回烧的保险装置。还可以对乙炔进行过滤，提高其纯度。

回火是气体火焰进入喷管内逆向燃烧的现象。回火有逆火和回烧两种。逆火是火焰向喷嘴孔逆行，并瞬时自行熄灭，同时伴有爆鸣声的现象。回火是火焰向喷嘴孔逆行，并继续向混合室和气体管路燃烧的现象。

（5）乙炔瓶

乙炔瓶是存储和运输乙炔的一种钢制压力容器。乙炔瓶的优点如下：气体纯度高，不含水分，杂质含量低；压力高，能保持气焊、气割火焰的稳定；设备轻便，工作比较安全，便于保持工作场地的清洁。

图 2-48　回火保险器

乙炔瓶的外形与氧气瓶相似，如图 2-49 所示，其外表面涂白色，并用红漆写上"乙炔"等字样。在瓶内装浸有丙酮内的多孔填料，如图 2-50 所示，使乙炔稳定而又安全地存储在乙炔瓶内。当使用时，溶解在丙酮内的乙炔就分离出来，通过乙炔阀流出，而丙酮仍留在瓶内，以便溶解再次压入的乙炔，乙炔瓶阀下面的填料中心部位的长孔内放有石棉，其作用是促进乙炔与填料的分离。

图 2-49　乙炔瓶

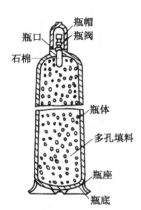

图 2-50　乙炔瓶的内部结构

（6）焊炬

焊炬是使可燃气体和氧气按一定比例混合，并喷出燃烧而形成稳定火焰的工具。图 2-51 所示是常用的射吸式焊炬，使用时，开启氧气调节阀和乙炔调节阀，此时具有一定压力的氧气由喷嘴高速喷出，使喷嘴周围形成负压，把喷嘴四周的低压乙炔气吸入射吸管，经混合管混合后从焊嘴喷出，点燃后形成火焰。

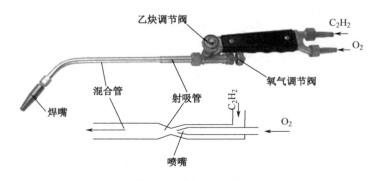

图 2-51　射吸式焊炬

射击式焊炬的型号有 H01-2、H01-6、H01-12、H01-20。H 表示焊炬，01 表示射吸，2、6、12、20 表示可焊接的最大厚度。

（7）焊丝

它是在气焊时用于填充的金属丝。每盘焊丝都有型号、牌号标记，不允许使用无标记的焊丝来焊接工件。焊丝的化学成分直接影响焊缝质量与焊缝的力学性能。其直径与焊件厚度的关系见表 2-23。

表 2-23　焊丝直径与焊件厚度的关系　　　　　　　　　　　单位：mm

焊件厚度	0.5～2	2～3	3～5	5～10	10～15
焊丝直径	1～2	2～3	3～4	3～5	4～6

（8）气焊剂

气焊剂是气焊时的助熔剂，可预先涂在焊件的待焊处或焊丝上，也可在气焊过程中将高温的焊丝端部在有焊剂的器皿中沾上焊剂，再填加到熔池中。主要用于铸铁、合金钢与各种有色金属的气焊，低碳钢在气焊时不必使用气焊剂。使用时要根据被焊金属在焊接熔池中形成的氧化物性质，来选取不同的气焊剂。

2．气割工艺设备与工具

（1）割炬

割炬是手工气割的主要工具，可以安装和更换割嘴，以及调节预热火焰气体和控制切割氧流量。图 2-52 所示为常用的射吸式割炬，它与焊炬的原理相同，混合气体由割嘴喷出，点燃后形成预热火焰。乙炔气流量的大小由乙炔调节阀控制。不同的是另有切割氧调节阀，专用于控制切割氧气流量。射吸式割炬可在不同的乙炔压力下工作，既能使用低压乙炔，又能使用中压乙炔。

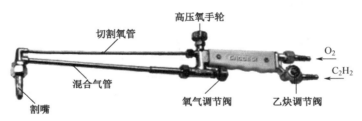

图 2-52　射吸式割炬

按可燃气体与氧气的混合方式来分类，割炬还有等压式割炬，如图 2-53 所示。

图 2-53　等压式割炬

常用割炬的型号有 G01-30、G01-100、G01-300 和 GD1-100。前三种为射吸式，后一种为等压式。

（2）半自动气割机

半自动气割机如图 2-54 所示。其切割速度快，可手动或自动操作。在切割过程中，可在一个很小的半径范围内快速改变切割方向，使用方便，操作简单，所需辅助时间短，广泛用于造船、桥梁及重工业机械，也适用于大中小型切割钢板之用。

（a）单割炬半自动切割机　　　　　　　　　（b）双割炬半自动切割机

图 2-54　半自动气割机

（3）辅助工具

① 滚轮托架。手工气割较长的直缝时，可采用带滚轮的架子。单滚轮或双滚轮均可，图 2-55 所示是用双滚轮托架进行手工气割。

② 圆规。当手工气割圆形零件时，可使用如图 2-56 所示的圆规。如果零件直径较小时，可不用滚轮，如果零件直径较大时，圆规杆较长时需要加滚轮来提高其的稳定性。

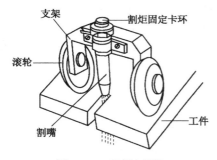 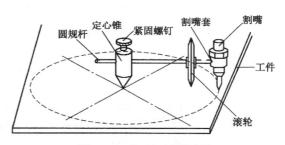

图 2-55　双滚轮托架　　　　　　　　　图 2-56　手工气割用圆规

3. 气焊的基本操作

（1）焊接工艺参数

① 焊丝直径。焊丝的直径应根据焊件的厚度、接头坡口的形式、焊缝位置、火焰能率等因素确定。一般焊丝直径常常按焊件厚度来初步选择，试焊后再根据情况理行调整。表 2-24 是碳钢气焊时焊丝的直径选择方法。

表 2-24　焊件厚度与焊丝的关系

工件厚度/mm	1～2	2～3	3～5	5～10	10～15
焊丝直径/mm	1～2（或不用）	1～2	3～4	3～5	4～6

一般平焊应比其他焊接位置选用粗一号的焊丝，右焊法比左焊法选用的焊丝要适当粗一些。在多层焊时，第一、二层应选用较细的焊丝，以后各层可采用较粗的焊丝。

② 火焰性质。氧-乙炔火焰是乙炔与氧混合燃烧所形成的火焰。根据氧与乙炔的不同比

率，火焰可分为中性焰、碳化焰和氧化焰三种，见表 2-25。

表 2-25 氧-乙炔火焰

火焰类别	图　示	特　点	比　率	应用范围
中性焰	焰芯 内焰（轻微闪动）外焰	焰芯温度较高，形成光亮而明显的轮廓；内焰颜色较暗，呈淡橘红色；外焰是一氧化碳和氢气与大气中的氧气完全燃烧生成的二氧化碳和水蒸气	氧与乙炔的混合比为 1.1～1.2	适用于焊接一般碳钢和有色金属
碳化焰	焰芯 内焰 外焰	火焰长，且明亮。焰芯轮廓不清，外焰特长。当乙炔过剩量很大时，会冒黑烟	氧与乙炔的混合比小于 1.1	适用于焊接高碳钢、铸铁及硬质合金等
氧化焰	焰芯 外焰	焰芯呈淡紫蓝色，轮廓不明显；外焰呈蓝色，火焰挺直，燃烧时发出急剧的"嘶嘶"声	氧与乙炔的混合比大于 1.2	适用于焊接黄铜、锰钢等

③ 火焰能率。火焰能率是以每小时内可燃气体的消耗来计算的，即单位时间内可燃气体所提供的能量，单位为 L/h。

火焰能率的大小是由焊炬型号和焊嘴号码大小来决定的。火焰能率应根据焊件的厚度、母材的熔点和导热性及焊缝的空间位置来选择。如焊接较厚的焊件、熔点较高的金属、导热性较好的铜、铝及其合金时，就要选用较大的火焰能率，才能保证焊件焊透；如是薄板或立焊、仰焊时，火焰的能率要适当地减小，才能不至于组织过热。平焊缝可比其他位置焊缝选用略大的火焰能率。实际生产中，在保证焊接质量的前提下，为了提高生产率，应尽量选择较大的火焰能率。

④ 焊嘴倾斜角度。焊嘴的倾斜角度是指焊嘴的中心线与焊件平面间的夹角。焊炬倾角的大小主要根据焊件厚度、焊嘴大小和金属材料的熔点及导热性来选择。焊件越厚、导热性越强及熔点越高，焊炬的倾斜角应越大，以使火焰的热量集中；相反，应采用较小的倾斜角度，焊炬倾斜角度与焊件厚度的关系如图 2-57 所示。在焊接的过程中，焊嘴的倾斜角度是不断变化的，如图 2-58 所示。

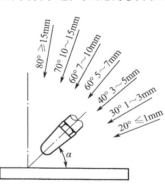

图 2-57　焊炬倾角与焊件的关系

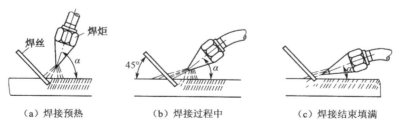

　（a）焊接预热　　　　　　（b）焊接过程中　　　　　　（c）焊接结束填满

图 2-58　焊接时焊嘴倾斜角的变化

⑤ 焊接方向。气焊操作时，焊嘴的移动方向为焊接方向。按焊嘴移动的方向可分为左焊法和右焊法，见表 2-26。

表2-26　焊接方向

焊　法	图　示	适　用　场　合
左焊法	焊丝　焊炬 焊接方向	适宜焊接5mm以下的薄板或低熔点的金属
右焊法	焊丝　焊炬 焊接方向	适用于焊件厚度大、熔点较高的焊件

⑥ 焊接速度。焊接速度是指单位时间内完成焊道的长度。焊接的速度影响焊接生产率和焊接的质量。如果焊接速度过快，则焊件熔化情况不好；如果焊接速度过慢，则焊件受热过大，会降低焊接质量。因此应根据不同的焊接情况来选择焊接的速度。

（2）基本操作技术

① 火焰的调节。右手持焊炬，将拇指置于乙炔开关处，食指置于氧气开关处，以便随时调节气体流量，用其他三指握住焊炬柄。先逆时针旋转乙炔开关，放出乙炔，再逆时针方向微开氧气开关，然后将焊嘴靠近火源。开始训练时，可能会出现连续的"放炮"声，这是因为乙炔不纯，这时应放出不纯的乙炔，然后重新点火。有时也会出现不易点燃的现象，多数情况下是因为氧气量过大，这时应重新微关氧气开关。

点火时，拿火源的手不要正对焊嘴，如图2-59所示，也不要将焊嘴指向他人，以防烧伤。

图2-59　点火的姿势

开始点燃的火焰多为碳化焰，如要调成中性焰，则应逐渐增加氧气的供给量，直至火焰的内焰与外焰没有明显的界限时，即呈中性焰。如果继续增加氧化流量，就变为氧化焰。反之，增加乙炔或减少氧气，即可得到碳化焰。

② 焊炬与焊丝的摆动。焊炬与焊丝在操作时摆动方向的幅度应根据焊件材料的性质、焊缝位置、接头形式和板厚情况进行选择。焊炬与焊丝的摆动方法如图2-60所示。

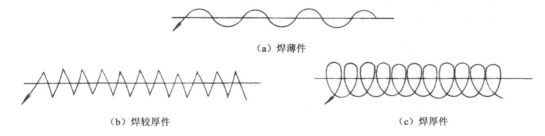

（a）焊薄件

（b）焊较厚件　　　　　　　　　　　　　（c）焊厚件

图2-60　焊炬与焊丝的摆动方法

4．气割的基本操作

（1）气割工艺参数

气割主要参数包括割炬的型号和切割氧气压力、预热火焰能率、割嘴与工件间的倾斜角度、割嘴离工件表面的距离、气割速度等。

① 割炬型号与切割氧气压力。在对割件进行切割时，被割件越厚，割炬型号、割嘴号码、氧气压力均应增大；当割件较薄时，切割氧压力可适当降低。

② 预热火焰能率。气割时，碳化焰因有游离碳的存在，会使切口边缘增碳，所以不能采用，可采用中性焰或轻微氧化焰。在切割过程中，要注意随时调整预热火焰，防止火焰性质发生变化。

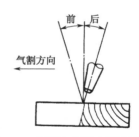

图 2-61　割嘴与割件间的倾斜角

③ 割嘴与割件间的倾斜角。割嘴与割件间的倾斜角如图 2-61 所示，其大小要随割件厚度而定，其规律见表 2-27。

表 2-27　割嘴倾斜角与割件厚度的关系

割件厚度（mm）	<6	6～30	>30		
			起割	割穿后	停割
倾斜方向	后倾	垂直	前倾	垂直	后倾
倾斜角度	25°～45°	0°	5°～10°	0°	5°～10°

④ 割嘴离工件表面的距离。割嘴与被割工件表面距离应根据割件的厚度而定，通常保持火焰的焰心至割件表面 3～5mm 范围内，这样，加热条件最好，而且渗碳的可能性也最小。如果焰心触及工件表面，不但会引起割缝上缘熔化，还会使割缝渗碳的可能性增加。

⑤ 气割速度。一般气割速度与工件的厚度和使用的割嘴形式有关。工件越厚，切割的速度越慢；工件越薄，气割的速度应越快。气割速度由操作者根据割缝的后拖量自行掌握。

（2）基本操作

① 起割与预热。割零件的外轮廓线时，最好选用钢板的边缘做起割点；割零件内的孔时，必须从丢弃的余料内开始气割，当割件厚度>150mm 时，可先用割炬在余料上割出一个孔，然后开始气割；当割件厚度<150mm 时，最好在余料上先钻一个通孔，在通孔处起割。对于厚度<50mm 的工件，从边缘起割时，可将割炬放在起割边缘的垂直位置进行预热。对于厚度>50mm 的工件，从边缘处起割时，预热方法如图 2-62 所示。

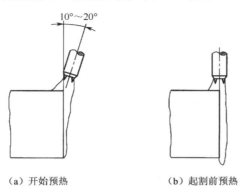

（a）开始预热　　　　　　（b）起割前预热

图 2-62　厚板的起割预热

② 正常气割。根据割嘴的工作原理及工件厚度选择切割氧的压力，可按表 2-28 给定的

范围选取，并通过观察切割氧射流的形状和长度最后确定。

表 2-28　切割氧压力与工件厚度的关系　（普通割嘴）

板厚/mm	切割氧压力/MPa	板厚/mm	切割氧压力/MPa
<4	0.3～0.4	50～100	0.7～0.8
4～10	0.4～0.5	100～150	0.8～0.9
10～25	0.5～0.6	150～200	0.9～1.0
25～50	0.6～0.7	200～250	1.0～1.2

气割时，工件越薄，行走角越小。气割薄件时，工作角为 90°，行走角为 45°～90°。气割中、厚板时，工作角和行走角都是 90°，割嘴中心线正好是切割点的垂直线。气割时不能让焰心与工件接触，以防止工件割口表面严重增碳，产生淬硬组织或裂纹，气割表面与焰心的距离以 3～5mm 为佳。

手工气割时会遇到接头，尤其在割长缝（如割长直缝、大直径圆形管子）时，每割一段必须停止一次，改变工件的位置，或调整操作者的位置，才能继续气割。收尾时要适当放慢气割速度，将行走角由 90° 逐渐减至 70°，待割件完全割通后，关闭切割氧。

四、气体保护焊

1．CO_2 气体保护焊

二氧化碳气体保护焊是利用专门输送到熔池周围的 CO_2 气体作为介质的一种电弧焊，其焊接过程如图 2-63 所示。焊接电源和两端分别接在焊枪与焊件上，盘状焊丝由送丝机构带动，经软管与导电嘴不断向电弧区域送给，同时，CO_2 气体以一定的压力和流量送入焊枪，通过喷嘴后，形成一股保护气流，使熔池和电弧与空气隔绝，随着焊枪的移动，熔池金属冷却凝固成焊缝。

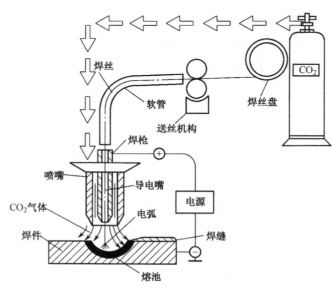

图 2-63　CO_2 气体保护焊焊接过程示意图

（1）CO_2 焊接工艺设备

CO_2 焊机主要由焊接电源、焊丝送给系统、焊枪、供气系统和控制系统等几个部分组成。

① 焊接电源。CO_2 气体保护焊的电源均为直流电源，要求电源具有平硬外特性曲线。有硅整电源和旋转式直流电弧焊机两大类，见表 2-29。

表 2-29　CO_2 气体保护焊焊接电源焊机

焊机类型	图　示	特点应用
硅整电源直流电弧焊机	ZX6-315A	电源由焊接变压器、整流器、接触器与保护元件等组成整流电路，按电压调节方式不同有变压器抽头式硅整电源、磁放大器 CO_2 气体保护焊接电源、可控硅式 CO_2 气体保护焊接电源等几种形式。其体积小、性能好、效率高、运行可靠、节省电能、无噪声、结构简单。可进行无级调节（除变压器抽头式硅整电源外）
旋转式直流电弧焊机		即发电机式，有 AP1-350 型、AX1-500-2 型两种。其缺点是体积大、噪声大、制造工艺复杂且内部电抗大

② 送丝机构。送丝机构由送丝电动机和调速器、送丝滚轮、送丝软管、焊枪和送丝盘等组成，其功能是将焊丝按一定的速度连续不断地送至弧区，在电弧热的作用下，熔化以后填充焊缝。CO_2 半自动焊丝送丝有三种形式，见表 2-30。

表 2-30　CO_2 半自动焊丝送丝方式

送丝方式	示意图	说　明
推丝式	焊丝盘　焊丝　软管　送丝轮　焊枪	焊丝由送丝滚轮推入软管，再经焊枪上的导电嘴送至焊接电弧区。结构简单轻巧、使用灵活方便，可采用较大直径的焊丝盘，被广泛应用于直径为 0.5～1.2mm 的焊丝。但对软管质量要求高，送丝软管长度短，焊枪活动范围小
推拉丝式	焊丝盘　焊丝　软管　推丝轮　推丝电动机　拉丝轮　拉丝电动机	是通过安装在焊枪内的拉丝电动机和送丝装置内的推丝电动机两者同步运转完成的送丝动作。同时通过自动调节，可使两者的进给力始终在一方从属另一方的状态，这样不会使焊丝弯曲或中断。这种送丝方式的送丝软管可达 20～30m，但结构复杂、维修不方便，应用较少

送丝方式	示意图	说明
拉丝式	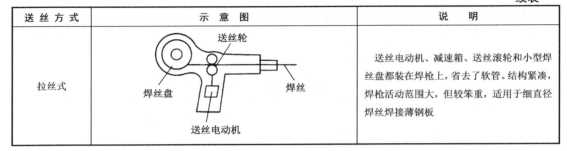	送丝电动机、减速箱、送丝滚轮和小型焊丝盘都装在焊枪上，省去了软管。结构紧凑，焊枪活动范围大，但较笨重，适用于细直径焊丝焊接薄钢板

③ 焊枪。焊枪的作用是导电、导丝、导气，按送丝方式可分为推丝式焊枪和拉丝式焊枪；按结构可分为鹅颈式焊枪和手枪式焊枪；按冷却方式可分为气冷焊枪和水冷焊枪。其中，鹅颈式焊枪应用最为广泛，如图 2-64 所示。

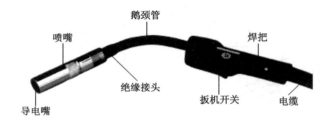

图 2-64　鹅颈式焊枪

④ 供气系统。供气系统的作用是使钢瓶内 CO_2 气体变成符合质量要求、具有一定流量的 CO_2 气体，并均匀地从焊枪喷嘴中喷出，以有效地保护焊接区域。供气系统由 CO_2 气瓶、预热器、高压干燥器、减压阀、低压干燥器、流量计与气阀等部件组成。

⑤ 控制系统。控制系统的功用是在 CO_2 气体保护焊过程中对焊接电源、供气、送丝等系统实现按程序的控制。自动焊时，还要控制焊接小车行走或焊件的运转等。

（2）CO_2 气体保护焊所用材料

CO_2 气体保护焊所用的材料有 CO_2 气体和焊丝。

① CO_2 气体。焊接用的 CO_2 气体是将钢瓶装的液态 CO_2 经汽化后变成气态 CO_2 供焊接使用。焊接用 CO_2 气体的纯度大于 99.5%，其含水量不超过 0.05%。

② 焊丝。焊丝可分为实心焊丝和药芯焊丝两种，如图 2-65 所示。实心焊丝适用于低碳钢和低合金结构钢的焊接，药芯焊丝是用薄金属带卷成圆形或异型的金属圆管，并在其中填满药粉，然后经过拉制而成的一种焊丝。

（a）实心焊丝　　　　　　　　　　　　　（b）药芯焊丝

图 2-65　CO_2 气体保护焊所用焊丝

（3）CO_2 气体保护焊主要工艺参数的选择

① 焊丝直径的选择。通常，当焊接薄板或中厚板的立、横、仰焊时，多采用直径 1.6mm 以下的焊丝；在平焊位置焊接中厚板时，可以采用直径 1.2mm 以上的焊丝。

② 焊接电流。直径为 0.8～1.6mm 的焊丝，在短路过渡时，焊接电流在 50～230A 内选择；细颗粒过渡时，焊接电流在 250～500A 内选择。

③ 电弧电压。常用的电弧电压是：短路过渡时，电弧电压在 16～22V 范围内选择；喷射过渡时，电弧电压可在 25～38V 范围内选择。

④ 焊接速度。在焊丝直径、焊接电流和电弧电压一定的条件下，随着焊接速度的增加，焊缝宽度与焊缝厚度减小。半自动焊时的焊接速度为 15～40m/h。

⑤ 焊丝伸出长度。焊丝的伸出长度取决于焊丝的直径，如图 2-66 所示。伸出太长，焊丝会整段熔断，飞溅严重，气体保护效果差；伸出过短，不但会造成飞溅物堵塞喷嘴，影响保护效果，也影响焊工的视线。一般情况下约等于焊丝直径的 10 倍，短路过渡时，伸出长度应为 6～13mm，其他熔滴过渡形式为 13～25mm。

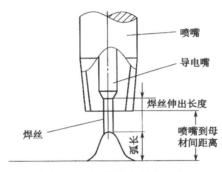

图 2-66　焊丝伸出长度示意

⑥ CO_2 的气体流量。CO_2 的气体流量应根据焊接电流、焊接速度、焊丝伸出长度及喷嘴直径等来选择，过大或过小的气体流量都会影响气体的保护效果。通常在细直径焊丝焊接时，CO_2 气体流量为 8～15L/min；粗直径焊丝焊接时，其流量为 15～25L/min。

⑦ 电源极性。为了减少飞溅，保证焊接电流的稳定性、熔滴过渡平稳、焊缝成形较好，CO_2 气体保护焊应选用直流反接。

（4）CO_2 气体保护自动焊的基本操作

① 引弧。CO_2 气体保护焊是采用碰撞法引弧的，如图 2-67 所示。

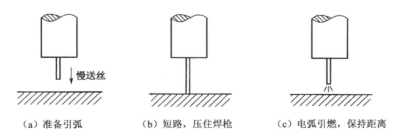

（a）准备引弧　　　　（b）短路，压住焊枪　　　　（c）电弧引燃，保持距离

图 2-67　CO_2 气体保护焊的引弧过程

② 焊枪的摆动方式。焊枪摆动的形式与适用范围见表2-31。

表2-31 焊枪摆动的形式与适用范围

摆动方式	图 示	适 用 范 围
直线移动		间隙小时的薄板或厚板的打底焊道
锯齿形		间隙大时的中、厚板打底层焊道
		中、厚板第二层以上的填充焊道
斜圆圈形		堆焊或T形接头多层焊第一层焊道
8字形		坡口大时的填充焊道
往返摆动	⑧ ⑥⑦ ④ ⑤ ② ③ ①	薄板根部有间隙或工件间垫板间间隙大时采用

2. 手工钨极氩弧焊

氩弧焊的工作原理如图2-68所示。焊接时，氩气流从焊枪喷嘴中连续喷出，在电弧区形成严密的保护气层，将电极和金属熔池与空气隔离。同时，利用电极与焊件之间产生的电弧热量，来熔化附加的填充焊丝或自动给送的焊丝及基本金属，待液态熔池金属凝固后形成焊缝。

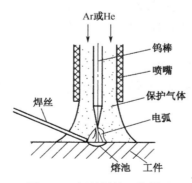

图2-68 氩弧焊的工作原理

（1）手工钨极氩弧焊设备

① 手工钨极氩弧焊机。钨极氩弧焊机一般用于6～8mm以下的薄板的焊接，目前常用的有NSA-500-1型和NSA4-300型手工钨极氩弧焊机，如图2-69所示。

（a）NSA-500-1 型

（b）NSA4-300 型

图 2-69　手工钨极氩弧焊机

② 氩弧焊焊枪。手工钨极氩弧焊焊枪由枪体、钨极夹头、钨极、进气管、陶瓷喷嘴等组成。焊枪有大、中、小三种，按冷却方式可分为冷式氩弧焊枪和水冷式氩弧焊枪。电流 150A 以下可不用水冷却，电流 200A 以上必须采用水冷却。焊枪主体采用尼龙压制而成，质量轻、体积小、操作灵活、绝缘和耐热性好，具有一定的机械强度。气冷焊枪如图 2-70 所示，水冷焊枪如图 2-71 所示。

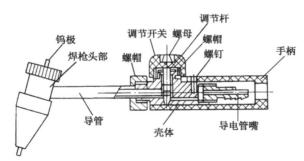

图 2-70　气冷式手工钨极氩弧焊枪

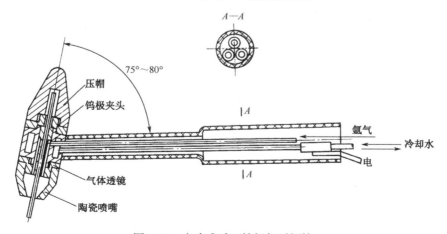

图 2-71　水冷式手工钨极氩弧焊枪

（2）手工钨极氩弧焊焊接材料

① 氩气。氩气是惰性气体，高温下不分解，又不与焊缝金属起化学反应。氩弧长度的变化，并不显著地改变电弧电压。因此，电流稳定，适合于手工焊接。氩弧焊对氩气的纯度要求很高，其纯度要求大于 99.95%。

氩气的密度是空气的 1.4 倍，能在熔池上方形成一层较好的覆盖层，对焊接区域有良好的保护作用，另外，在氩弧焊接时，产生的烟雾较少，便于控制熔池和电弧。

② 钨极。常用的钨极材料有纯钨极、钍钨极和铈钨极。在使用前，要采取密封式或抽风式砂轮机磨削端部。钨极端部形状如图 2-72 所示。

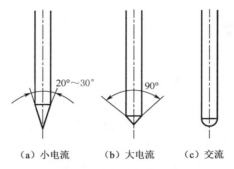

（a）小电流　（b）大电流　（c）交流

图 2-72　电极端部的形状

③ 焊丝。焊丝的种类很多，可根据焊件材料和厚薄的不同，选用不同牌号、不同规格的焊丝。但其纯度和合金元素含量都不得低于焊件的要求。

（3）焊接主要参数的选择方法

① 焊接电流。焊接电流一般根据焊件厚度来选择。焊接电流和相应电弧特征如图 2-73 所示。

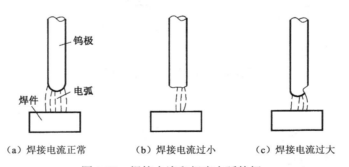

（a）焊接电流正常　　（b）焊接电流过小　　（c）焊接电流过大

图 2-73　焊接电流和相应电弧特征

② 电源种类和极性。采用直流正接时，焊件接正极，温度较高，适于焊接厚焊件及散热快的金属。直流反接时，具有"阴极破碎"作用，如图 2-74 所示，但钨极接正极烧损大，手工钨极氩弧焊很少采用。

③ 钨极直径。钨极直径的选择要根据焊件厚度和焊接电流的大小来决定。不同电源极性和不同直径钨极的电流许用值可参见表 2-32。

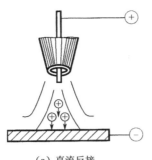 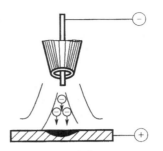

（a）直流反接　　　　　　　　（b）直流正接

图 2-74 "阴极破碎"作用示意

表 2-32 不同电源极性和不同直径钨极的电流许用值　　　　　　　单位：A

电 源 极 性	钨极直径/mm				
	1	1.5	2.4	3.2	4
直流正接	15～80	70～150	150～250	250～300	400～500
直流反接	—	10～20	15～30	25～40	40～55
交流	20～60	60～120	100～150	160～250	22～320

④ 焊接速度。焊接移动速度对保护效果的影响如图 2-75 所示，焊接速度过快，会使保护气流偏离钨极与熔池，影响气体保护效果，易产生未焊透等缺陷。焊接速度过慢时，焊缝易咬边和烧穿。

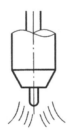 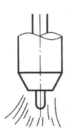 

（a）焊枪不动　　　　　（b）速度正常　　　　　（c）速度过快

图 2-75 焊枪移动速度对保护效果的影响

⑤ 电弧电压。电弧电压增加，焊缝厚度减小，熔宽显著增加；随着电弧电压的增加，气体保护效果随之变差。当电弧电压过高时，易产生未焊透、焊缝被氧化和气孔等缺陷，因此，应尽量采用短弧焊，一般为 10～24V。

⑥ 氩气流量和喷嘴直径。通常氩气流量在 3～20L/min 范围内。喷嘴的直径一般随着氩气流量的增加而增加，通常为 5～14mm。

⑦ 钨极伸出长度。钨极伸出长度一般以 3～4mm 为宜。

⑧ 喷嘴至焊件距离。喷嘴至焊件距离一般为 8～12mm。

（4）手工钨极氩弧焊的基本操作

① 引弧。手工钨极氩弧焊的引弧方法有高频或脉冲引弧和接触引弧两种，见表 2-33。

表 2-33　手工钨极氩弧焊的引弧方法

引弧方法	图　示	操作说明
高频或脉冲引弧		在焊接开始时，先在钨极与焊件之间保持 3～5mm 的距离，然后接通控制开关，在高压高频或高压脉冲的作用下，击穿间隙放电，使氩气电离而引燃电弧。能保证钨极端部完好，钨极损耗小，焊缝质量高
接触引弧		焊前用引弧板、铜板或碳棒与钨极直接接触进行引弧。接触的瞬间产生很大的短路电流，钨极端部容易损坏，但焊接设备简单

　　② 送丝。手工钨极氩弧焊送丝方式可分为连续送丝、断续送丝两种，见表 2-34。

表 2-34　手工钨极氩弧焊送丝方式

送丝方式	图　示	操作说明
连续送丝		用左手的拇指、食指捏住焊丝，并用中指和虎口配合托住焊丝。送丝时，拇指和食指伸直，即可将捏住的焊丝端头送进电弧加热区。然后，再借助中指和虎口托住焊丝，迅速弯曲拇指和食指向上倒换捏住焊丝的位置
		用左手的拇指、食指和中指相互配合送丝。这种送丝方式一般比较平直，手臂动作不大，无名指和小指夹住焊丝，控制送丝的方向，等焊丝即将熔化完时，再向前移动
		焊丝夹在左手大拇指的虎口处，前端夹持在中指和无名指之间，用大拇指来回反复均匀用力，推动焊丝向前送进熔池中，中指和无名指的作用是夹稳焊丝和控制及调节焊接方向
		焊丝在拇指和中指、无名指中间，用拇指捻送焊丝向前连续送进
断续送丝		断续送丝时，送丝的末端始终处于氩气的保护区内，靠手臂和手腕的上、下反复动作，将焊丝端部熔滴一滴一滴地送入熔池内

　　③ 运弧和填丝。手工氩弧焊的运弧技术与电弧焊不同，与气焊的焊炬运动有点相似，但要严格得多。焊炬、焊丝和焊件相互间须保持一定的距离，如图 2-76 所示。焊件方向一般由右向左，环缝由下向上，焊炬以一定速度前移，其倾角为 70°～85°，焊丝置于熔池前面或侧面，与焊件表面呈 15°～20°。

　　④ 焊枪的移动。手工钨极氩弧焊焊枪的移动方式一般都是直线移动，也有个别情况下做小

幅度横向摆动。焊枪的直线移动有直线匀速移动、直线断续移动和直线往复移动三种，见表 2-35。

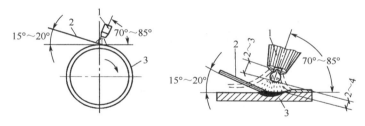

图 2-76 氩弧焊时焊炬与焊丝的位置

表 2-35 焊枪移动方式适用范围

移 动 方 式	图 示	适 用 范 围
直线匀速		适合不锈钢、耐热钢、高温合金薄钢板焊接
直线断续	停顿点	适合中等厚度 3～6mm 材料的焊接
直线往复		主要用于铝及铝合金薄板材料的小电流焊接

焊枪的横向摆动有圆弧"之"字形摆动、圆弧"之"字形侧移摆动和"r"形摆动三种形式，见表 2-36。

表 2-36 焊枪横向摆动适用范围

摆 动 方 式	图 示	适 用 范 围
圆弧"之"字形摆动		适合于大的 T 形角焊缝、厚板搭接角焊缝、Y 形及双 Y 形坡口的对接焊接、因特殊要求而加宽焊缝的焊接
圆弧"之"字形侧移摆动		适合不平齐的角焊缝、端焊缝，不平齐的角接焊、端接焊
"r"形摆动		适合厚度相差悬殊的平面对接焊

⑤ 接头。焊接时不可避免地会有接头，在焊缝接头处引弧时，应把接头处做成斜坡形状，不能有影响电弧移动的盲区，以免影响接头的质量。重新引弧的位置为距焊缝熔孔前 10～15mm 处的焊缝斜坡上。起弧后，与焊缝重合 10～15mm，一般重叠处应减少焊丝或不加焊丝。

⑥ 收弧。常用的收弧方法有增加焊速法、焊缝增高法、电流衰减法和应用收弧板法。

五、其他焊接方法简介

1. 火焰钎焊

火焰钎焊是利用可燃气体与氧气混合燃烧的火焰作为热能的一种钎焊方法，如图 2-77 所示。火焰钎焊的设备简单轻便，燃气来源广，不依赖电力，并能保证必要的质量，且通用性好。

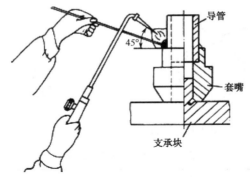

图 2-77　火焰钎焊的操作

　　火焰钎焊的所用设备和工具与气焊用设备相同，也可采用专门的钎焊焊炬代替气焊焊炬。小型焊件火焰钎焊所用工作台如图 2-78 所示，它由金属制成，在下方装有一脚踏转动式圆盘和转动轴，转动轴又与工作台上的小圆盘连接，圆盘上放置耐火砖，钎焊时将焊件放在耐火砖上。

　　钎料是钎焊时用于形成钎缝的填充金属材料。它具有合适的熔点、铺展性和润湿性，且与基体金属间的相互作用要弱，并能形成优质的钎焊接头。钎剂的作用是清除钎料与母材表面的氧化物，并保护焊件和液态钎料在钎焊过程中免于被氧化，从而改善液态钎料对焊件的润湿性。

　　由于一般钎焊接头强度较低，而且装配间隙要求较高，因此钎焊采用搭接接头。通过增加搭接长度来增加接头的抗剪切能力。常用的钎焊接头形式如图 2-79 所示。

图 2-78　火焰钎焊用工作台

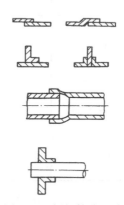

图 2-79　钎焊接头形式

　　钎焊间隙是指在钎焊前，焊件钎焊面的装配间隙。由于钎焊接头的形成主要依靠毛细管作用，而影响毛细管作用的主要因素则是钎焊间隙。间隙太小，钎料流入不畅；间隙太大，则破坏毛细管的作用。因而钎焊接头预留的间隙大小和均匀程度直接决定了钎焊接头的致密性和强度。

　　在生产中，常用滑动配合、定位焊、打冲眼、夹具固定等方法来保证接头间隙数值和焊件的几何形状。

2. 电阻焊

电阻焊是工件组合后通过向电极施加压力，同时利用电流通过接头面及邻近区域时产生的电阻热进行焊接的方法。电阻焊的分类有很多，按照其工艺方法可分为点焊、缝焊和对焊三种，见表 2-37。

表 2-37　电阻焊

分　类	图　　示	说　　明
点焊		点焊是一种高速、经济的连接方法，它主要适用于制造可以采用搭接的工件以及不要求气密的薄板构件，如汽车驾驶室、金属车厢的钣金等
缝焊		焊件装配成搭接或斜对接头并置于两滚轮电极之间，滚轮加压焊件并转动，连续或断续送电，形成一条连续焊缝的电阻焊方法。广泛应用于油桶、罐头罐、暖气片、飞机和汽车油箱，以及喷气发动机、火箭、导弹中密封容器的薄板焊接
对焊		对焊是利用电阻热将两个工件沿整个端面同时焊接起来的一种电阻焊方法。生产效率高，适用于工件的接长、环形工件的对接、部件的组焊和多品种金属的对焊等

3. 埋弧焊

埋弧焊是电弧在焊剂层下燃烧时进行焊接的一种机械化焊接方法，埋弧焊分自动和半自动两种，常用的是自动埋弧焊。图 2-80 所示是自动埋弧焊的示意图。

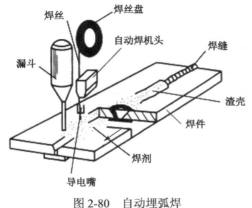

图 2-80　自动埋弧焊

（1）焊接设备

① 埋弧自动焊机。埋弧自动焊机是埋弧焊的基本设备，如图 2-81 所示，它在焊接过程中既能供给焊接电源又能引燃和维持电弧，并可自动送进焊丝、供给焊剂，还能沿焊件接缝自动行走完成焊接。

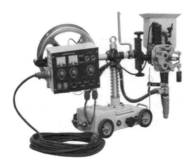

图 2-81　埋弧自动焊机及其工作情况

② 焊接操作机。这是埋弧焊的辅助设备，如图 2-82 所示，它将焊机准确地保持在待焊部位上，并以给定的速度均匀地移动焊机。通过与埋弧自动焊机和焊接滚轮架等设备配合，可方便地完成内外环缝、内外纵缝的焊接，与焊接变位器配合，可焊接球形容器焊缝等。

③ 焊接滚轮架。如图 2-83 所示，焊接滚轮架是靠滚轮与焊件的摩擦力带动焊件一起旋转的一种装置，适用于筒形和球形焊件的纵缝与环缝焊接。

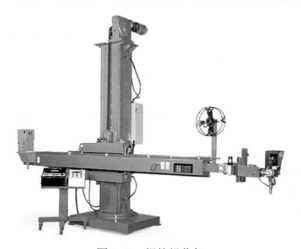

图 2-82　焊接操作机　　　　　　　　　　　图 2-83　焊接滚轮架

为保证滚轮架运行安全可靠以及焊件转速均匀稳定，应使焊件截面中心与两滚轮中心连线的夹角在 50°～110° 的范围内，如图 2-84 所示。

（2）焊接方法

埋弧焊在进行焊接时，多数情况下其焊丝与焊件是相互垂直的。当焊丝与焊件不垂直时，焊缝会形成前倾或后倾。

焊接时，焊丝伸出的长度是指伸出导电嘴外的焊丝长度。一般在细焊的情况下，其伸出的长度为直径的 6～10 倍。

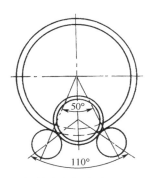

图 2-84　焊件直径与滚轮中心距的关系

　　焊接电流直接决定着焊丝的熔化速度和焊缝的熔深，一般应根据焊件与焊接的工艺条件来选取一个合适的电流。

　　电弧电压与电弧长度成正比。电弧电压增高，电弧长度增长，电弧对焊件的加热面增大，焊缝熔宽加大。由于埋弧自动焊工艺参数的内容较多，而且各种不同情况下的组合对焊缝的形成和焊接的质量都可产生不同的影响，因此，在焊接时，应根据生产经验或查阅相关资料作为参考，然后再进行试焊和检验，最后确定出一个合适的加工工艺方案。

习题与思考题

1．什么是焊接？按基本原理和用途分类，焊接分哪几种？

2．焊接接头和坡口有哪些形式？

3．什么是焊缝？它用什么来表示？其形状参数有哪些？

4．手工电弧焊焊接速度对焊缝成形有何影响？

5．常用手工电弧焊的引弧方法有哪几种？各有什么特点？

6．什么是运条？运条包含哪几个动作？

7．什么是气焊？什么是气割？气焊时如何选择焊丝直径？

8．氧-乙炔火焰有哪几种类别？其比率和应用范围有哪些？

9．CO_2 半自动焊丝送丝方式有哪几种？各有何特点？

10．常用的钨极材料有哪些？其端部的形状和电流有何关系？

11．什么是火焰钎焊？它具备哪些特点？

12．电阻焊按照其工艺方法分为哪几种？

第 3 章　金属加工工艺与技术质量

3.1　金属加工工艺概述

　　金属加工是指用切削刀具从坯料或工件上切除多余材料，得到符合图样要求的几何形状、尺寸精度和表面质量的加工方法。

一、加工运动的主要形式

　　金属加工时，刀具与工件的相对运动称为加工运动。各种金属加工都有特定的加工运动，其形式有旋转的、直线的、连续的、间歇的等，见表 3-1。

表 3-1　机械加工运动的主要形式

加 工 内 容	图　示	工 件 运 动	刀 具 运 动
车削		转动	移动
铣削		移动	转动

续表

加 工 内 容		图　　示	工 件 运 动	刀 具 运 动
刨削	牛头刨		移动	往复运动
	龙门刨		往复运动	移动
钻削			不动	回转运动并移动
磨削	平磨		往复运动	转动并移动
	外圆磨		转动	转动并移动

续表

加工内容		图　示	工件运动	刀具运动
磨削	内磨		转动	转动并移动
	无心磨		转动并移动	转动

二、主运动和进给运动

不论机械加工运动是何种形式，它都划分为主运动和进给运动两类。

1．主运动

主运动是除去工件上多余材料所必需的运动。其特征是速度较高，消耗的功率较大。机械加工中只有一个主运动，如车削时工件的旋转运动、刨削时刀具的往复直线运动等。

2．进给运动

进给运动是使新的切削层不断投入切削的运动，其特点是速度较低，消耗的功率较小，如车削时车刀的移动、刨削时工件的移动。进给运动可以是一个、两个或多个，如车外圆时的纵向进给运动、车端面时的横向进给运动等，如图 3-1 所示。

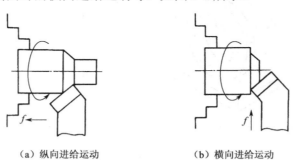

（a）纵向进给运动　　　　　　（b）横向进给运动

图 3-1　车削时的进给运动

在加工运动的作用下，工件上会产生 3 个不断变化的表面，即待加工表面、过渡表面和已加工表面，如图 3-2 所示。

待加工表面——工件上有待切除材料层的表面。

过渡表面——工件上刀具切削刃正在切削的表面。

已加工表面——已切除多余材料后形成的表面。

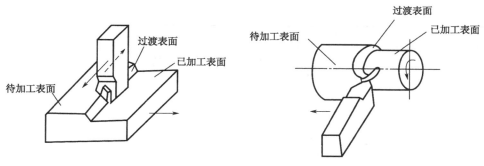

图 3-2 加工表面

三、切削过程与控制

切削过程是指通过切削运动，刀具从工件表面上切除多余的金属层，从而形成切屑和已加工表面的过程。在各种切削过程中，一般都伴有切屑的形成、切削力、切削热及刀具磨损等物理现象，它们对加工质量、生产率和生产成本等都有直接影响。

1．切屑的形成及种类

在切削过程中，刀具推挤工件，首先使工件上的金属层产生弹性变形，刀具继续进给时，在切削力的作用下，金属产生不能恢复原状的滑移（即塑性变形）。当塑性变形超过金属的强度极限时，金属就从工件上断裂下来形成切屑。随着切削继续进行，切屑不断地产生，逐步形成已加工表面。由于工件材料和切削条件不同，切削过程中的材料变形也不同，因而产生了各种不同的切屑，其类型见表 3-2。其中比较理想的是短弧形切屑、短环形螺旋和短锥形螺旋切屑。

表 3-2 切屑形状的分类

切屑形状	长	短	缠 乱
带状切屑			
管状切屑			
盘旋状切屑			
环形螺旋切屑			
锥形螺旋切屑			

续表

切屑形状	长		短	缠乱
弧形切屑				
单元切屑				
针形切屑				

在生产中最常见的是带状切屑，产生带状切屑时，切削过程比较平稳，因而工件表面较光滑，刀具磨损也较慢。但带状切屑过长时会妨碍工作，并容易发生事故，故应采取断屑措施。

2. 切削力

切削加工时，工件材料抵抗刀具切削所产生的阻力称为切削力。切削力是在车刀车削工件的过程中产生的，大小相等、方向相反地作用在车刀和工件上的力。

（1）切削力的分解

为了方便测量，可以把切削力 F 分解为主切削力 F_c、背切削力 F_p 和进给力 F_f 三个分力，如图3-3所示。

主切削力 F_c——在主运动方向上的分力。

背向力（切深抗力）F_p——在垂直于进给运动方向上的分力。

进给力（进给抗力）F_f——在进给运动方向上的分力。

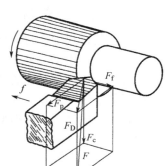

图3-3 切削力的分解

（2）影响切削力的主要因素

切削力的大小跟工件材料、车刀角度和切削用量等因素有关。

① 工件材料。工件材料的强度和硬度越高，车削时的切削力就越大。

② 主偏角 k_r。主偏角变化使切削分力 F_D 的作用方向改变，当 k_r 增大时，背向力 F_p 就减小，而进给力 F_f 就增大。

③ 前角 γ_0。增大车刀的前角，车削时的切削力就降低。

④ 背吃刀量 a_p 和进给量 f。一般车削时，当进给量 f 不变而背吃刀量 a_p 增大一倍时，主切削力 F_c 也会成倍地增大；当背吃刀量 a_p 不变而进给量 f 增大一倍时，主切削力 F_c 增大70%～80%。

四、切削用量

1. 切削三要素

切削用量是衡量主运动和进给运动大小的参数。它包括背吃刀量、进给量和切削速度三要素，其定义、计算等见表3-3。图3-4所示为车削时的各切削要素。

表3-3　切削用量三要素

切削要素	代号	单位	定义	计算
背吃刀量	a_p	mm	工件上已加工表面和待加工表面间的垂直距离	车外圆时： $$a_p = \frac{d_w - d_m}{2}$$ 式中 d_w——待加工表面直径，mm；d_m——已加工表面直径，mm
进给量	f	mm/r	工件或刀具每转或每一行程中，工件和刀具在进给运动方向的相对位移量	$$f = \frac{v_f}{n}$$ 式中 v_f——进给速度（每分钟刀具沿进给方向移动的距离），mm/min；n——主轴转速，r/min
切削速度	v	m/min	切削刃上选定点相对于工件的主运动速度，即主运动的线速度	当主运动为旋转运动时（如车削）： $$v = \frac{\pi d n}{1000}$$ 式中 n——主轴转速，r/min；d——工件或刀具选定点的旋转直径（通常取最大直径），mm 当主运动为往复直线运动时（如刨削）： $$v = \frac{2 L n_r}{1000}$$ 式中 L——往复直线运动的行程长度，mm；n_r——主运动每分钟的往复次数，r/min

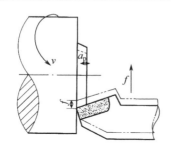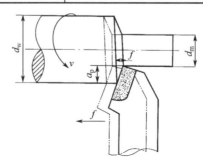

图 3-4　车削时的切削要素

2．切削用量与生产率的关系

衡量生产率高低的指标之一是基本时间。如图3-5所示，为车削外圆时的情形。

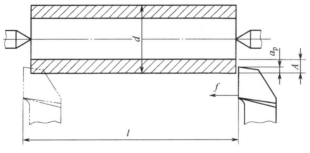

图 3-5　车外圆

由图中可知：

$$t_m = \frac{l}{nf} \times \frac{A}{a_p} = \frac{\pi Adl}{1000vfa_p}$$

式中　t_m——基本时间，min；

　　　　d——工件直径，mm；

　　　　l——刀具行程，mm；

　　　　A——单边加工余量，mm；

　　　　n——工件转速，r/min。

从上式得出，在工件毛坯确定的情况下，提高切削用量 v、f、a_p 中任何一个要素，都可以缩短基本时间，提高生产率，但在提高切削用量时必须考虑机床的功率、工艺系统刚性和刀具及角度等因素。

五、加工生产与工序安排

1. 加工生产过程

将原材料转变成为产品的过程称为生产过程。它主要有四个内容。

（1）生产技术准备

生产技术准备包括产品设计、试验研究、工艺设计、标准化工作、制订生产管理内容、生产资金积累、组建劳动组织以及新产品的试制与鉴定等工作。

（2）生产过程

机械制造的一般过程包括原材料准备、毛坯制造、零件的加工、装配与验收过程等，如图 3-6 所示。

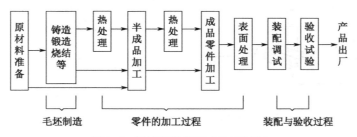

图 3-6　机械零件的基本生产过程

（3）产品装配与调试

产品的装配及调试过程包括装配、调试及验收等工作。装配与调试是将生产出来的各种零件按产品图样的要求组装在一起，并通过调试使产品的各项技术指标达到技术条件中所规定的要求。

验收试验是按产品的技术要求对产品的有关性能进行试验，只有验收试验合格的产品才能出厂交付用户使用。验收试验和贯穿于整个产品生产的检验工作，都是保证产品质量和工艺过程正确实施的措施。

（4）生产服务过程

生产服务过程包括：原材料的供应、工装（工具、刀具、量具、模具等）的供应、动力（电、气、水）的供应、运输业搬运、产品的包装、产品的存储等。现代化生产中，为提高劳动生产率和便于组织专业生产，一种产品往往由许多工厂联合起来共同生产，所以一个工厂的生产过程往往是整个产品生产过程的一部分。一个工厂的生产过程又分散在各车间中进行，各车间生产过程由于专业的不同而各有自己的特点，各车间之间又互相联系。

2．生产纲领和生产类型

（1）生产纲领

生产纲领是指企业在计划期间应当生产的产品产量和进度计划。计划期通常为 1 年，所以生产纲领也通常称为年生产纲领。对于零件而言，产品的产量除了制造机器所需要的数量之外，还要包括一定的备品和废品，因此零件的生产纲领应按下式计算：

$$N = Qn \cdot (1 + a\% + \beta\%)$$

式中　N—零件的年产量（件/年）；

　　　Q—产品的年产量（台/年）；

　　　n—每台产品中该零件的数量（件/台）；

　　　$a\%$—零件的备品率（备品百分率）；

　　　$\beta\%$——零件的废品率（废品百分率）。

生产纲领对生产过程和生产组织有着决定性的作用。因不同车间的专业程度、加工工艺方法、机械加工设备的不同，生产纲领也不相同。

（2）生产类型

生产类型是生产结构类型的简称，是产品的品种、产量和生产的专业化程度在企业生产系统技术、组织、经济效果等方面的综合表现。不同的生产类型所对应的生产系统结构及其运行机制是不同的，相应的生产系统运行管理方法也不相同。按产品的年产量一般可划分为单件生产、成批生产和大量生产三种类型，见表 3-4。各种生产类型的工艺特性见表 3-5。

表 3-4　生产类型的划分

分　类	说　明	加工成本	应　用
单件生产	单件生产的基本特点是生产的产品品种繁多，每种产品仅制造一个或少数几个，而且不再重复生产	高	如新产品试制等
成批生产	成批生产是分批地生产相同的零件，生产呈周期性重复	中等	如机床制造、机车制造等
大量生产	大量生产的基本特点是产品的产量大，品种少，大多数生产设备长期重复地进行某一零件的某一工序的加工	低	如汽车、拖拉机、轴承、自行车等的制造

表 3-5　各种生产类型的工艺特性

生产类型 ＼ 项目	单 件 生 产	成 批 生 产	大 量 生 产
加工对象	经常改变	周期性改变	固定不变
毛坯的制造方法、精度与加工余量	铸件用木模、手工造型。锻件用自由锻。毛坯精度低，加工余量大	采用部分铸件金属模，部分锻件采用模锻。毛坯精度中等，加工余量中等	铸件广泛采用金属模。锻件采用模锻。毛坯精度高，加工余量少
机床设备与其布置形式	均采用通用机床。机床按类别与规格大小排列布置	采用通用机床较多。加工设备按加工零件的类别分段排列布置	高生产率的专用机床和自动机床，机床设备按流水线作业形式排列

生产类型\项目	单件生产	成批生产	大量生产
夹具	多采用标准夹具，很少采用专用夹具，靠划线与试切法达到尺寸精度	专用夹具采用广泛，部分靠划线进行加工	采用先进、高效的夹具，靠夹具与调整法达到加工要求
刀具与量具	采用通用刀具与量具	专用刀具与量具采用较多	采用高生产率的刀具与量具
对操作工人的要求	操作技术熟练	操作熟练，技术能达到一定水平	对操作工人技术要求较低，但对整体工人的技术水平要求较高
工艺文件	有简单的工艺过程卡片	有较详细的工艺规程	有较详细的工艺规程
零件的互换性	广泛采用钳工修配	零件大部分互换性好，少量需要钳工修配	零件全部有互换性，某些配合要求很高的零件采用分组互换

3．工艺过程与组成

（1）划分加工阶段

拟定结构复杂、精度要求高的零件的加工工艺路线时，应将零件的粗、精加工分开进行，即把机械加工工艺过程划分为几个阶段，以便更好地安排零件加工的顺序。通常可将机械加工工艺过程划分为四个加工阶段，见表 3-6。

表 3-6　加工阶段的划分

加 工 阶 段	主 要 任 务	目 的
粗加工阶段	切除各加工表面上的大部分加工余量	获得高的生产率
半精加工阶段	介于粗加工和精加工之间的切削加工过程，主要为工件重要表面的精加工做准备	达到必要的加工精度和留一定的精加工余量，同时完成一些次要表面的终加工
精加工阶段	切削余量少，完成图样加工要求	各主要表面达到图样规定的质量要求
光整加工或超精加工阶段	要求特别高的工件采取的加工方法	提高表面尺寸精度、获得较低的表面粗糙度及使表面强化，一般不用以纠正表面几何形状误差和相对位置误差

（2）工序

一个或一组工人，在一个工作地对同一个或同时对几个工件所连续完成的那一部分工艺过程，称为工序。区分工序的主要依据是设备（或工作地）是否变动和完成的那一部分工艺内容是否连续。机械加工工艺过程由一个或若干个顺序排列的工序组成，毛坯依次通过这些工序逐步变为机器零件，而每一个工序又可以细分为若干个安装、工位、工步和走刀步骤。

① 安装。工件在加工之前，在机床或夹具上占据一正确位置称为定位；然后再予以夹紧的过程称为装夹；工件（或装配单元）经一次装夹后所完成的那一部分工序称为安装。在一道工序中，工件可能只需要一次安装，也可能需要几次安装。一般来说，工件在加工过程中，应尽量减少安装的次数，以减少安装误差和辅助时间。

② 工位。为了完成一定的工序内容，一次装夹工件后，工件（或装配单元）与夹具或设备的可动部分一起相对刀具或设备的固定部分所占据的每一个位置，称为工位。

③ 工步。在一道工序内，常常需要使用不同的工具对不同的表面进行加工，为了便于分析和描述工序的内容，工序还可以进一步划分为工步。工步是指加工表面（或装配时的连接

表面）和加工（或装配）工具不变的情况下，所连续完成的那一部分工序。一道工序可以包括几个工步，也可以只包括一个工步。

④ 走刀。在一个工步内，若被加工表面需要切去的金属层很厚，则要分几次切削，那么每进行一次切削就是一次走刀（即一次工作行程）。一个工步可包括一次或几次走刀。

（3）工艺文件

工艺文件是指导工人操作和用于生产、工艺管理等的各种技术文件。常用的机械加工工艺文件主要有以下三种。

① 机械加工工艺过程卡片。以工序为单位，简要说明产品或零、部件的加工（或装配）过程的一种工艺文件。

② 机械加工工艺卡片。按产品或零、部件的某一加工阶段编制的一种工艺文件。它以工序为单元，详细说明产品（或零、部件）在某一工艺阶段中的工序号、工序名称、工序内容、工艺参数、操作要求以及采用的设备和工艺装备等。

③ 机械加工工序卡片。在工艺过程卡片的基础上，按每道工序所编制的一种工艺文件。一般具有工序简图，并详细说明该工序的每个工步的加工（或装配）内容、工艺参数、操作要求以及所用的设备和工艺装备等，以具体指导工人进行操作，其内容比工艺卡片更详细。

（4）工艺卡片的制订

将工艺规程的内容，填入一定格式的卡片，即成为生产准备和施工依据的工艺文件。在制订工艺规程、编制工艺卡片时，必须保证加工质量、生产效率和经济性三方面的基本需要，并尽可能满足技术上的先进性、经济上的合理性及改善工人的劳动条件等要求。工艺卡片的编制步骤如下。

① 分析零件图样。零件图样是制定工艺的最基本的依据，通过图样可以了解零件的功用、结构特性、技术要求以及零件对材料、热处理等的要求，以便制定合理的工艺规程。

② 确定毛坯。根据零件（或产品）所要求的形状、工艺尺寸等而制成的供进一步加工用的生产对象，称为毛坯。不同种类的毛坯的制造方法是不同的，它们对零件加工的经济性有很大的影响。

③ 选择定位基准。根据制订的选择基准原则进行选择。

④ 拟定零件加工工艺路线。根据各项原则和步骤，通过分析比较，并结合生产实际，拟定最合适的加工工艺路线。

六、切削加工工艺装备

国家标准规定，通用机床的型号由基本部分与辅助部分两部分组成，其表示方法如下：

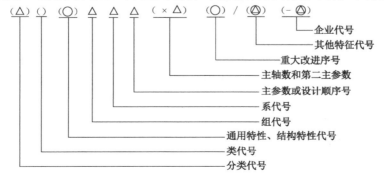

（1）型号构成说明

有（　）的代号或数字，表示有些机床无此内容；O 表示大写的汉字拼音字母；△表示阿拉伯数字；⊜表示大写汉语拼音字母或阿拉伯数字，或者两者兼有。基本部分与辅助部分用"/"分开。基本部分有统一的规定，而辅助部分则由厂家自行确定。

（2）机床类代号

机床按其工作原理划分为车床、钻床、镗床、磨床、齿轮加工机床、螺纹加工机床、铣床、刨插床、拉床、锯床和其他机床共 11 类。机床的类代号用大写的汉语拼音字母表示。机床的类代号见表 3-7。

表 3-7　机床类代号

类别	车床	钻床	镗床	磨床			齿轮加工机床	螺纹加工机床	铣床	刨插床	拉床	锯床	其他机床
代号	C	Z	T	M	2M	3M	Y	S	X	B	L	G	Q
读音	车	钻	镗	磨	二磨	三磨	牙	丝	铣	刨	拉	割	其

（3）机床的特性代号

机床的特性代号包括通用特性代号和结构特性代号，均用大写的汉语拼音字母表示，位于类代号之后。

① 通用特性代号。通用特性代号有统一的固定含义，它在各类机床的型号中表示的意义相同。当某类型机床除有普通型外，还有某种通用特性时，则在类代号之后加通用特性代号予以区分。机床的通用特性代号见表 3-8。

表 3-8　机床的通用特性代号

通用特性	高精度	精密	自动	半自动	数控	加工中心（自动换刀）	仿形	轻型	加重型	简式或经济型	柔性加工单元	数显	高速
代号	G	M	Z	B	K	H	F	Q	C	J	R	X	S
读音	高	密	自	半	控	换	仿	轻	重	简	柔	显	速

② 结构特性代号。对主参数值相同而结构、性能不同的机床，在型号中加结构特性代号予以区分。结构特性代号与通用特性代号不同，它在型号中没有统一的含义，只在同类机床中起区分机床结构、性能的作用。当型号中有通用特性代号时，结构特性代号应排在通用特性代号之后。结构特性代号用汉语拼音字母（通用特性代号已用的字母和"I"、"O"两个字母不能用）表示，当单个字母不够用时，可将两个字母组合起来使用，如 AD、AE、DA、EA 等。

（4）机床的组、系代号

国家标准规定，将每类机床划分为 10 个组，每个组又划分为 10 个系。机床的组代号用一位阿拉伯数字表示，位于类代号或通用特性代号、结构特性代号之后。机床的系代号用一位阿拉伯数字表示，位于组代号之后。机床类、组的划分见表 3-9。

（5）机床的主参数和第二主参数

机床的主参数是机床的重要技术规格，常用折算值表示，位于系代号之后。机床主参数和第二主参数见表 3-10。

表 3-9　机床类、组的划分

类别＼组别	0	1	2	3	4	5	6	7	8	9
车床 C	仪表车床	单轴自动车床	多轴自动、半自动车床	回轮、转塔车床	曲轴及凸轮车床	立式车床	落地及卧式车床	仿形及多刀车床	轮、轴、辊、锭及铲齿车床	其他车床
钻床 Z	—	坐标镗钻床	深孔钻床	摇臂钻床	台式钻床	立式钻床	卧式钻床	铣钻床	中心孔钻床	其他钻床
镗床 T	—	—	深孔镗床	—	坐标镗床	立式镗床	卧式镗床	精镗床	汽车、拖拉机修理用镗床	其他镗床
磨床 M	仪表磨床	外圆磨床	内圆磨床	砂轮机	坐标磨床	导轨磨床	刀具磨床	平面及端面磨床	曲轴、凸轮轴、花键轴及轧辊磨床	工具磨床
磨床 2M	—	超精机	内圆珩磨机	外圆及其他珩磨机	抛光机	砂轮抛光及磨制机床	刀具、刃磨及研磨机床	可转位刀片磨制机床	研磨机	其他磨床
磨床 3M	—	球轴承套圈沟磨床	滚子轴承套圈滚道磨床	滚子套圈超精机	—	叶片磨削机床	滚子加工机床	钢球加工机床	气门活塞及活塞环磨削机床	汽车、拖拉机修磨机床
齿轮加工机床 Y	仪表齿轮加工机	—	锥齿轮加工机	滚齿及铣齿机	剃齿及珩齿机	插齿机	花键轴铣床	齿轮磨齿机	其他齿轮加工机床	齿轮倒角及检查机
螺纹加工机床 S	—	—	—	套螺纹机	攻螺纹机	—	螺纹铣床	螺纹磨床	螺纹车床	—
铣床 X	仪表铣床	悬臂及滑枕铣床	龙门铣床	平面铣床	仿形铣床	立式升降台铣床	卧式升降台铣床	床身式铣床	工具铣床	其他铣床
刨插床 B	—	悬臂刨床	龙门刨床	—	—	插床	牛头刨床	—	边缘及模具刨床	其他刨床
拉床 L	—	—	侧拉床	卧式外拉床	连续拉床	立式内拉床	卧式内拉床	立式外拉床	键槽及螺纹拉床	其他拉床
锯床 G	—	—	砂轮片锯床	—	卧式带锯床	立式带锯床	圆锯床	弓锯床	锉锯床	
其他机床 Q	其他仪表机床	管子加工机床	木螺钉加工机床	—	划线机	切断机	多功能机床	—	—	—

表 3-10　机床主参数和第二主参数

类　别	机床名称	主参数的折算系数	主参数名称	第二主参数名称
车床类	单轴纵切自动车床	1	最大棒料直径	—
	齿轮棒料自动车床	1	最大棒料直径	轴数
	滑鞍转塔车床	1/10	卡盘直径	—
	立式转塔车床	1/10	最大车削直径	—

续表

类 别	机 床 名 称	主参数的折算系数	主参数名称	第二主参数名称
车床类	曲轴车床	1/10	最大工件回转直径	—
	单柱立式车床	1/100	最大车削直径	最大工件高度
	卧式车床	1/10	床身最大工件回转直径	最大工件长度
	多刀车床	1/10	刀架上最大车削直径、最大工件直径	最大工件长度
	铲齿车床	1/10	最大钻孔直径	
钻床类	深孔钻床	1/10	最大钻孔直径	最大钻孔深度
	摇臂钻床	1	最大钻孔直径	最大跨度
	台式钻床	1	最大钻孔直径	—
	圆柱立式钻床	1	最大磨削直径	—
磨床类	外圆磨床	1/10	最大磨削直径	最大磨削长度
	万能外圆磨床	1/10	最大磨削直径	最大磨削长度
	内圆磨床	1/10	最大磨削孔径	最大磨削深度
	万能工具磨床	1/10	最大回转直径	最大工件长度
	卧轴矩台平面磨床	1/10	工作台面宽度	工作台面长度
	立轴矩台平面磨床	1/10	工作台面宽度	工作台面长度
	落地砂轮机	1/10	最大砂轮直径	—
镗床类	立式单柱坐标镗床	1/10	工作台宽度	工作台长度
	卧式镗床	1/10	镗轴直径	—
	卧式镗铣床	1/10	镗轴直径	—
	双面卧式精镗床	1/10	工作台宽度	工件台长度
	缸体轴瓦镗床	1/10	最大镗孔直径	—
铣床类	卧式滑枕铣床	1/100	工作台面宽度	工作台面长度
	龙门铣床	1/100	工作台面宽度	工作台面长度
	立式升降台铣床	1/10	工作台面宽度	工作台面长度
	卧式升降台铣床	1/10	工作台面宽度	工作台面长度
	万能式升降台铣床	1/10	工作台面宽度	工作台面长度
	万能工具铣床	1/10	工作台面宽度	工作台面长度
刨床类	龙门刨	1/100	最大刨削宽度	最大刨削长度
	牛头刨	1/10	最大刨削长度	
拉床类	卧式拉床	1/10	额定拉力	最大行程
	立式内拉床	1/10	额定拉力	最大行程
	卧式内拉床	1/10	额定拉力	最大行程
	立式外拉床	1/10	额定拉力	最大行程

 习题与思考题

1. 什么是主运动？什么是进给运动？

2．切削加工时工件上会形成哪几个表面？其定义是什么？

3．什么是切削过程？切削过程中会产生哪些不同的切屑？

4．什么是切削力？它分为哪几个分力？影响切削力的主要因素是什么？

5．试述切削用量三要素的定义。

6．什么是加工生产过程？它有哪些内容？

7．什么是生产类型？它分为哪几种？

8．如何划分加工阶段？

9．什么是工序？区分工序的主要依据是什么？

3.2 金属加工刀具

一、切削刀具的分类与组成

1．刀具的分类

切削刀具用于将毛坯上多余的材料切除，以获得预期的几何形状、尺寸精度和表面质量要求的零件。因为零件的几何形状和加工要求各不相同，因此，切削刀具也多种多样。切削刀具的分类见表 3-11。

表 3-11　切削刀具的分类

分类方法	种　类	分类方法	种　类
按应用场合	可划分为车刀、钻头、铣刀、铰刀、螺纹切削刀具等	按刀具结构	可分为整体式、焊接式和机夹式
按刀刃数量	可分为单刃刀具与多刃刀具（单刃刀具是指仅有一条主切削刃的刀具，如车刀；多刃刀具是指有两条或两条以上的主切削刃的刀具，如钻头、丝锥等）	按刀具材料	可分为高速钢刀具、硬质合金刀具、陶瓷刀具、超硬材料刀具等

2．刀具切削部分的构成

刀具的种类很多，结构各异，但其切削部分都由前面、主后面、副后面、主切削刃、副切削刃等组成，如图 3-7 所示。

① 前面。刀具上切屑流过的表面，用符号 A_γ 表示。

② 主后面。与工件上过渡表面相对的刀面，用符号 A_a 表示。

③ 副后面。与工件上已加工表面相对的刀面，用符号 A'_a 表示。

④ 主切削刃。前面与主后面的交线，担负着主要的切削工作，与工件上过渡表面相切，用符号 S 表示。

⑤ 副切削刃。前面与副后面的交线，配合主切削刃完成少量的切削工作，用符号 S' 表示。

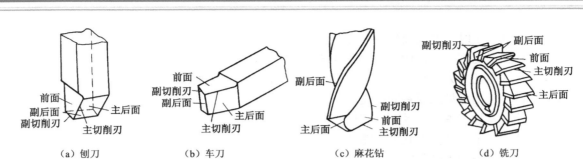

（a）刨刀　　　　　（b）车刀　　　　　（c）麻花钻　　　　　（d）铣刀

图 3-7　刀具切削部分的组成

二、刀具材料必备性能和常用刀具材料

1．刀具材料应具备的主要性能

在金属切削过程中，刀具切削部分须承受很大的压力作用，受到剧烈的摩擦，并产生很高的温度。也就是说，刀具切削部分是在高温、高压与剧烈摩擦的条件下工作的。因此，刀具切削部分必须具备以下性能。

（1）高硬度

刀具材料的硬度必须高于被加工材料的硬度，通常比工件材料的硬度高 1.3～1.5 倍，常温硬度应高于 60HRC。

（2）高耐磨性

刀具在切削过程中与工件产生剧烈的摩擦，因此刀具必须具备抵抗磨损的能力。这就是刀具的耐磨性。它是刀具材料的硬度、强度、化学成分、金相组织等的综合效果。材料中的硬质点（碳化物、氮化物等）的硬度越高、数量越多、均匀分布状态越好，刀具的耐磨性能就越好。

（3）足够的强度和韧性

切削时刀具要承受很大的切削力、冲击力和振动，所以刀具材料应具备足够的强度和韧性。强度和韧性反映刀具材料抵抗脆裂和崩刃的能力。强度和韧性越高，能承受的切削力越大，抗冲击和振动的能力就越强，刀具脆裂和崩刃的倾向就越小。

（4）高耐热性

耐热性又称红硬性或高温硬度，是指材料在高温下仍能保持其高硬度、高耐磨性等力学性能，是衡量刀具材料优劣的主要指标。刀具材料的耐热性能越高，其在高温状态下原有性能发生变化的可能性就越小，其切削性能就越好，允许的切削速度也越高。

（5）较好的工艺性能

工艺性能是指刀具的可切削性能、可磨削性能、可锻性、可焊接性和热处理性能等。刀具材料若不具备这些工艺性能，就不能满足刀具制造的要求。

2．常用刀具材料

刀具材料通常是指其切削部分的材料。它分为：工具钢（包括碳素工具钢、合金工具钢、高速钢）、硬质合金、陶瓷和超硬材料四大类。各类刀具材料的主要性能见表 3-12。

表 3-12　各类刀具材料的主要性能

材料种类		硬度 HRC / HRA（HV）	抗弯强度/ (GPa)	冲击韧性/ (MJ/m²)	耐热性/(℃)	性能变化
工具钢	碳素工具钢	60~65 / 81.2~84	2.16	—	200~500	强度 韧性 抗冲击性 ↓ ／ 硬度 耐磨性 切削速度 ↑
	合金工具钢	60~65 / 81.2~84	2.35	—	300~400	
	高速钢	63~70 / 83~86.6	1.96~4.41	0.098~0.588	600~700	
硬质合金	钨钴类	— / 89~92	1.08~2.16	0.019~0.059	800	
	钨钛钴类	— / 89~92.5	0.882~1.37	0.0029~0.0068	900	
	钨钛钽（铌）钴类	— / ≈92	≈1.47	—	1000~1100	
陶瓷	氧化铝基陶瓷	— / 91~95	0.44~0.686	0.0049~0.0117	1200	
	氮化硅基陶瓷	（5000）	0.735~0.83	—	1300	
超硬材料	人造金刚石	（10000）	0.21~0.48	—	700~800	
	立方氮化硼	（8000~9000）	~0.294	—	1400~1500	

3．硬质合金

（1）硬质合金的组成与主要性能特点

硬质合金是用钨和钛的碳化物粉末加钴作为黏结剂，高压压制成形后再经高温烧结而成的粉末冶金制品。硬质合金的物理、力学性能取决于碳化物的种类、数量、粉末颗粒的粗细和分布的均匀程度以及黏结剂的多少等。硬质合金的硬度、耐磨性和耐热性比高速钢高几倍至几十倍，温度可达 800~1000℃。切削钢时，切削速度可达 220m/min 左右。硬质合金的缺点是抗弯强度和韧性较低、脆性大，承受不了大的冲击和振动。目前常用硬质合金的牌号、成分、主要性能和用途见表 3-13。

表 3-13　硬质合金的牌号、成分、主要性能和用途

种类	牌号	化学成分				物理、力学性能				密度/ (g/cm³)
		WC	TiC	TaC/ (NbC)	Co	硬度/ (HRA)	抗弯强度/ (GPa)	冲击韧性/ (MJ/m²)	导热系数/ (W/m·k)	
K 类（钨钴类）	YG3	97			3	91.0	1.20		87.9	14.9~15.3
	YG6	94			6	89.5	1.45	0.03	79.6	14.6~15.0
	YG8	92			8	89.0	1.50		75.4	14.5~14.9
	YG3X	97		<0.5	3	91.5	1.10			15.0~15.3
	YG6X	93.5		<0.5	6	91	1.4		79.6	14.6~15.0

续表

种 类	牌 号	化 学 成 分				物理、力学性能				密度/ (g/cm³)
		WC	TiC	TaC/ (NbC)	Co	硬度/ (HRA)	抗弯强度/ (GPa)	冲击韧性/ (MJ/m²)	导热系数/ (W/m·k)	
P类 (钨钛钴类)	YT5	85	5		10	89.5	1.40		62.8	12.5～13.2
	YT15	79	15		6	91	1.15		33.5	11.0～11.7
	YT30	66	30		4	92.5	0.90	0.003	20.9	9.35～9.70
M类 [钨钛钽 (铌) 钴类]	YW1	84	6	4	6	92	1.20			12.6～13.5
	YW2	82	6	4	8	91	1.35			12.4～13.5

注：牌号含义：Y——硬质合金，G——钴（其后数字表示 Co 的百分含量），T——碳化钛（其后数字表示 TiC 的百分含量），W——通用型硬质合金，X——细晶粒。

（2）常用硬质合金及其选用

硬质合金中，含钴量越多，强度和韧性越好；含碳化物越多，耐热性越高。正确选用硬质合金，对于充分发挥硬质合金的切削性能具有十分重要的意义。常用硬质合金的切削特点及其应用情况见表 3-14。

表 3-14 常用硬质合金的切削特点及其应用情况

种 类	牌 号	切 削 特 点	应 用 场 合
K 类	YG	切削脆性金属时，切屑呈崩碎状，切削热、切削力、冲击力集中在刃口旁的前刀面上，使切削区域的温度升高，且易造成崩刃。在切削钢件时，因与钢摩擦，抗黏结性较差，易发生黏结磨损	主要用于加工铸铁等脆性金属材料。这类硬质合金中，Co 含量多的适宜粗加工，Co 含量较少的适宜精加工
P 类	YT	切削钢件时产生的塑性变形大、摩擦剧烈、切削温度高，易与刀具发生黏结。由于 TiC 的加入，具有较高的耐热性、耐磨性和较好的抗黏结能力	主要用于加工钢件等塑性金属材料。这类硬质合金中，TiC 含量多的适宜粗加工，TiC 含量较少的适宜精加工
M 类	YW	又称通用合金，以 TaC 或 NbC 代替了部分 TiC，提高了硬质合金的高温硬度和高温强度	既可加工铸铁、有色金属，又可加工钢件，还可加工高温合金、不锈钢等难加工材料

（3）其他硬质合金

其他硬质合金的特性与应用见表 3-15。

表 3-15 其他硬质合金的特性与应用

种 类	特 性	应 用 场 合
碳化钛基 硬质合金	以 TiC 为主要成分，加入了少量的 WC、NbC，以 Ni 和 Mo 为黏结剂，大大提高了硬质合金的耐磨性和耐热性，以及抗黏结能力，不易发生黏刀和产生积屑瘤。切削速度可达 300～400m/min，但强度和韧性较低	主要用于合金钢、淬火钢的精加工，不适宜在冲击、振动、大切削力的场合使用
钢结构 硬质合金	以 TiC 或 WC 做硬质相（占 30%～40%），高速钢做黏结相（60%～70%），属高速钢基硬质合金。它具有良好的耐热性、耐磨性和韧性，且可锻造性、热处理性和可切削性较好	可制作结构复杂的刀具。如钻头、铣刀等

续表

种　类	特　性	应 用 场 合
细晶粒、超细晶粒硬质合金	普通硬质合金中的 WC 粒度为几微米，细晶粒合金平均粒度在 1.5μm 左右，大多数在 0.5μm 以下。与相同成分的硬质合金比较，抗弯强度提高了 0.6~0.8GPa，硬度提高了 1.5~2HRA，在中、低速及断续切削的状态下不易发生崩刃	主要用于合金钢等结构较复杂的刀具
涂层硬质合金	在硬质合金表面用化学气相沉积法工艺，涂覆一层或多层难熔金属碳化物。与非涂层硬质合金相比，涂层硬质合金的硬度、耐磨性和耐热性有了很大的提高	多用于机夹不重磨刀片

4．陶瓷与超硬刀具材料

（1）陶瓷刀具

这是以氧化铝（Al_2O_3）或氮化硅（Si_3N_4）为基体，再添加少量金属，在高温下烧结而成的一种刀具材料。它具有高硬度和高耐磨性、高耐热性、高的化学稳定性，但其强度和韧性差，为硬质合金的 1/2，因而易崩刃。陶瓷刀具材料的种类、制造工艺、性能和应用见表 3-16。

表 3-16　陶瓷刀具材料的种类、制造工艺、性能和应用

种　类	制 造 工 艺	性　能	应　用
氧化铝基陶瓷	将一定量的碳化物（常用 TiC）添加到 Al_2O_3 中，并采用热压工艺制成	TiC 的质量分数达 30%左右时即可有效提高陶瓷的密度、强度和韧度，改善耐磨性与抗热振性，使刀片不易破损	加工高强度的调质钢、镍基或钴基合金与非金属材料
氮化硅基陶瓷	将硅粉经氮化、球磨后，添加助烧剂，置于模腔内热压烧结而成	硬度达 1800~1900HV，耐磨性好，其最大的特点是能进行高速切削，切削速度可提高到 500~600m/min	精车和半精车灰铸铁、球墨铸铁和可锻铸铁等材料，还可车削 51~54HRC 镍基合金、高锰钢等难加工材料

（2）超硬刀具材料

这种刀具材料具有很高的硬度和耐磨性、导热性等，属于高速切削刀具。它通常焊接在硬质合金刀片的一角。

超硬刀具材料有金刚石和立方氮化硼两种。金刚石是在高温、高压下由石墨转化而成的，是目前人工制造出的最坚硬的物质。可用于加工硬质合金、陶瓷等硬度达 65~70HRC 的材料和高硬度的非金属材料以及有色金属。但其热稳定性差，切削温度不能超过 750℃，只适宜微量切削，由于与铁元素的强烈的化学亲和力，因此不能用于钢材的加工。

立方氮化硼（CBN）是一种人工合成的新型刀具材料，由六方氮化硼（白石墨）在高温、高压下加入催化剂转化而成，它用于高温合金、冷硬铸铁、淬硬钢等难加工材料的加工。

三、刀具角度及其选择

1．定义和测量刀具角度的参考系

刀具几何角度是确定刀具切削部分几何形状与切削性能的重要参数。用于定义和测量刀

具角度的基准坐标平面称为参考系。参考系分标注参考系（静态参考系）和工作参考系（动态参考系）两类。标注参考系是刀具设计、制造、刃磨和测量的基准，工作参考系是确定工作状态下刀具角度的基准。标注参考系有：正交平面参考系、法平面参考系、进给平面参考系和切深平面参考系，最常用的是正交平面参考系。它由基面 P_r、切削平面 P_s 和正交平面 P_o 组成，见表 3-17。

表 3-17　正交平面参考系

组成平面	符号	定义	图示
基面	P_r	通过主切削刃上的任一点，并垂直于该切削速度方向的平面	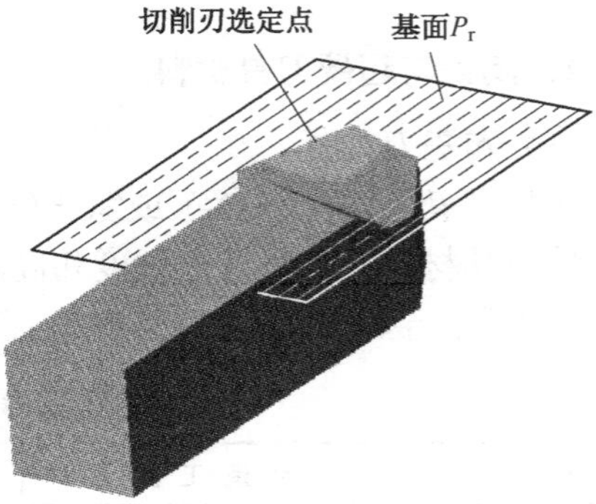
切削平面	P_s	通过刀刃上的任一点，切入工件过渡表面并垂直于基面的平面	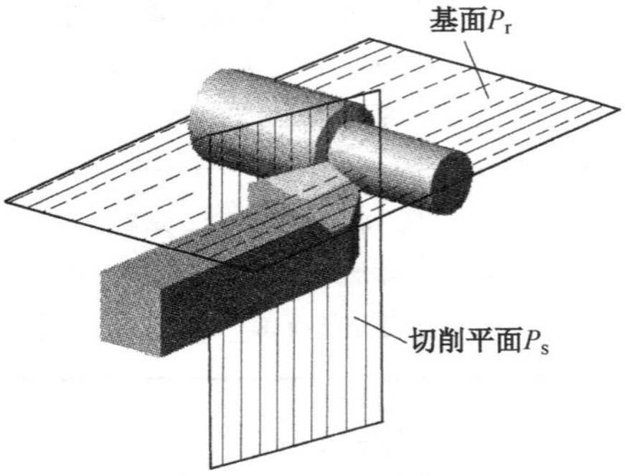
正交平面	P_o	通过主切削刃上某一选定点，同时垂直于基面和切削平面的平面，也叫主剖面或主截面	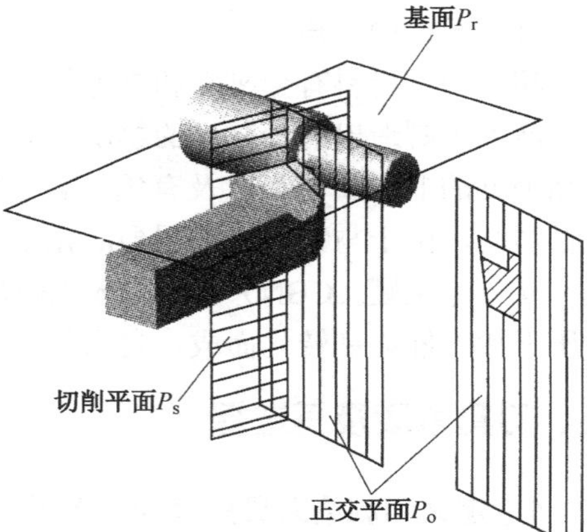

如果切削刃选定点在副切削刃上，则所定义的是副切削刃标注参考系的坐标平面，应在相应的符号右上角加标"′"以示区别。并在坐标面名称前标注"副切削刃"，简称副刃，如图 3-8 所示。

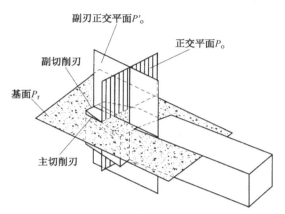

图 3-8　副刃正交平面与正交平面和基面

2．刀具主要角度的作用与选择

（1）几何角度的定义与作用

刀具的切削性能、锋利程度与强度主要由刀具的几何角度来决定。刀具的几何角度包括前角、后角、主偏角、偏角、刃倾角等主要角度及派生角度刀尖角和楔角等，如图 3-9 所示。刀具切削部分几何角度的定义、作用见表 3-18。

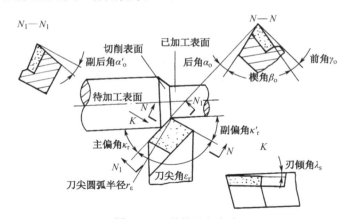

图 3-9　刀具的几何角度

表 3-18　刀具切削部分几何角度的定义、作用

名　称		代　号	定　义	作　用
主要角度	主偏角	k_r	主切削刃在基面上的投影与进给运动方向之间的夹角。常用车刀主偏角有 45°、75°、90° 等	改变主切削刃的受力、导热能力，影响切屑的厚度
	副偏角	k_r'	副切削刃在基面上的投影与背离进给运动方向之间的夹角	减少副切削刃与工件已加工表面的摩擦，影响工件表面质量及车刀强度

名　称		代　号	定　义	作　用
主要角度	前角	γ_o	前刀面与基面间的夹角	影响刃口的锋利程度和强度，影响切削变形和切削力
	后角	α_o	主后刀面与主切削平面间的夹角	减少刀具主后面与工件过渡表面间的摩擦
	副后角	α_o'	副后面与副切削平面间的夹角	减少刀具副后面与工件已加工表面的摩擦
	刃倾角	λ_s	主切削刃与基面间的夹角	控制排屑方向
派生角度	刀尖角	ε_r	主、副切削刃在基面上的投影间的夹角	影响刀尖强度和散热性能
	楔角	β_o	前面与后面间的夹角	影响刀头截面的大小，从而影响刀头的强度

（2）刀具工作角度与其对切削的影响

1）工作参考系与工作角度

① 工作角度形成的原因。刀具标注角度通常用于刀具刃磨时的衡量，假定运动条件和假定安装条件是确定的，也就是没有考虑刀具实际安装情况的影响和进给运动的影响。

实际上，刀具安装位置、进给运动的变化，都会引起刀具工作角度的变化，使之与刀具标注角度不相同。在某些情况下，刀具工作角度的变化会影响正常的切削加工，造成干涉，甚至不能进行切削。如图 3-10 所示的三把刀具标注角度完全相同，但由于合成切削运动方向 v_e 的不同，后刀面与加工表面之间的相对位置关系有很大的不同。图 3-10（a）中后刀面与工件已加工表面之间的相对位置关系较为合适；图 3-10（b）中的后刀面与工件已加工表面完全接触，摩擦严重；图 3-10（c）中的后刀面与切削表面发生干涉，切削无法进行。

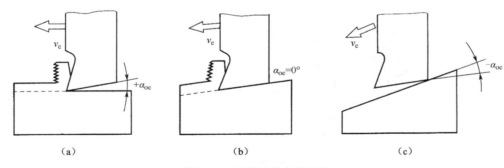

（a）　　　　　　　　　　（b）　　　　　　　　　　（c）

图 3-10　刀具工作角度示意

② 工作参考系与静态参考系的区别。以切削过程中的刀具与工件的实际相对位置和相对运动为基础建立的参考系称为工作参考系。用工作参考系定义的刀具角度称为工作角度。

工作参考系（即动态参考系）与静态参考系（即标注参考系）的区别为：用合成切削运动 v_e 代替假定主运动 v，用刀具实际安装条件代替假定安装条件。

2）工作角度的影响因素

① 刀具安装对角度的影响。车外圆时，车刀装得高于或低于工件旋转中心时，由于基面和切削平面发生变化，因此车刀的前角和后角也随之发生变化。如图 3-11 所示，当车刀高于工件轴线中心时，车刀工作后角减小，工作前角增大，车刀后刀面与工件之间的摩擦增大；当车刀低于工件轴线中心时，车刀工作后角增大，工作前角减小，切削阻力增大。

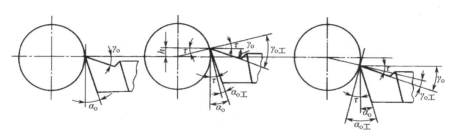

（a）车刀实际工件角度　　　（b）高于工件轴线中心的变化　　　（c）低于工件轴线中心的变化

图 3-11　车刀高于或低于工件轴线中心前、后角的变化

刀具安装不正确，出现歪斜，会使主偏角、副偏角的数值发生变化。车外圆时，如果刀柄向右歪斜，会使主偏角增大，副偏角减小；相反，会使主偏角减小，副偏角增大，如图 3-12 所示。

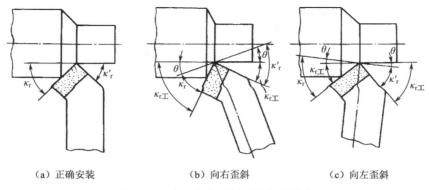

（a）正确安装　　　　　　（b）向右歪斜　　　　　　（c）向左歪斜

图 3-12　车刀安装歪斜对偏角的影响

② 进给运动对工作角度的影响。切削时，主运动和进给运动合成的运动为合成切削运动。切削刃上选定点相对于工件的瞬时合成切削运动速度称为合成切削速度 v_e。车削外圆时的合成切削运动如图 3-13 所示。主运动方向与合成运动方向之间的夹角称为合成切削速度角，用 η 表示。

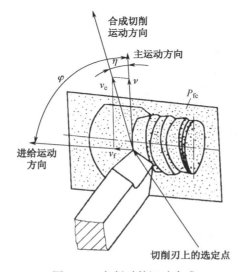

图 3-13　车削时的运动合成

③ 工件形状对刀具几何角度的影响。当工件不是圆形时（如车凸轮），由于加工时引起刀具切削平面的变化，因此刀具前角和后角也会随之改变，如图3-14所示。

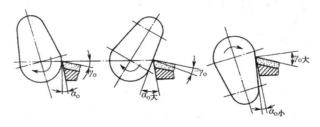

图3-14　工件形状对刀具角度的影响

（3）刀具几何角度的选择

① 前角和前刀面形状的选择。前刀面在正交平面 P_o 内通常有四种形式，见表3-19。选择前角的基本原则是"锐中求固"，即在保证刀具强度足够的条件下，力求锋利，同时要根据加工性质、刀具材料、工艺系统刚性来选择。

表3-19　前刀面的四种形式

刀面的形式	图　　示	说　　明	应　　用
正前角平面形		结构简单，刀刃锋利，强度差，传热能力差，切削变形小，不易折断	多用于各种高速钢刀具和切削刃形状较复杂的成形车刀以及铸铁、青铜等脆性材料用的硬质合金刀具
正前角平面带倒棱形		在正前角切削刃附近的前刀面上磨出很窄的棱边，对脆性大的硬质合金刀具来说，为改善切削性能，可采用较大的前角	多用于粗加工铸锻件或断续切削
正前角曲面带倒棱形		在平面带倒棱的基础上，前刀面上又磨出一个曲面，增大前角，并能起到卷屑的作用，其曲面圆弧半径 R_n 由前角和曲面槽宽 W_n 而定	在粗加工和半精加工中采用较多

续表

刀面的形式	图　示	说　明	应　用
负前角平面形		切削高强度、高硬度的材料时，为使脆性大的硬质合金刀片承受压应力而采用负前角	用于加工淬硬钢、高锰钢等材料

② 后角的选择。后角的选择原则是在保证刀具有足够的强度和散热体积的基础上，再保证刀具锋利和减小后刀面与工件的摩擦。所以后角的选择应根据刀具、工件材料和加工条件而定。在粗加工时以确保刀具强度为主，应取较小的后角，一般为 $\alpha_o=4°\sim6°$；在精加工时以保证加工表面质量为主，一般取 $\alpha_o=8°\sim12°$。

工件硬度高、强度大或者加工脆性材料时取较小的后角，反之后角可取大些。高速钢刀具的后角比同类型的硬质合金车刀稍大一些，一般车刀的副后角取和主后角相同的数值。但切断刀受刀头强度的限制，副后角 $\alpha_o'=1.5°\sim2°$。

③ 主偏角的选择。主偏角主要根据加工条件、工件材料的性能和工艺系统刚性及工件表面形状的要求进行合理的选择。

④ 副偏角的选择。副偏角的合理数值首先应满足加工表面质量的要求，再考虑刀尖强度的散热体积。

⑤ 刃倾角的选择。刃倾角有正、负、零三值，其正负规定见表 3-20。加工普通碳钢和灰铸铁时取 $\lambda_s=0°\sim5°$；有冲击负荷时，$\lambda_s=-5°\sim-15°$；切削淬硬钢时，$\lambda_s=-50°\sim-12°$。工艺系统刚性不足时，尽量不用负值的刃倾角。微量精车外圆、精车内孔时，可采用较大的刃倾角，$\lambda_s=45°\sim75°$。

表 3-20　刀具刃倾角的正负值规定

内　容	说明与图解		
	正　值	零　度	负　值
正负值规定			
	刀尖位于主切削刃最高点	主切削刃和基面平行	刀尖位于主切削刃最低点
排屑情况			
	流向待加工表面方向	从垂直主切削刃方向排出	流向已加工表面方向

续表

内 容	说明与图解		
	正 值	零 度	负 值
刀头受力点位置	$\lambda_s>0°$ 刀尖 S	$\lambda_s=0°$ 刀尖 S	$\lambda_s<0°$ 刀尖 S
	刀尖强度较差,车削时冲击点先接触刀尖,刀尖易损坏	刀尖强度一般,冲击点同时接触刀尖和切削刃	刀尖强度较高,车削时冲击点先接触远离刀尖的切削刃处,从而保护了刀尖

四、刀具的磨损与耐用度

1. 刀具的磨损形式

刀具的磨损主要是刀面的磨损,其形式与磨损情况见表 3-21。

表 3-21 刀具的磨损形式

磨 损 形 式	图 示	说 明	原 因
前刀面磨损		在高温、高压条件下,切屑在流出过程中与前刀面发生摩擦造成前刀面磨损,其形似月牙洼,磨损量以其深度 KT 表示	切削塑性金属,切削速度高,切削厚度较大
后刀面磨损		主要发生在与切削刃毗邻的后刀面上。后刀面磨损后,后角被磨损至零度时的棱面高度的平均值用 VB 表示	切削脆性金属,切削速度低,切削厚度较小
前、后刀面磨损		这是前、后刀面同时磨损的一种情况	在切削塑性金属时经常会发生

2. 刀具磨损过程

刀具磨损的过程分为三个阶段,如图 3-15 所示。

初期磨损阶段——新刃磨的刀具其刀面表面粗糙度较大,具有微观裂纹、氧化或脱碳层等缺陷。这一阶段的时间较短,磨损较快,通常磨损量为 0.05~0.10mm,磨损量的大小与刃磨的质量有关。

正常磨损阶段——经过初期磨损后,因刀具的表面逐渐磨平而进入正常磨损阶段。这一阶段的磨损较为缓慢和均匀,磨损量随切削时间的增长而成比例增加。它是刀具的有效工作阶段，刀具的使用不应超出这一阶段。

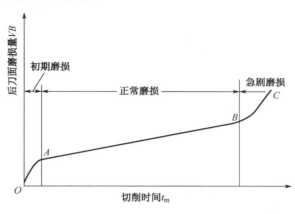

图 3-15　刀具磨损过程曲线

急剧磨损阶段——当磨损量增加至一定限度后，切削力急剧增大，切削温度迅速升高，磨损量大幅度增大，致使刀具切削性能急剧下降，以致失去切削能力，出现刀具烧坏或崩刃等不良现象。

3．刀具的磨钝标准

刀具的磨钝标准也就是判断刀具磨损的依据，它是指刀具允许磨损的量值。刀具磨损值达到了规定的磨钝标准时就应该重新刃磨刀具或更换刀具，否则会影响工件加工质量，并同时加快刀具的磨损，从而减少刀具重磨次数，增加重磨难度，缩短刀具使用寿命。

通常以刀具后刀面磨损带中间部分的平均磨损量允许达到的最大值作为刀具磨钝标准，以 VB 表示，如图 3-16 所示。

在实际生产中，较少用磨钝标准值 VB 去判断刀具的磨损情况，而是凭感观去判断，如通过观察工件已加工表面的粗糙度变化、切屑颜色的变化、切屑形态的变化，听噪声的大小，感觉切削时产生的振动等。

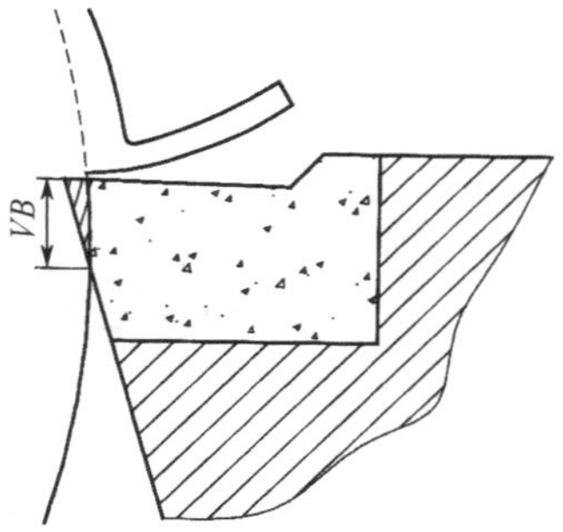

图 3-16　刀具磨钝标准

4．影响刀具耐用度的因素

影响刀具磨损的因素也就是影响刀具耐用度的因素，此外，磨损限度的大小也影响刀具耐用度。

（1）切削用量方面

增大切削用量，会使切削温度升高。切削用量中，对刀具耐用度影响最大的是切削速度 v，进给量 f 和背吃刀量 a_p 对刀具的影响要小得多，其中背吃刀量的影响又比进给量 f 的影响小得多。因此，要提高切削效率，应先增大背吃刀量，而不能盲目地追求切削速度。

（2）工件材料方面

工件材料的强度、硬度越高，导热性能就越差，切削温度越容易升高，则刀具耐用度相对越低。

（3）刀具材料方面

刀具材料是影响刀具耐用度的重要因素。合理选用刀具材料、应用新型材料，是提高刀具耐用度的有效途径。通常情况下，刀具材料的耐热性越高，其刀具耐用度就越大。图 3-17所示为在相同切削条件下切削合金钢时用高速钢、硬质合金、陶瓷三种刀具材料的 v-T 曲线的比较。

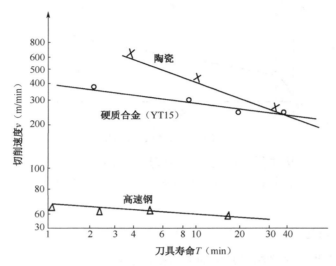

图 3-17　刀具材料对刀具耐用度的影响

（4）刀具几何参数方面

合理选用刀具几何参数能明显提高刀具耐用度。实际生产中常用刀具耐用度来衡量刀具几何参数的合理性。

 习题与思考题

1．刀具切削部分通常由哪几部分构成？各用何符号表示？

2．刀具材料应具备哪些主要性能？

3．硬质合金主要分为哪几种？其切削特点是什么？各适应什么场合？

4．什么是参考系？它分为哪两类？

5．什么是基面、切削平面和正交平面？

6．刀具的主要角度有哪些？其定义和作用是什么？

7．影响刀具工作角度的因素有哪些？

8．如何选择刀具几何角度？

9．刀具磨损的主要形式有哪些？其原因是什么？

10．刀具的磨钝标准是什么？实际生产中应该如何判断？

3.3 金属加工精度

一、精度与误差

加工精度是指零件在加工后的几何参数（尺寸、几何形状和轮廓要素、中心要素间相互位置）的实际值与理论值相符合的程度。它是加工质量的重要指标，直接影响设备工作性能和使用寿命。采取相应的工艺措施，确保零件的加工精度，是金属加工工艺学的重要内容。

加工误差是指零件加工后的实际几何参数（尺寸、几何形状和轮廓要素、中心要素间相互位置）相对理想几何参数的偏离程度，是表示加工精度高低的一个数量指标。一个零件的加工误差越小，加工精度越高。

工艺系统（机床、夹具、刀具、工件构成的整个系统）的各种误差影响着零件的加工精度。工艺系统的误差一部分与工艺系统本身的结构状态有关，一部分与切削过程有关，与之相应的误差分别称为静误差和动误差。

所谓静误差是指在机械加工之前就已存在的机床、夹具、刀具本身的制造误差、安装误差等。所谓动误差是指在切削加工过程中，由于切削力、切削热、摩擦等因素作用，使工艺系统产生受力变形、受热变形、刀具磨损、内应力变化，影响工件与刀具在调整中获得的相对位置精度，而引起的各种加工误差。

二、影响加工精度的因素

1. 机床主轴回转精度

回转运动的精度主要取决于加工过程中其回转中心相对刀具或工件的位置精度，即主要取决于机床主轴的回转精度。

主轴回转误差可分为三种基本形式：纯轴向窜动、纯径向跳动和纯角度摆动，如图 3-18 所示。

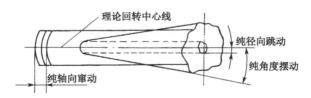

图 3-18　主轴回转误差的基本形式

车削时，主轴的纯径向跳动对工件的圆度影响很小，如图 3-19 所示。

主轴的纯轴向窜动对内、外圆加工没有影响，但所加工的端面却与内、外圆不垂直。主轴每转一周，就要沿轴向窜动一次，向前窜动的半周中形成右螺旋面，而向后窜动的半周中形成左螺旋面，最后切出如同端面凸轮一样的形状，并在端面中心附近出现一个凸台，如图 3-20 所示。

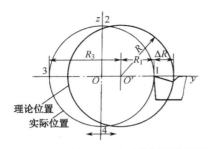

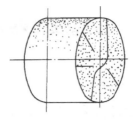

图 3-19　主轴纯径向跳动对车削圆度的影响　　　图 3-20　主轴纯轴向窜动对端面加工的影响

受主轴纯角度摆动的影响，车削时仍然得到一个圆的工件，但工件呈圆锥形；车削孔时，车出的孔呈椭圆形，如图 3-21 所示。

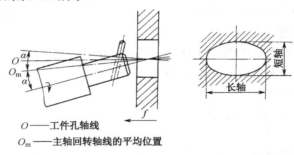

O ——工件孔轴线

O_m ——主轴回转轴线的平均位置

图 3-21　主轴纯角度摆动对车削孔的影响

2. 工艺系统受力变形

在切削加工中，工艺系统在切削力、夹紧力、传动力、重力、惯性力等外力作用下会产生相应的变形，使工件和刀具的静态相对位置发生变化，从而产生加工误差。

如在车削细长轴时，由于轴的弯曲变形，车削完成后轴就会出现中间粗两头细的形状误差，如图 3-22 所示；而对于在内圆磨床上以切入式磨孔时，由于内圆磨头轴的弹性变形，内孔会出现锥度误差，如图 3-23 所示。

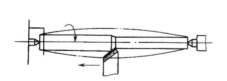

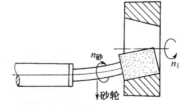

图 3-22　细长轴车削时的受力变形　　　　图 3-23　切入式磨孔时磨头轴的受力变形

3. 工艺系统热变形

在机械加工过程中，工艺系统在各种热源的影响下，常产生复杂的变形，破坏了工件与刀具相对位置和相对运动的准确性，产生加工误差。工艺系统热变形的重点在机床和工件上。

（1）机床热变形

图 3-24 所示为车床在工作状态下的热变形。由于主轴箱的热变形导致主轴轴线抬高，同时还发生倾斜，导轨也会产生弯曲变形，结果造成车床前后顶尖连线与导轨不平行。

（2）工件热变形

零件在加工中所产生的热变形，主要是切削热的作用。为了减少工件热变形对加工精度的影响，可采取以下措施：

① 在切削区加注充足的切削液进行冷却。

② 粗、精加工分开，使粗加工的余热带不到精加工工序中。

③ 保证刀具和砂轮的锋利性，以减少切削热和磨削热。

④ 保证工件在夹紧状态下有伸缩的自由（如在加工细长轴时采用弹簧后顶尖等）。

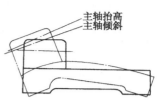

图 3-24　车床的热变形

（3）刀具的热变形

在切削加工中，大部分切削热被切屑带走，传给刀具的切削热只占小部分。但是由于刀具的体积小，所以刀具有相当高的温度并产生热变形。加工短小零件时受刀具热变形的影响较小，加工较长工件时影响较大。

三、保证加工精度的工艺措施

1. 直接减少误差法

直接减少误差法是在确认产生加工误差的主要因素之后，设法对其直接进行消除或减少的方法。

在车削细长轴时，工件会产生弯曲变形。为了消除和减小变形误差，可采取下列措施。

① 如图 3-25 所示，采用反向进给切削方法，即进给方向由卡盘指向尾座，这样既可消除轴向切削力 F_f 使工件从切削点到尾座间的压弯问题，又可消除因热伸长而引起的弯曲变形。

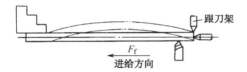 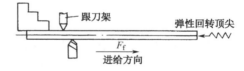

（a）正向进给时 F_f 对细长轴起压缩作用　　　　（b）反向进给时 F_f 对细长轴起拉伸作用

图 3-25　正向进给和反向进给车削细长轴的比较

② 采用反向切削和大的主偏角车刀，增大了 F_f，工件在强有力的拉伸作用下，还能消除径向的振动，使切削平稳。

③ 在卡盘一端的工件上车出一个缩颈部分，如图 3-26 所示，缩颈直径 $d \approx D/2$（D 为工件坯料的直径）。工件在缩颈部分的直径减小后，表现出一定的柔性，减少了由于坯料本身的弯曲而在卡盘强制夹持下轴线随之歪斜的影响。

2. 误差补偿法

误差补偿法就是人为地设置一种新的误差，去抵消原来工艺系统中固有的误差，从而达到减少加工误差、提高加工精度的目的。

如磨床床身导轨是个狭长的构件，刚度较差。生产中发现床身导轨精加工后精度指标完全符合要求，但装上横向进给机构和操纵箱等后，由于这些部件自重的影响，使导轨变形而产生了误差。采取的措施是：在精磨导轨时预先装上横向进给机构和操纵箱等部件，或用质量相当的配重代替这些部件，使床身在变形状态下进行精加工。

对单个床身而言，加工后是有一定误差的，但由于加工条件与装配、使用时的条件一致，人为的加工误差抵消了导轨的弹性变形，从而保证了机床导轨的精度。

3．误差转移法

在机床精度达不到零件的加工要求时，通过误差转移的方法，能够用主轴精度较低的机床加工高精度的零件。

如在镗床镗孔时，孔系的位置精度和孔间距的尺寸精度可依靠镗模和镗杆的精度来保证，镗杆与机床主轴之间采用浮动夹头连接，使镗模与镗杆决定镗孔的加工精度，而机床主轴误差与加工精度无关。

对于具有分度或转位的多工位加工工序或采用转位刀架加工的工序，其分度、转位误差将直接影响零件有关表面的加工精度。若将刀具安装到定位的非敏感方向，则大大减小了其影响，如图 3-27 所示，该方法可使六角刀架转位时的重复定位误差 $\pm\Delta\alpha$ 转移到零件内孔加工表面的误差非敏感方向，以减小加工误差，提高加工精度。

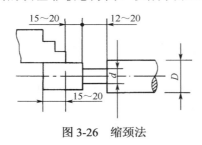

图 3-26　缩颈法　　　　　　图 3-27　刀具转位误差的转移

4．就地加工法

在加工和装配中，有些精度问题涉及很多零件间的相互关系，相当复杂。如果单纯用提高零部件的精度来满足设计要求，有时不仅困难，甚至不可能实现。此时如果采用就地加工法就可解决这种难题。

生产中采用就地加工法，就是对这些重要表面在装配之前不进行精加工，待装配之后，再在自身机床上对这些表面做精加工。如平面磨床的工作台面在装配后做"自磨自"的最终加工；又如车床上修正卡盘台肩平面和外圆使卡爪夹持圆柱体工件的轴线与车床主轴轴线同轴等，也是在自身机床上"自磨自"或"自车自"。

5．误差分组法

在成批生产条件下，对配合精度要求很高的孔和轴，当不可能用提高加工精度的方法来获得时，则可采用误差分组法。

这种方法是先对配合偶件进行逐一测量，并按一定的尺寸间隔分成相等数目的组，然后再按相应的组分别进行配对。它实质上是用提高测量精度的手段来弥补加工精度的不足，每组工件的误差就缩小为原来的 $1/n$（n 为组数）。

6．误差平均法

对配合精度要求很高的孔和轴，常采用研磨方法来达到要求。研具本身并不要求具有很高的精度，但它却能在工件做相对运动时对工件进行微量切削，最终达到很高的精度。这种表面间的相互研磨过程，也就是误差相互比较和相互消除的过程，称为误差平均法。

7．控制误差法

从误差的性质来看，常值系统性误差（误差大小为固定值）是比较容易解决的，只要测量出误差值，就可以用误差补偿的方法来达到消除或减小误差的目的。而对变值系统性误差（误差大小为不确定值）就不能用一种固定的补偿量解决。在生产中对变值系统性误差通常采用可变补偿的方法，即在加工过程中采用积极控制的办法。积极控制有如下三种形式。

（1）主动测量

在加工过程中随时测量工件的实际尺寸（或形状及位置精度），随时给刀具附加补偿量来控制刀具和工件间的位置，直至工件尺寸的实际值与调定值的差值不超过预定的公差为止。

（2）偶件配合加工

将互配件中的一件作为基准，去控制另一件的加工精度，在加工过程中自动测量工件的实际尺寸，并和基准件的尺寸比较，直至达到规定的公差值时，机床自动停止加工，从而保证偶件的配合精度。

（3）积极控制起决定作用的加工条件

在一些复杂精密零件的加工中，不可能对工件的主要参数直接进行主动测量和控制，这时应对影响误差起决定作用的加工条件进行积极控制，把误差控制在最小的范围内。

习题与思考题

1．什么是加工精度？什么是加工误差？
2．主轴回转误差可分为哪三种基本形式？对加工精度会分别产生什么影响？
3．试比较细长轴车削时采用正、反向进给方法的情况。
4．提高加工精度的工艺措施有哪些？

3.4 金属加工表面质量

一、加工表面质量及其影响

1．加工表面质量

机械零件的破坏一般总是从表面层开始的，因此零件的表面质量是至关重要的。加工表面质量包括加工表面的几何形状误差、表面层金属的力学物理性能与化学性能两个方面的内容。

（1）加工表面的几何形状误差

加工表面的几何形状误差，包括如下四个部分，如图3-28所示。

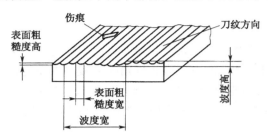

图 3-28　加工表面的几何形状误差

① 表面粗糙度。表面粗糙度是加工表面的微观几何形状误差，其波长与波高比值一般小于 50。

② 波度。加工表面不平度中波长与波高的比值等于 50～1000 的几何形状误差称为波度，它是由机械加工中的振动引起的。当波长与波高比值大于 1000 时，称为宏观几何形状误差。例如圆度误差、圆柱度误差等。

③ 纹理方向。纹理方向是指表面刀纹的方向，它取决于表面形成过程中所采用的机械加工方法。常见的加工纹理方向符号见表 3-22。

表 3-22　常见的加工纹理方向符号

符　号	说　明	示　意　图
=	纹理平行于标注符号视图的投影面	
⊥	纹理垂直于标注符号视图的投影面	
×	纹理呈两斜向交叉且与视图所在的投影面相交	
M	纹理呈多方向	
C	纹理呈近似同心圆且圆心与表面中心相关	

续表

符　号	说　明	示　意　图
R	纹理呈近似放射状且与表面圆心有关	$\sqrt{R}$
P	纹理无方向或呈凸起的细粒状	$\sqrt{P}$

④ 伤痕。伤痕是在加工表面上一些个别位置处出现的缺陷，例如砂眼、气孔、裂痕等。

（2）表面层金属的力学物理性能和化学性能

由于机械加工中力因素和热因素的综合作用，加工表面层金属的力学物理性能和化学性能将发生一定的变化。

① 表面层金属的冷作硬化。表面层金属硬度的变化用硬化程度和深度两个指标来衡量。

在切削加工过程中，工件表面层金属都会有一定程度的冷作硬化，使表面层金属的显微硬度有所提高。一般情况下，硬化层的深度可达 0.05～0.30mm；若采用滚压加工，硬化层的深度可达几毫米。

② 表面层金属的金相组织。切削加工过程中，切削的作用会引起表面层金属的金相组织发生变化。在磨削淬火钢时，由于磨削热的影响会引起淬火钢的马氏体的分解，或出现回火组织等。

③ 表面层金属的残余应力。由于切削力和切削热的综合作用，表面层金属晶格会发生不同程度的塑性变形或产生金相组织的变化，使表层金属产生残余应力。

2. 表面质量对零件使用性能的影响

（1）表面质量对零件耐磨性的影响

零件的耐磨性主要与摩擦副的材料、热处理状况、表面质量和润滑条件有关。当两个零件的表面互相接触时，如果表面粗糙，只是表面的凸峰相接触，实际接触面积远小于理论接触面积，因此单位面积上压力很大，破坏了润滑油膜，凸峰处出现了干摩擦。如果一个表面的凸峰嵌入另一表面的凹谷中，摩擦阻力很大，且会产生弹性变形、塑性变形和剪切破坏，引起严重的磨损。

零件表面纹理形状和纹理方向对表面耐磨性也有显著影响，在轻载荷并充分润滑的运动副中，两配合面的刀纹方向相同时，耐磨性较好；与运动方向垂直时，耐磨性最差。而在重载荷又无充分润滑的情况下，两结合表面的刀纹方向垂直时磨损较小。可见重要的零件最终加工应规定最后工序的加工纹理方向。

加工硬化能提高耐磨性，但过度的硬化会使表面层产生裂纹和剥落，导致磨损加剧，耐磨性下降。

表面层金属的残余应力和金相组织的变化也会对耐磨性产生影响。

（2）表面质量对零件疲劳强度的影响

表面粗糙度值大，在交变载荷作用下，零件容易引起应力集中并扩展疲劳裂纹，造成疲劳损坏。如表面粗糙度值 Ra 由 0.4μm 降低到 0.04μm 时，对于承受交变载荷的零件，其疲劳强度可提高 30%～40%。表面粗糙度越大，疲劳强度就越低。合理地安排加工纹理方向及零件的受力方向有利于疲劳强度的提高。

残余应力与疲劳强度有极大关系。残余压应力可提高零件的疲劳强度，而残余拉应力使疲劳裂纹加剧，降低疲劳强度。带有不同残余应力表面层的零件，其疲劳寿命可相差数倍至数十倍。适当加工硬化有助于提高零件的疲劳强度。

（3）表面质量对零件配合性质的影响

表面粗糙度大，磨合后会使间隙配合的间隙增大，降低配合精度。对于过盈配合而言，装配时配合表面的凸峰被挤平，减小了实际过盈量，降低了连接强度，影响了配合的可靠性。表面加工硬化严重，将可能造成表层金属与内部金属脱离的现象，也将影响配合精度和配合质量。

残余应力过大，将引起零件变形，使零件的几何尺寸和形状改变，而破坏配合性质和配合精度。

（4）表面质量对零件接触刚度的影响

表面粗糙度大，零件之间接触面积减小，接触刚度减小；表面粗糙度小，零件的配合表面的实际接触面积大，接触刚度大。

加工硬化能提高表层的硬度，增加表层的接触刚度。

（5）表面质量对零件抗腐蚀性的影响

零件在介质中工作时，腐蚀性介质会对金属表层产生腐蚀作用。表面粗糙的凹谷易沉积腐蚀性介质而产生化学腐蚀和电化学腐蚀，如图 3-29 所示。腐蚀性介质按箭头方向产生侵蚀作用，逐渐渗透到金属内部，使金属层剥落、断裂，形成新的凹凸表面。然后，腐蚀又由新的凹谷向内扩展，这样重复下去使工件表面遭到严重的破坏。

图 3-29　表面腐蚀过程

表面光洁的零件，凹谷较浅，沉积腐蚀性介质的条件差，不太容易被腐蚀。凡是零件表面存在残余拉应力，都将降低零件的耐腐蚀性；而零件表层存在残余压应力和一定程度的强化都有利于提高零件的抗腐蚀能力。另外，表面质量好能提高密封性能，降低相对运动零件的摩擦系数，减少发热和功率消耗，减少设备的噪声等。

二、影响表面粗糙度的工艺因素

1. 刀刃在工件表面留下的残留面积

在被加工表面上残留的面积越大，获得的表面越粗糙。用单刃刀具切削时，残留面积只与进给量 f、刀尖圆弧半径 r_ε 及刀具的主偏角 κ_r、副偏角 κ_r' 有关，如图 3-30 所示。

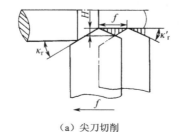

（a）尖刀切削　　　　　　（b）刀尖带圆弧半径 r_ε 的切削

图 3-30　切削层残留面积

　　减小进给量 f，减小刀具的主、副偏角，增大刀尖圆弧半径，都能减小残留面积的高度 H，也就降低了零件的表面粗糙度。

　　进给量 f 对表面粗糙度影响较大，当 f 值较小时，有利于表面粗糙度的降低。减小刀具的主、副偏角，均有利于表面粗糙度的降低。一般在精加工时，刀具的主、副偏角对表面粗糙度的影响较小。

2. 工件材料的性质

塑性材料与脆性材料对表面粗糙度都有较大的影响。

（1）积屑瘤的影响

在一定的切削速度范围内加工塑性材料时，由于前刀面的挤压和摩擦作用，使切屑的底层金属流动缓慢而形成滞流层，此时切屑上的一些小颗粒就会粘附在前刀面上的刀尖处，形成硬度很高的楔状物，称为积屑瘤，如图 3-31 所示。

积屑瘤的硬度可达工件硬度的 2～3.5 倍，它可代替切削刃进行切削。由于积屑瘤的存在，使刀具上的几何角度发生了变化，切削厚度也随之增大，因此会在已加工表面上切出沟槽。积屑瘤生成以后，当切屑与积屑瘤的摩擦大于积屑瘤与刀面的冷焊强度或受到振动、冲击时，积屑瘤会脱落，又会逐渐形成新的积屑瘤。因这些积屑瘤的生成、长大和脱落，使切削发生波动，并严重影响工件的表面质量。脱落的积屑瘤碎片，还会在工件的已加工表面上形成硬点。因此，积屑瘤是增大表面粗糙度不可忽视的因素。

（2）鳞刺的影响

在已加工表面产生的鳞片状毛刺，称为鳞刺，如图 3-32 所示。鳞刺也是增大表面粗糙度的一个重要因素。

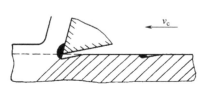

图 3-31　积屑瘤

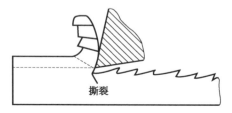

图 3-32　鳞刺

形成鳞刺的原因有：机械加工系统的振动，以及切屑在前刀面上的摩擦和冷焊作用，使切屑在前刀面上产生周期性停留，从而挤拉已加工表面。

（3）脆性材料

在加工脆性材料时，切屑呈不规则的碎粒状，加工表面往往出现微粒崩碎痕迹，留下许多麻点，增大了表面粗糙度。

3. 切削用量

选择不同的切削参数对表面粗糙度影响较大。在一定的速度范围内，如用中、低速（一般 $1m/min < v_c < 80m/min$）加工塑性材料容易形成积屑瘤或鳞刺。

此外，当背吃刀量或进给量很小且刀刃不够锋利时，刀刃易在工件表面打滑，增大表面粗糙度。

4. 工艺系统的高频振动

工艺系统的高频振动，使工件和刀尖的相对位置发生微幅振动，使表面粗糙度加大。

5. 切削液

切削液在加工过程中具有冷却、润滑和清洗作用，能降低切削温度和减轻前、后刀面与工件的摩擦，从而减少切削过程中的塑性变形并抑制积屑瘤和鳞刺的生长，对降低表面粗糙度有很大作用。

 习题与思考题

1. 加工表面质量包括哪两个内容？各有哪几部分？
2. 表面质量对零件使用性能有何影响？
3. 影响表面粗糙度的工艺因素有哪些？

第4章 金属的切削加工

4.1 车削加工

车削是在车床上利用工件的旋转运动和刀具的直线（或曲线）运动，来改变毛坯的形状和尺寸，使之成为合格产品的一种金属切削加工方法。其加工内容包括车外圆、车端面、车孔、切槽、车锥体、车成形面、车螺纹等，如图4-1所示。

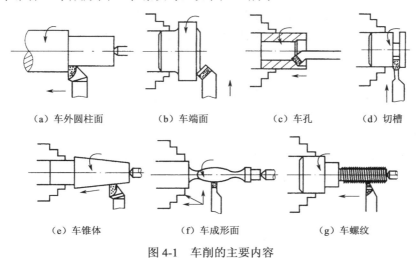

（a）车外圆柱面　　（b）车端面　　（c）车孔　　（d）切槽

（e）车锥体　　　　（f）车成形面　　　　（g）车螺纹

图4-1 车削的主要内容

一、车床

车床的种类很多，按其结构和用途的不同可分为：仪表车床，落地及卧式车床，立式车床，回轮、转塔车床，曲轴及凸轮轴车床，仿形及多刀车床，轮、轴、锭、辊及铲齿车床，马鞍车床及单轴自动车床，多轴自动、半自动车床和数控车床等。其中 CA6140 型卧式车床是加工范围很广泛的万能型车床，如图4-2所示。

1．CA6140 型卧式车床的主要部件与功用

CA6140 型卧式车床的主要部件包括主轴箱、刀架、尾座、进给箱、溜板箱和床身等。各部件的功用如下。

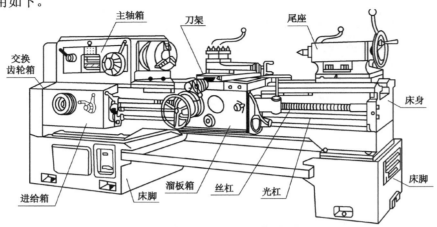

图 4-2　CA6140 型卧式车床的外形结构

（1）主轴箱

主轴箱又称床头箱，主要用于支承主轴并带动工件做旋转运动。主轴箱内装有齿轮、轴等零件，以组成变速传动机构。变换主轴箱外的手柄位置，可使主轴获得多种转速，并带动装夹在卡盘上的工件一起旋转。

（2）刀架

刀架部分由床鞍、中滑板、小滑板和刀架等组成，用于装夹车刀并带动车刀做纵向运动、横向运动、斜向运动和曲线运动。沿工件轴向的运动为纵向运动，垂直于工件轴向的运动为横向运动。

（3）尾座

尾座安装在床身导轨上，沿此导轨纵向移动，以调整其工作位置。尾座主要用来安装后顶尖，以支顶较长的工件；也可装夹钻头或铰刀等进行孔的加工。

（4）进给箱

进给箱又称走刀箱，是进给传动系统的变速机构。它把交换齿轮箱传递来的运动，经过变速后传递给丝杠，以实现车削各种螺纹；传递给光杠，以实现机动进给。

（5）溜板箱

溜板箱接受光杠（或丝杠）传递来的运动，操纵箱外手柄和按钮，通过快移机构驱动刀架部分，以实现车刀的纵向或横向运动。

（6）床身

床身是车床的大型基础部件，有两条精度要求很高的 V 形导轨和矩形导轨，主要用于支承和连接车床的各个部件，并保证各部件在工作时有准确的相对位置。

2．其他类型车床

（1）转塔车床

如图 4-3 所示，转塔车床没有尾座、丝杠，但有一个可绕垂直轴线转位的六角转位刀架，

可装夹多把刀具，通常刀架只能做纵向进给运动。

（2）回轮车床

如图 4-4 所示，回轮车床也没有尾座，但有一个可绕水平轴线转位的圆盘形回轮刀架，并可沿床身导轨做纵向进给和绕自身轴线缓慢回转并做横向进给。

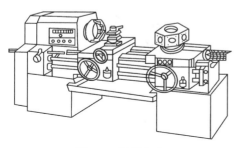

图 4-3　转塔车床

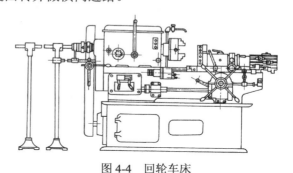

图 4-4　回轮车床

（3）立式车床

立式车床分为单柱式和双柱式，如图 4-5 所示。其主轴垂直分布，有一个水平布置的直径很大的圆形工作台，适用于加工径向尺寸大而轴向尺寸相对较小的大型和重型工件。由于工作台和工件的重力由床身导轨、推力轴承承受，极大地减轻了主轴轴承的负荷，因而可保持长期的加工精度。

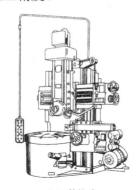

（a）单柱式

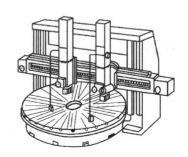

（b）双柱式

图 4-5　立式车床

（4）自动车床

自动车床如图 4-6 所示，它能自动完成一定的切削加工循环，并可自动重复这种循环，减轻了劳动强度，提高了加工精度和生产效率，它适于加工大批量、形状复杂的工件。

二、车刀

车刀由刀头（或刀片）和刀柄两部分组成，是用于各种车床上的刀具，在生产中应用广泛。车削加工时，根据不同的车削加工要求，须选用不同种类的车刀。常用车刀的种类及其用途见表 4-1。

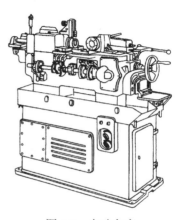

图 4-6　自动车床

表 4-1　常用车刀的种类和用途

种　类	外　形　图	用　途	种　类	外　形　图	用　途
90°车刀（偏刀）		车削工件的外圆、台阶和端面	内孔车刀		车削工件的内孔
75°车刀		车削工件的外圆和端面	圆头车刀		车削工件的圆弧面或成形面
45°车刀（弯头刀）		车削工件的外圆、端面和倒角	螺纹车刀		车削螺纹
切断刀		切断工件或在工件上车槽			

三、车削加工

1．外圆、端面和台阶的车削

（1）外圆的车削

将工件装夹在卡盘上，车刀安装在刀架上，使之接触工件并做相对纵向进给运动，便可车出外圆。车外圆的步骤如下：

① 准备工作。根据工件图样检查工件的加工余量，做到车削前心中有数，大致确定横向进给的次数。

② 装夹。按要求正确装夹车刀和工件。

③ 选择切削用量。选择合理的切削速度和进给量。

④ 对刀。开车对刀，使车刀刀尖轻触工件外圆，如图 4-7（a）所示。

⑤ 退刀。反向摇动床鞍手柄退刀，使车刀距离工件端面 3～5mm，如图 4-7（b）所示。

⑥ 调整切削深度。按照设定的进刀次数，选定切削深度，如图 4-7（c）所示。

⑦ 试切削。合上进给手柄，纵向车削为 2～3 mm，该步称为试切削，精车时常用，如图 4-7（d）所示。

⑧ 试测量。摇动床鞍退刀，停车测量试切后的外圆，根据情况对切削深度进行修正，如图 4-7（e）所示。

⑨ 再切削。再合上进给手柄，在车至所需同长度时，停止进给，退刀后停车，如图4-7（f）所示。

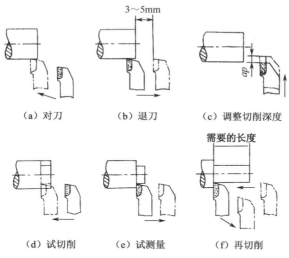

（a）对刀　（b）退刀　（c）调整切削深度

（d）试切削　（e）试测量　（f）再切削

图4-7　外圆车削的一般步骤

（2）端面、台阶的车削

① 端面的车削。开动车床使工件旋转，移动小滑板或床鞍控制切削深度，摇动中滑板手柄做横向进给，由工件外缘向中心车削，如图4-8（a）所示；也可由中心向外缘车削，如图4-9（b）所示，若选用90°外圆车刀车削端面，应采取由中心向外缘车削。

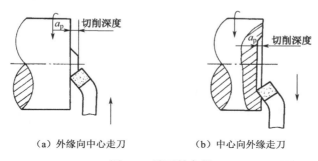

（a）外缘向中心走刀　（b）中心向外缘走刀

图4-8　端面的车削

② 台阶的车削。车台阶时不仅要车外圆，还要车削环形端面。因此，车削时既要保证外圆和台阶面长度尺寸，又要保证台阶端面与工件轴线的垂直度要求。

台阶车削时，一般选用$\kappa_r=90°\sim95°$的偏刀。车刀的安装应根据粗、精车和余量的多少来调整。一般先进行纵向进给车外圆，到台阶处时，再由内向外横向车台阶端面，以保证台阶端面与外圆轴线的垂直，如图4-9所示。

车削高度大于5mm的台阶时，应分层进行车削，如图4-10所示。

2．沟槽的车削

在工件上车削各种形状的槽子叫车沟槽。常用车沟槽的方法见表4-2。

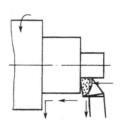

图 4-9　台阶的车削

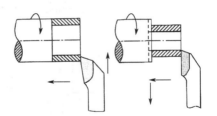

图 4-10　车高度大于 5mm 的台阶

表 4-2　常用车沟槽的方法

内　　容	方 法 说 明	示 意 图
要求不高、宽度较小的槽	可用刀刃宽等于槽宽的切断刀（车槽刀），采用直进法一次进给车出	
精度要求高的槽	一般采用二次进给完成。第一次进给车槽时，槽壁两侧留有精车余量，第二次进给时用等宽的车槽刀修整。也可用原车槽刀根据槽深和槽宽进行精车	
宽槽	车削较宽的矩形槽时，可用多次直进法进行切割，并在槽壁两侧留有精车余量，然后根据槽深和槽宽精车至尺寸要求	
梯形槽	车削较小的梯形槽时，一般以成形刀一次车削完成；较大的梯形槽，通常先车削直槽，然后用梯形刀采用直进法或左右切削法车削完成	
45°外沟槽	45°外沟槽车刀与一般端面直槽车刀几何形状相同，车削时，可把小滑板转过45°，用小滑板进给车削沟槽	

续表

内　容	方 法 说 明	示 意 图
圆弧沟槽	圆弧外沟槽车刀可根据沟槽圆弧 R 的大小相应地磨成圆弧形刀头来进行车削	
外圆端面沟槽	车削外圆端面沟槽的方法与车削 45° 外沟槽相同，但其刀头应按要求磨成人字形	
车窄内沟槽	内沟槽车刀主切削刃的宽度和内沟槽宽度一致，直接车出	
车宽内沟槽	先用通孔车刀粗车内孔槽，再用内沟槽车刀将内孔槽两侧的斜面精车成直角，且保证内沟槽孔径尺寸精度与表面粗糙度要求	
车梯形内沟槽	先用一把矩形车槽刀车出矩形槽，然后再用梯形车槽刀车削成形	

3．孔的车削

（1）车通孔

通孔的车削与车外圆基本相同，只是进退刀方向相反。在粗车或精车时也应进行试切削，其横向进给余量为径向余量的一半。当车刀纵向切削至 3mm 左右时（图 4-11），纵向快速退刀，然后停车测量，根据测量结果，调整背吃刀量，再次进给试切削，直至符合要求。

（2）车台阶孔

车直径较小的台阶孔时，常采用先粗、精车小孔，再粗、精车大孔的方法进行；车大台阶孔时，常采用先粗车大孔和小孔，再精车大孔和小孔的方法；车削孔径相差悬殊的台阶孔时，采用主偏角小于 90° 的内孔车刀先进行粗车，然后用偏刀精车至尺寸（通常采用在刀杆上做记号或安装限位铜片以及利用床鞍刻度来控制台阶孔的深度等，如图 4-12 所示）。

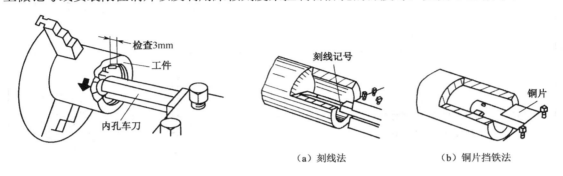

图 4-11　孔的试车削图　　　　　图 4-12　控制孔深的方法

（3）车平底孔

先选择比孔径小 2mm 的麻花钻进行钻孔，再通过多次进刀，将孔底的锥形基本车平，然后粗车内孔（留精车余量），每次车至孔深时，车刀先横向往孔的中心退出，再纵向退出孔外，最后精车内孔及底平面至尺寸要求。

4．圆锥的车削

（1）转动小滑板法车圆锥

转动小滑板法，是把小滑板按工件的圆锥半角 $\alpha/2$ 要求转动一个相应角度，使车刀的运动轨迹与所要加工的圆锥素线平行，如图 4-13 所示。转动小滑板操作简便，调整范围广，主要适用于单件、小批量生产，特别适用于工件长度较小、圆锥角较大的圆锥面。

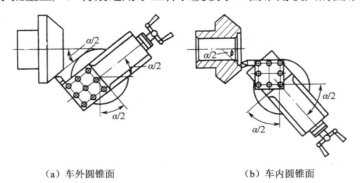

（a）车外圆锥面　　　　　　　（b）车内圆锥面

图 4-13　转动小滑板车圆锥面

（2）偏移尾座法

工件用两顶尖装夹，将尾座横向偏移一定距离 S，使工件轴线与主轴轴线相交成圆锥半角 $\alpha/2$，车刀做纵向进给运动，即可车出圆锥角为 α 的圆锥面，如图 4-14 所示。

尾座偏移距离 S 按下式计算：

$$S= L \tan\alpha/2=L（D-d）/2l$$

式中　L——两顶尖距离，mm；

　　　α——圆锥角，°；

　　　D——最大圆锥直径，mm；

　　　d——最小圆锥直径，mm；

　　　l——圆锥长度，mm。

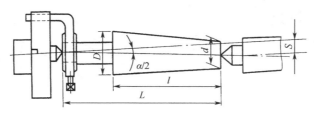

图 4-14　偏移尾座法车削圆锥面

（3）仿形法车圆锥

仿形法又称靠模法，它是在车床床身后面安装一固定靠模板，其斜角可以根据工件的圆锥半角 $\alpha/2$ 调整；取出中滑板丝杠，刀架通过中滑板与滑块刚性连接。这样，当床鞍纵向进给时，滑块沿着固定靠模块中的斜槽滑动，带动车刀做平行于靠模板斜面的运动，使车刀刀尖的运动轨迹平行于靠模块的斜面，这样就车出了外圆锥面，如图 4-15 所示。

5．成形面车削

（1）双手控制法车成形面

在单件加工时，通常采用双手控制法车削成形面，如图 4-16 所示。在车削时，用右手控制小滑板的进给，用左手控制中滑板的进给，通过双手的协同操作，使车刀的运动轨迹与工件成形面的素线一致，车出所要求的成形面。成形面也可利用床鞍和中滑板的合成运动进行车削。

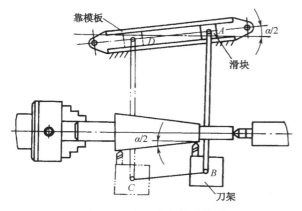

图 4-15　仿形法车削圆锥面

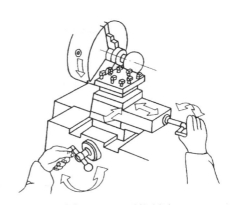

图 4-16　双手控制法

（2）仿形法

按照刀具仿形装置进给对工件进行加工的方法称为仿形法，如图 4-17 所示。仿形法车成形面是一种加工质量好、生产率高的先进车削方法，特别适合质量要求较高、批量较大的生产。

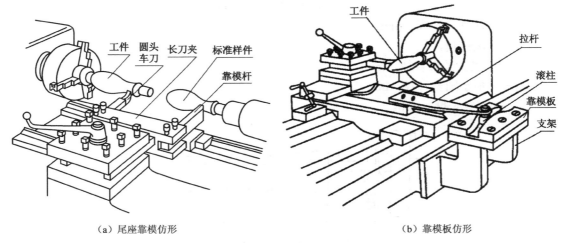

（a）尾座靠模仿形　　　　　　　　　　　　　　（b）靠模板仿形

图 4-17　仿形法

6. 螺纹车削

（1）螺纹车削的进刀方法

螺纹车削的进刀方法见表 4-3。

表 4-3　螺纹车削的进刀方法

进刀方式	直进法	斜进法	左右切削法
作业图			
方法	车削时只用中滑板横向进给	在每次往复行程后，除中滑板横向进给外，小滑板只向一个方向做微量进给	除中滑板做横向进给外，同时用小滑板将车刀向左或向右做微量进给
加工情况	双面切削	单面切削	

（2）螺纹的车削方法

螺纹的车削方法见表 4-4。

表 4-4　螺纹的车削方法

步　　骤	图　　示	说　　明
开车对刀		启动车床，对刀，记下中滑板刻度读数，然后先向后，再向右退出车刀
进刀试车		中滑板进刀 0.05mm 左右，合上开合螺母，在工件表面车出一条螺旋槽，然后横向退出车刀，停车
螺距检测		开反车使车床反转，纵向退回车刀，停车后用钢直尺（螺纹规等）检测螺距是否正确
连惯车削		利用中滑板刻度盘调整背吃刀量，开始进行切削，并注意车削过程。车削至行程终了时，逆时针快速转回中滑板手柄，再停车，开反车退回车刀

习题与思考题

1. 什么是车削加工？其主要内容有哪些？
2. 简要说明 CA6140 型卧式车床的主要部件与功用。
3. 常用车刀有哪些种类？其基本用途是什么？
4. 简要叙述外圆、端面和台阶的车削方法。
5. 车孔时如何控制孔深？
6. 圆锥的车削有哪几种常用方法？
7. 成形面有哪几种常用的车削方法？
8. 如何车螺纹？

4.2 钳工加工

一、划线

划线是根据图样或实物的尺寸，用划线工具准确地在毛坯或工件表面上划出加工界限或划出作为基准的点、线的操作过程。划线是机械加工中的重要工序之一，广泛用于单件或小批量生产。

1. 划直线

划直线的步骤方法见表 4-5。

表 4-5　划直线的步骤方法

方　法	示　意　图	操　作　说　明
用划针划纵直线	直尺	在平板上划线时，选好位置后，左手紧紧握住钢直尺，右手划线
	15°~20° 划线方向 45°~75°	划线时，划针针尖要紧贴在钢直尺的直角边上，其上部应向外侧倾斜 15°~20°，同时要向划线运动方向倾斜 45°~75°。划线时用力一定要适当，最好一次划成，避免因重复划同一条线而产生位置误差
	角钢	在圆柱形工件上划与轴线平行的直线时，可使用角钢来划
用划针划横直线		选好位置，安放 90° 角尺，使角尺边紧紧靠住基准面 　左手紧压角尺，右手握钢针从下向上划线

续表

方　法	示　意　图	操　作　说　明
用划针盘划直线	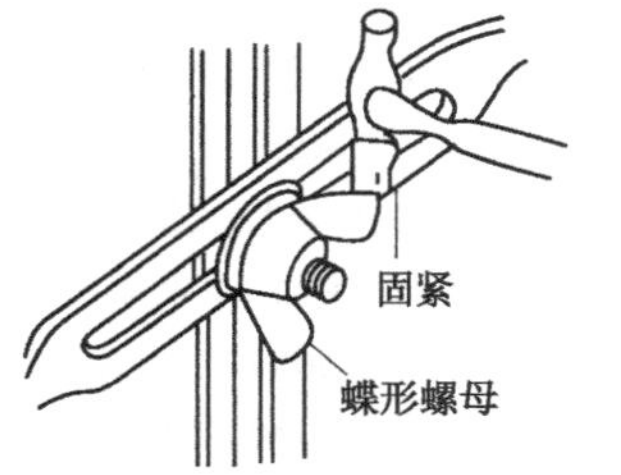 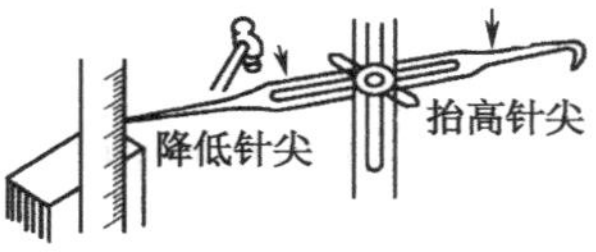 固紧 蝶形螺母 降低针尖　抬高针尖	① 用钢直尺量取划线尺寸 ② 松开划线盘蝶形螺母，使划针针尖稍向下大致接触到钢直尺所量取的刻度 ③ 用手拧紧蝶形螺母，然后用手锤轻轻敲击加以紧固 ④ 使划针紧靠钢直尺刻度，用左手紧按住划针底座，同时用手锤轻轻敲打划针针尖处，微调尺寸，使针尖刚好接触到钢直尺刻度，然后再紧固蝶形螺母
	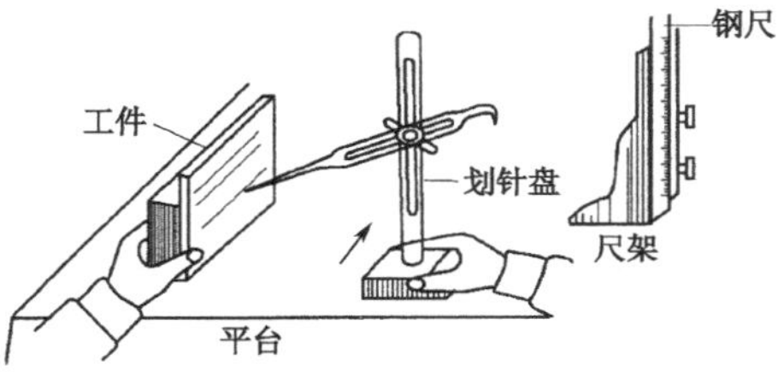 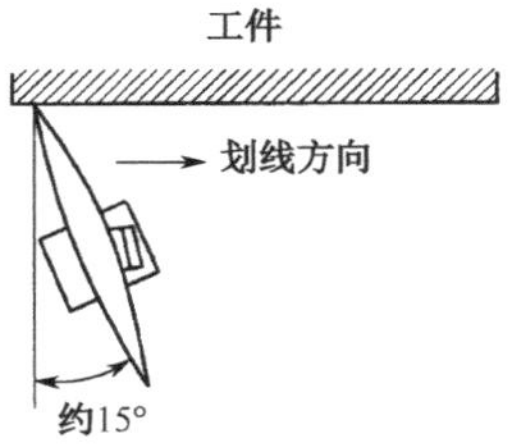 钢尺 工件 划针盘 尺架 平台 工件 划线方向 约15°	① 将划针盘放至划线平板上，调整划线盘划针高度尺寸 ② 右手握住划针盘底座，左手握住工件以防工件产生移动，当工件较薄或刚性较差时，可用 V 形块安放工件，并保持划线面与工作台台面垂直 ③ 使划针向划线方向倾斜 15°左右，使划针针尖对准工件划线表面，按划线方向移动划针盘，划出所需位置线条

2．划圆

划圆的步骤方法见表4-6。

表4-6　划圆的步骤方法

工作内容	示　意　图	操　作　说　明
打样冲眼	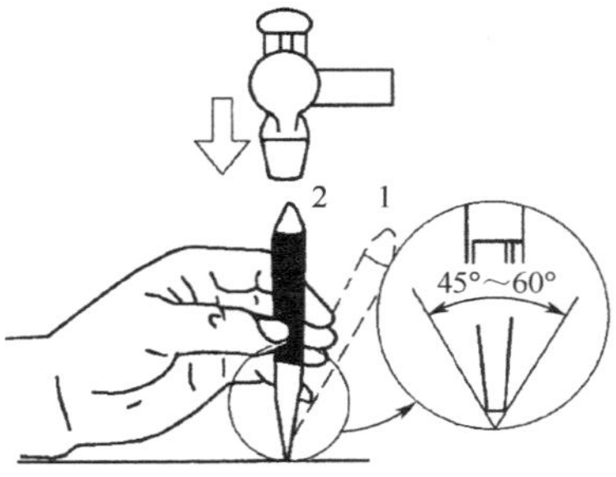 2　1 45°～60°	① 用划针盘在工件上按图样位置要求划出两条交叉线条，其交点就是要划圆的圆心 ② 检查划规是否完好 ③ 在找到的圆心处打样冲眼

工作内容	示　意　图	操作说明
调整划规尺寸	打开　　　合拢	① 用划规对准钢直尺，调整划规尺寸（注意此时划规所量取的尺寸值应为所要划圆的半径值） ② 划较大的圆时，将钢直尺放在工作台台面上，两手张开划规，再将划规脚对准钢直尺，调整尺寸（一般先将划规张开至比所需尺寸稍大些，微调时，可用手锤轻轻敲打划规脚，使其慢慢与钢直尺刻度对齐）
划圆	划上半圆　　　划下半圆	① 用手握住划规头部，将划规一只脚对准样冲眼 ② 从左至右，大拇指用力，同时向走线方向（顺时针）稍加倾斜划上半圆 ③ 变换大拇指接触划规的位置，使划规从另一个方向（逆时针）划下半圆

二、錾削

用锤子打击錾子，对金属工件进行切削加工的方法叫錾削。

1．种类与用途

根据錾子锋口的不同，錾子可分为扁錾、尖錾、油槽錾三种。其结构特点和用途见表4-7。

表4-7　錾子的结构特点与用途

錾子的种类	结构特点	示　意　图	用途说明
扁錾	切削部分扁平，切削刃略带圆弧	35°~70°	用于去除凸缘、毛边和分割材料
尖錾	切削刃较强，切削部分的两个侧面从切削刃起向柄部逐渐变狭		用于錾槽和分割曲线板料
油槽錾	切削刃强，并呈圆弧形或菱形，切削部分常做成弯曲形状		用于錾削润滑油槽

2．錾削姿势

（1）錾子的握法

錾子主要用左手的中指、无名指握住，其握法有正握法和反握法。

正握法如图4-18（a）所示，手心向下，腕部伸直，用中指、无名指握錾子，錾子头部伸出约20 mm左右。反握法如图4-18（b）所示，手指自然捏住錾子，手掌悬空。

（2）錾削站立的姿势

錾削时，身体在台虎钳的左侧，左脚跨前半步与台虎钳中心线成30°角，如图4-19所示，左腿膝盖略弯曲，右脚习惯站立，一般与台虎钳中心线约成75°角，两脚相距250～300mm。右腿要站稳、伸直，不要过于用力。此时身体与台虎钳中心线约成45°角，并略向前倾，保持自然。

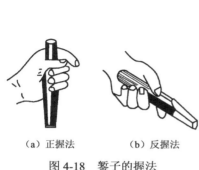

（a）正握法　　（b）反握法

图4-18　錾子的握法

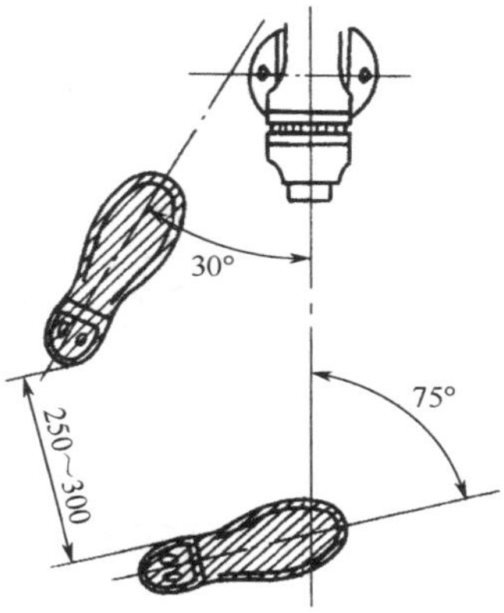

图4-19　錾削时的站立位置

（3）锤子的握法

① 紧握法。用右手紧握锤柄，大拇指合在食指上，虎口对准锤头圆木部分，木柄尾端露出15～30mm。在挥锤和锤击过程中，五指始终紧握，如图4-20所示。这种握法比较紧张，手容易疲劳。

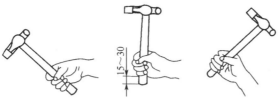

图4-20　锤子紧握法

② 松握法。只用大拇指和食指紧握锤柄。在挥锤时，小指、无名指、中指依次放松；在锤击时，又以相反的次序收拢握紧，如图4-21所示。这种握法比较自然，手不易疲劳，且锤击力大。

图4-21　锤子松握法

3．錾削的内容

錾削的内容很多，其步骤方法见表 4-8。

表 4-8　錾削的步骤方法

錾削内容		示意图	操作说明
錾削板料			工件的切断处与钳口保持平齐，用扁錾沿钳口（约 45°）并斜对板面自右往左进行錾削
			对于尺寸较大的板材料或錾切线有曲线而不能在台虎钳上錾切，可在铁砧或旧平板上进行，并在板材料下面垫上废软材料，以免损伤刃口
			錾削较为复杂的板材料时，一般是先按轮廓线钻出密集的排孔，再用尖錾、扁錾逐步錾切
錾削平面	錾窄平面		錾削较窄平面时，錾子的刃口要与錾削方向保持一定角度
	錾大平面		錾削大平面时，可先用狭錾间隔开槽，槽深一致，然后用扁錾錾去剩余部分
錾削键槽			对于带圆弧的键槽，应先在键槽两端钻出与槽宽相同的两个盲孔，再用狭錾錾削
錾削油槽			选用宽度等于油槽的油槽錾，在平面上錾油槽，方法与錾削平面相同。在曲面上錾削油槽，錾子的倾斜度要随曲面变动，以保证正常的切削角度

三、锯削

用手锯把材料切断、分割或在工件上锯出窄槽等工作称为锯削。

1．锯削用工具

（1）锯弓

如图 4-22 所示，锯弓有固定式和调节式两种。固定式锯弓只能使用一种规格的锯条；调节式锯弓由两段组成，可使用几种不同规格的锯条，使用较为方便。

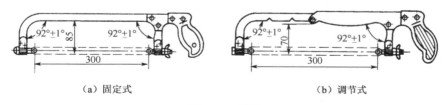

（a）固定式　　　　　　　　　　　（b）调节式

图 4-22　锯弓

（2）锯条

手用锯条一般是 300mm 长的单面齿锯条，其宽度为 12～13mm，厚度为 0.6mm，如图 4-23 所示。

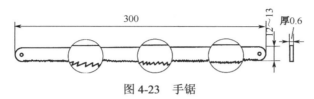

图 4-23　手锯

2．锯削方法

（1）锯条的安装

手锯只有在前推时才能起到切削的作用，因而在安装手锯时应使其齿尖的方向向前，如图 4-24 所示。其松紧程度以用手扳动锯条，感觉硬实即可。另外，安装好后还应确认锯条平面与锯弓平面平行，不能歪斜、扭曲。

（2）锯弓的握法与压力

如图 4-25 所示，右手满握锯柄，左手轻扶锯弓伸缩弓前端。右手控制推力与压力，左手配合右手扶正锯弓，应注意压力不宜过大，返回行程时应为不切割状态，故而不应加压。

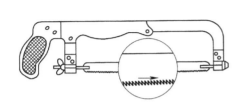

图 4-24　锯条的安装　　　　　　　　　图 4-25　握锯的方法

（3）起锯的方法

起锯的好坏直接影响锯削质量的好坏。起锯有远起锯和近起锯两种，如图 4-26 所示，一般采用远起锯。因为远起锯锯齿是逐渐切入工件的，锯齿不易卡住，起锯也较方便。

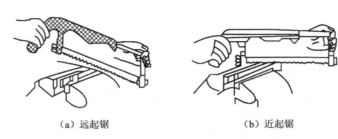

（a）远起锯　　　　　　　　　　　（b）近起锯

图4-26　起锯的方法

（4）各种型材的锯削

各种材料的锯削方法见表4-9。

表4-9　各种材料的锯削方法

材料类型	示意图	操作方法
棒料	一次锯断　　从多个方位锯断	当锯削的断面要求平整时，则应从开始连续锯至结束。若锯出的断面要求不高，可分几个方向锯削，这样可提高工作效率，最后一次锯断
管子		锯削前把管子用V形木垫夹住，然后再安装到台虎钳上。管子不能夹得太紧，以免使管子变形
		锯削管子时，不可从一个方向锯削至结束，而应当在锯削到近管子的内壁时，将管子转动一个角度再进行锯削
薄板材		锯削薄板材时，尽可能从宽面锯下去。如只能从窄面上锯削，则应用两块木板夹持薄板材，连同木板一起锯下

续表

材料类型	示意图	操作方法
深缝	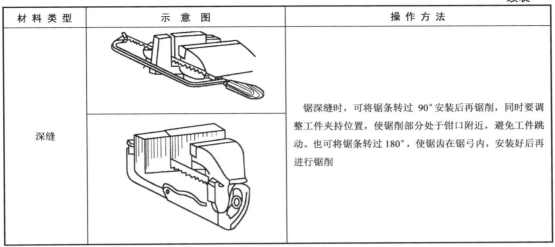	锯深缝时，可将锯条转过 90° 安装后再锯削，同时要调整工件夹持位置，使锯削部分处于钳口附近，避免工件跳动。也可将锯条转过 180°，使锯齿在锯弓内，安装好后再进行锯削

四、锉削

1. 锉刀的种类

锉刀通常用高碳钢（T13 或 T12）制成，经热处理后其切削部分硬度可达 62～72HRC。锉刀由锉刀面、锉刀舌、锉齿和锉柄等组成，如图 4-27 所示。

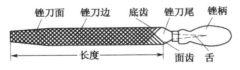

图 4-27　锉刀的基本结构

锉刀可分为钳工锉、异形锉和整形锉（或称什锦锉）三类，钳工常用的是钳工锉。

（1）钳工锉

钳工锉按其断面形状的不同分为齐头扁锉、尖头扁锉、矩形锉、半圆锉、圆锉和三角锉6 种，如图 4-28 所示。

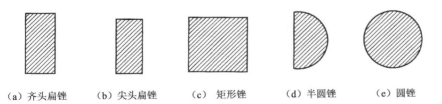

（a）齐头扁锉　　（b）尖头扁锉　　（c）矩形锉　　（d）半圆锉　　（e）圆锉　　（f）三角锉

图 4-28　钳工锉的种类

（2）异形锉

异形锉是用来加工零件特殊表面的，有弯头和直头两种，如图 4-29 所示。

（3）整形锉

整形锉用于修整工件上细小的部分，它由 5 把、8 把、10 把或 12 把不同断面形状的锉刀组成一组，如图 4-30 所示。

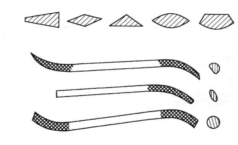

图 4-29　异形锉

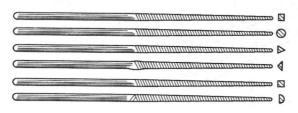

图 4-30　整形锉

2. 锉削的方法

（1）锉刀的握法

锉刀的种类很多，使用的方法也不一样，所以锉刀的握法也不一样，见表 4-10。

表 4-10　锉刀的握法

内　容	图　示	方　法
大锉刀的握法		右手心抵着锉刀柄的端面，大拇指放在锉刀柄的上面，其余四指放在下面，配合大拇指捏住锉刀柄。左手的掌部压在锉刀前端上面，拇指自然伸直，其余四指弯向手心，用食指、中指捏住锉刀前端
中型锉刀的握法		右手握法与较大锉刀的握法一样，左手只需要大拇指和食指捏住锉刀的前端
较小锉刀的握法		用左手的几个手指压在锉刀的中部，右手食指伸直靠住锉刀边
什锦锉的握法		一般只用一只手拿着锉刀，食指放在上面，拇指放在左侧

（2）锉削的力度和速度

要锉出平直的平面，必须使锉刀保持水平直线的锉削运动。这就要求锉刀运动到工件加工表面任意位置时，锉刀前后两端的力矩相等。因而锉刀前进时左手所加的压力由大逐渐减小，而右手的压力由小逐渐增大，如图 4-31 所示。回程时不加压力，以减少锉齿的磨损。

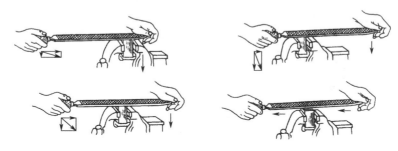

图 4-31　锉平面时的两手用力

（3）锉削的具体方法

锉削的方法有直锉法、交叉锉法和推锉法三种，见表 4-11。

表 4-11　锉削的方法

方　法	示　意　图	操　作　说　明
直锉法		直锉法是普通的锉削方法，锉刀的运动是单方向的。为了能均匀地锉削工件表面，每次退回锉刀后，锉刀的位置较前一次向左（或向右）移动 5～10mm。锉窄平面时，锉刀可沿着工件长度直锉而不必移动
交叉锉法		交叉锉法是粗锉削大平面时最常用的方法，锉刀的运动方向是交叉的，因此，工件的锉面上能显示出高低不平的痕迹，这样容易锉出准确的平面。一般在平面没有锉好时多用交叉锉法来锉平
推锉法		推锉法是在工件表面已锉平，加工余量较少且将要达到要求时采用的一种方法。这种方法可顺直锉纹，修正工件尺寸。锉削时，两手横握锉刀身，拇指接近工件，用力应一致，平衡地沿着工件表面推拉锉刀

（4）各种工作表面的锉法

各种工作表面的锉法见表 4-12。

表 4-12　各种工作表面的锉法

方　　法		示　意　图	操　作　说　明
平面的锉削	较大平面	*A* 楔槽的结构	锉削较大的平面时，工件一般夹在台虎钳中，用交叉法和顺向锉的方法加工。当所需锉削面的长度和宽度都超过锉刀长度时，一般的锉刀就不能进行锉削加工了，这时就在锉刀上装上一个弓形手柄，这样就能锉削很大的平面了
	窄面		锉薄板上的窄面时，较小的薄板可直接装夹在台虎钳上，但宽而长的工件就没法夹在台虎钳中了，因而就必须用夹板夹住，且工件夹板不能露出太多，再把夹板夹在台虎钳钳口内。锉削时使锉刀与工件锉削面成一定的角度，斜着进行锉削，以减少工件的抖动
孔的锉削			孔的锉削形式有方孔、圆孔和三角形孔等。锉削时根据不同形面的特征选用不同的断面和规格的锉刀进行锉削。对于圆孔，锉削时要同时完成前进运动、向左或向右移动、绕锉刀中心线转动三个运动
圆弧面的锉削	凸圆弧		凸圆弧面的锉削一般采用平锉顺着圆弧的方向锉削。锉刀在做前进运动的同时，还应绕工件的圆弧中心摆动。摆动时，右手把锉刀柄部往下压，左手把锉刀前端向上提，这样锉出的圆弧面不会出现棱边
	凹圆弧	推锉　转动　沿弧面移动	凹圆弧一般采用圆锉或半圆锉进行锉削。锉削时，锉刀要同时完成三个运动：前进运动、向左或向右移动以及绕锉刀中心线转动（按顺时针或逆时针方向转动约90°）。三种运动须同时进行才能完成好的内圆弧面

五、钳工攻螺纹和套螺纹

1．攻螺纹

攻螺纹是用丝锥切削内螺纹的一种加工方法。

（1）攻螺纹工具

① 丝锥。丝锥也叫丝攻，是一种成形多刃刀具，如图 4-32 所示。其本质即为一螺钉，开有纵向沟槽，以形成切削刃和容屑槽。其结构简单，使用方便，在小尺寸的内螺纹加工上应用极为广泛。丝锥的种类很多，按牙的粗细不同，分为粗牙丝锥和细牙丝锥；按其功能来分，有手用丝锥、机用丝锥、螺母丝锥、板牙丝锥、锥形螺纹丝锥、梯形螺纹丝锥等。通常 M6～M24 的手用丝锥一套为两支，即头锥、二锥；M6 以下及 M24 以上的手用丝锥一套有 3 支，即头锥、二锥、三锥。

② 铰杠。铰杠是用来夹持丝锥柄部的方榫，带动丝锥旋转切削的工具。最常用的铰杠是活铰杠，如图 4-33 所示。

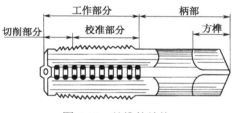

图 4-32　丝锥的结构

图 4-33　活铰杠

（2）攻螺纹的方法

① 螺纹底孔直径的确定。底孔直径经验计算公式为：

脆性材料　　　　$D_0 = D - 1.05P$

塑性材料　　　　$D_0 = D - P$

式中　D_0——底孔直径，mm；

　　　D——螺纹大径，mm；

　　　P——螺距，mm。

② 螺纹底孔深度的确定。当攻不通孔（盲孔）的螺纹时，由于丝锥不能攻到底，因此孔的深度往往要钻得比螺纹的长度大一些。盲孔的深度可按下面的公式计算：

钻孔深度 = 所需螺纹的深度 + 0.7D

式中　D——螺纹大径，mm。

③ 攻螺纹的方法见表 4-13。

2．套螺纹

（1）套螺纹工具

① 板牙。板牙是加工外螺纹的标准刀具之一，其外形像螺母，所不同的是在其端面上钻有几个排屑孔而形成刀刃，如图 4-34 所示。它的切削部分为两端的锥角部分。前面就是排屑孔，前角大小沿着切削刃而变化，外径处前角最小。板牙的中间一段是校准部分，也是导向部分。

表4-13 攻螺纹的方法

方　法	操 作 说 明	示 意 图
起攻	用右手掌按住铰杠中部，沿丝锥轴线用力加压，左手配合做顺时针旋转	
检查	当旋入1～2圈后，用角尺检查丝锥与孔端面的垂直度，若不垂直应立即校至垂直	
正常攻丝	当切削部分已切入工件后，每转1～2圈后应反转1/4圈，以便于切屑碎断和排出；同时不能再施加压力，以防丝锥崩牙	向前 稍后退 继续向前

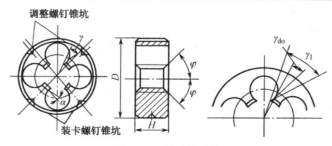

图4-34 板牙的结构

② 板牙架。板牙架用来夹持板牙，传递扭矩，如图4-35所示。不同外径的板牙应选用不同的板牙架。

（2）套螺纹的方法

① 圆杆直径的确定。与攻螺纹一样，套螺纹的切削过程中也有挤压作用，因而，工件圆杆直径就要小于螺纹大径，可用下式计算：

$$d_0 = d - 0.13P$$

式中　d_0 —— 圆杆直径，mm；

　　　d —— 外螺纹大径，mm；

　　　P —— 螺距，mm。

为了使板牙起套时容易切入工件并做正确的引导，圆杆端部要倒一个 15°～20° 的角，如图 4-36 所示。

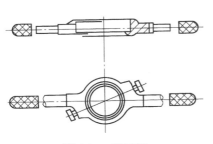

图 4-35　板牙架

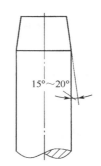

图 4-36　圆杆倒角

② 套螺纹的方法见表 4-14。

表 4-14　套螺纹的方法

方　法	操 作 说 明	示 意 图
圆杆的选用与装夹	根据需要选择（或加工）合适的圆杆直径，且在端部倒角，采用 V 形块将圆杆装夹在虎钳中	
起套	右手按住板牙架中部，沿圆杆轴向施加压力，左手配合向顺时针方向切进。动作要慢，压力要大	
检查垂直度	在板牙套出 2～3 牙时，用角尺检查板牙与圆杆轴线的垂直度，如有误差，应及时校正	

续表

方　法	操 作 说 明	示 意 图
正常套丝	在套出 3～4 牙后，可只转动板牙架，而不加力，让板牙靠螺纹自然切入（在套丝过程中应经常反转 1/4～1/2 圈，以便断屑）	

习题与思考题

1. 什么是划线？如何划直线和圆？
2. 常用錾子分为哪几种？其用途各是什么？
3. 如何握錾子？如何握锤子？
4. 如何錾削平面？
5. 什么是锯削？常用锯弓有哪些种类？
6. 如何正确安装锯条？
7. 如何锯削深缝？
8. 锉刀由哪几部分构成？常用锉刀的种类有哪些？
9. 简述大锉刀的握法。
10. 锉削的方法有几种？请进行简要说明。
11. 怎样锉削圆弧面？
12. 攻螺纹时如何确定螺纹底孔直径和底孔深度？
13. 怎样攻螺纹？
14. 套螺纹时如何确定圆杆直径？为什么要在圆杆端部倒角？
15. 怎样套螺纹？

4.3　铣削加工

　　铣工是指在铣床（或铣镗床）上利用铣刀和镗刀等刀具进行切削加工，使工件获得图样所要求的精度（包括尺寸、形状和位置精度）和表面质量的一个工种。在铣床上可以加工平面（水平面、垂直面、斜面）、台阶、沟槽（直角沟槽和 V 形槽、T 形槽、燕尾槽等特形沟槽）、特形面和切断材料等，如图 4-37 所示。

（a）圆柱铣刀铣平面　　　（b）端铣刀铣平面　　　（c）铣台阶　　　（d）铣直角通槽

（e）铣键槽　　　（f）切断　　　（g）铣特形面　　　（h）铣特形沟槽

（i）铣齿轮　　　（j）铣螺旋槽　　　（k）铣牙嵌式离合器　　　（l）镗孔

图 4-37　铣削加工的基本内容

一、铣床

铣床的种类很多，目前常用铣床有卧式升降台铣床和立式升降台铣床。

1. 卧式升降台铣床

卧式升降台铣床又分为普通卧式升降台铣床、万能升降台铣床和万能回转头铣床。

（1）卧式升降台铣床

这种铣床的主轴为水平（卧式）安置。被加工的工件固定在工作台上，通过升降台和工作台等运动部件，可使工件得到垂直、横向和纵向的进给运动，而铣刀则做旋转的切削运动，如图 4-38 所示。这种铣床适用于铣削平面、沟槽、成形面等。

（2）万能升降台铣床

这种铣床与普通卧式升降台铣床基本相同。只是把前者的工作台底座分为了两个部分，

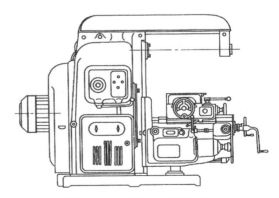

图 4-38　普通卧式升降台铣床

一是回转盘，二是床鞍，如图 4-39 所示。回转盘可在铣床床鞍上回转±45°，因而这种铣床除了能完成普通卧式升降台铣床的各种铣削任务外，还能铣削螺旋槽、斜齿轮。

（3）万能回转头铣床

这种铣床的升降台和床身部分与万能升降台铣床完全相同，但其顶部的悬梁内装有单独的电动机和变速箱，用来驱动悬梁前端的万能铣头，如图 4-40 所示。万能铣头可在垂直面和水平面内各回转一定角度。铣床的主轴则可单独使用，也可与万能铣头同时使用，实现多刀多刃加工，因而它除能完成万能铣床的各种铣削加工外，还可以进行钻孔、镗孔以及深度不大的斜孔加工等。

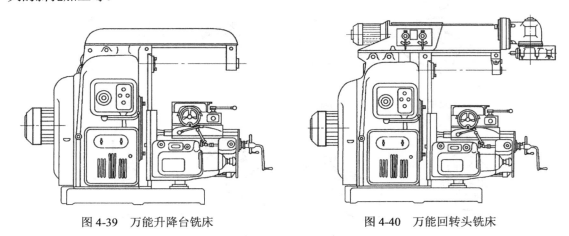

图 4-39　万能升降台铣床　　　　　　　　　图 4-40　万能回转头铣床

2. 立式升降台铣床

如图 4-41 所示，立式升降台铣床的主轴是垂直安置的，并可在纵向的垂直面内左右各回转 45°。立式升降台铣床的升降台、进给系统等部分与卧式升降台铣床完全相同。立式升降台铣床应用很广，使用面铣刀和立铣刀可铣削平面、斜面、沟槽和角度面等。

3. X6132 型铣床

X6132 型铣床如图 4-42 所示，是国产铣床中应用最广泛、最典型的一种卧式万能升降台铣床。其主要特征是铣床主轴轴线与工作台台面平行。该机床具有结构可靠、性能良好、加工质量稳定、操作灵活轻便、行程大、加工范围广、精度高、刚性好、通用性强等特点。若配置相应附件，还可以扩大机床的加工范围。例如安装万能立铣头，可以使铣刀回转任意角度，完成立式铣床的工作；该机床还适于高速、高强度铣削，并具有良好的安全装置和完善的润滑系统。这种铣床可将横梁移至床身后面，在主轴端部装上立铣头，能进行立铣加工。

其主要组成部分和作用如下。

① 床身。床身支承并连接各部件，顶面水平导轨支承横梁，前侧导轨供升降台移动。床身内装有主轴和主运动变速系统及润滑系统。

② 横梁。它可在床身顶部导轨前后移动，吊架安装在其上面，用来支承铣刀杆。

③ 主轴。主轴是空心的，前端有锥孔，用以安装铣刀杆和刀具。

④ 工作台。工作台上有 T 形槽，可直接安装工件，也可安装附件或夹具。它可沿转台的导轨做纵向移动和进给。

⑤ 转台。转台位于工作台和横溜板之间，下面用螺钉与横溜板相连，松开螺钉可使转台带动工作台在水平面内回转一定角度（左右最大可转过 45°）。

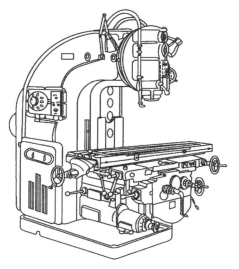

图 4-41　立式升降台铣床

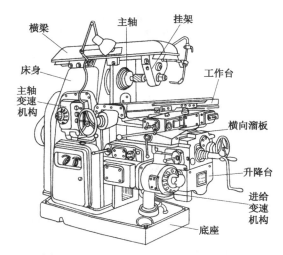

图 4-42　X6132 型卧式万能升降台铣床

⑥　纵向工作台。纵向工作台由纵向丝杠带动在转台的导轨上做纵向移动，以带动台面上的工件做纵向进给。台面上的 T 形槽用以安装夹具或工件。

⑦　横向工作台。横向工作台位于升降台上面的水平导轨上，可带动纵向工作台一起做横向进给。

⑧　升降台。升降台可沿床身导轨做垂直移动，调整工作台至铣刀的距离。

二、铣刀

铣刀的种类很多，其分类方法也有很多。通常按其用途可分为四类。

1．铣平面用铣刀

铣平面用铣刀包括圆柱铣刀、端铣刀和机夹端铣刀，如图 4-43 所示，其主要用于粗铣及半精铣平面。

（a）圆柱铣刀

（b）端铣刀

（c）机夹端铣刀

图 4-43　铣平面用铣刀

2．铣槽用铣刀

铣槽用铣刀包括键槽铣刀、盘形槽铣刀、立铣刀、三面刃铣刀、锯片铣刀等，如图 4-44 所示，用于铣削各种槽、台阶平面和各种型材的切断。

（a）键槽铣刀　　　（b）盘形槽铣刀　　　　（c）立铣刀

（d）镶齿三面刃铣刀　　（e）三面刃铣刀　　（f）错齿三面刃铣刀　　（g）锯片铣刀

图 4-44　铣槽用铣刀

3．铣特形面用铣刀

铣特形面用铣刀包括凸半圆铣刀、凹半圆铣刀、特形铣刀、齿轮铣刀等，如图 4-45 所示，用于铣削成形面、渐开线齿轮和涡轮叶片的叶盆内弧形表面等。

（a）凹半圆铣刀　　（b）齿轮铣刀　　（c）特形铣刀　　（d）凸半圆铣刀

图 4-45　铣特形面用铣刀

4．铣特形沟槽用铣刀

铣特形沟槽用铣刀包括 T 形槽铣刀、燕尾槽铣刀、半圆键槽铣刀、角度铣刀等，如图 4-46 所示，用于铣削 T 形槽、燕尾槽、V 形槽、尖槽和斜齿及螺旋齿的开齿等。

（a）T 形槽铣刀　　　　　　　　　　　（b）燕尾槽铣刀

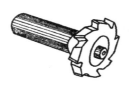

（c）半圆键槽铣刀　　　（d）单角铣刀　　　（e）双角铣刀

图 4-46　铣特形沟槽用铣刀

三、铣削加工

1．铣平面

铣水平面时可在卧式铣床上用圆柱铣刀来铣削，也可在立式铣床上用端铣刀来铣削，如图 4-47 所示。

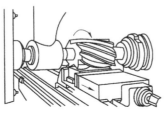

（a）卧铣削　　　　　　　　（b）立铣削

图 4-47　铣水平面

2．铣垂直面

可用卧式铣床和立式铣床加工垂直面，如图 4-48 所示，在立式铣床上铣垂直面时是用立铣刀的圆周刀齿进行的。

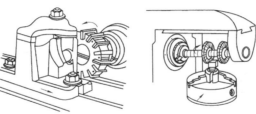

图 4-48　卧铣加工垂直面

3．铣倾斜面

先对工件须加工斜面划线，然后在机床上用平口虎钳或工作台上按划线调整工件，将斜面转到水平位置，夹紧后进行铣削，如图 4-49 所示。也可以采用倾斜垫铁装夹工件铣斜面，如图 4-50 所示。或者在立式铣床上把主轴转动一角度铣斜面，如图 4-51 所示。还可以采用角度铣刀铣斜面，如图 4-52 所示。

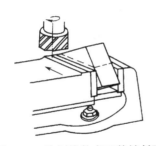
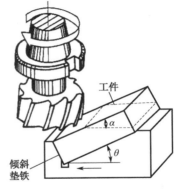

工件

α

倾斜
垫铁

θ

图 4-49　按划线装夹工件铣斜面　　　　　　图 4-50　倾斜垫铁装夹工件铣斜面

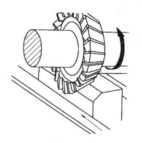

图 4-51　主轴转动一定角度铣斜面　　　　　图 4-52　角度铣刀铣斜面

4．铣组合面

铣削由水平面、垂直面或倾斜面所组成的表面时，大型工件可在龙门铣床上加工，小型工件则用组合铣刀或成形铣刀在卧式铣床上加工，如图 4-53 所示。

5．铣槽

（1）切断

一般用锯片铣刀在卧式铣床上进行，如图 4-54 所示。

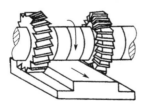

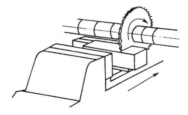

图 4-53　组合铣削　　　　　　　　　　图 4-54　切断

（2）铣直槽

可在卧式铣床上用三面刃铣刀铣直槽，如图 4-55 所示。

（3）铣半圆形键槽

采用与键槽同直径、同厚度的专用铣刀进行，如图 4-56 所示。

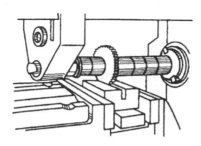

图 4-55　用三面刃铣刀铣直槽　　　　　图 4-56　铣半圆形键槽

（4）铣 T 形槽

如图 4-57 所示，先用立铣刀或三面刃铣刀铣出直槽，然后再用 T 形槽铣刀铣出 T 形槽，最后进行槽口倒角。

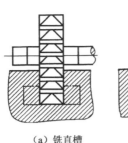

（a）铣直槽

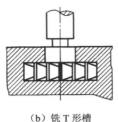

（b）铣 T 形槽

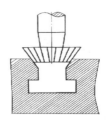

（c）槽口倒角

图 4-57 铣 T 形槽

（5）铣螺旋槽

铣螺旋槽时须在卧式铣床上利用万能分度头进行。螺旋运动是由工件旋转和工作台进给运动合成的，当工件旋转一周时，工作台移动的距离必须等于一导程，如图 4-58 所示。

加工时，工作台还应绕垂直轴转动 β 角，此角应等于螺旋线的螺旋角，而工作台转动的方向可根据螺旋槽方向而定，如图 4-59 所示。

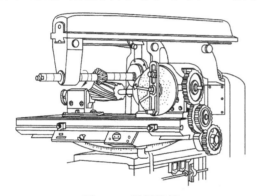

图 4-58 铣螺旋槽

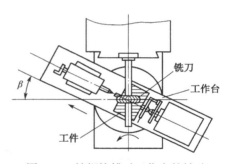

图 4-59 铣螺旋槽时工作台的转动

6．铣曲线外形和成形表面

（1）铣曲线外形

曲线外形可在立式铣床上用立铣刀依划线用手动进给铣削，也可用转台依划线铣削，如图 4-60 所示。

（2）铣成形面

如图 4-61 所示，为用形状相似的成形铣刀铣成形表面。

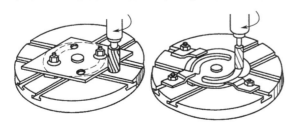

图 4-60 用转台依划线铣曲线外形

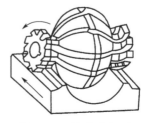

图 4-61 铣成形表面

习题与思考题

1．什么是铣削加工？其基本内容有哪些？
2．常用的铣床有哪几种？简要叙述其基本结构。
3．常用的铣刀有哪几类？各适用于什么场合？
4．倾斜面铣削有哪几种方法？
5．怎样铣 T 形槽？
6．铣螺旋槽时工作台如何转动？

4.4　磨削加工

　　磨削是用磨削工具以较高的线速度对工件表面进行加工的方法。磨削时磨具的回转是主运动，磨具的轴向、径向移动与工件的回转、纵向和横向移动是进给运动。磨削在各类磨床上实现，其主要的加工内容如图 4-62 所示。

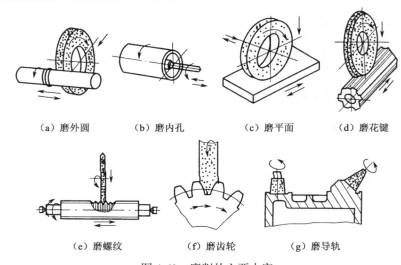

（a）磨外圆　　　　（b）磨内孔　　　　（c）磨平面　　　　（d）磨花键

（e）磨螺纹　　　　（f）磨齿轮　　　　（g）磨导轨

图 4-62　磨削的主要内容

一、磨床

1．外圆磨床

外圆磨床的主要结构部件如图 4-63 所示。

（1）床身

床身是一个箱体形铸件，用来支承磨床的各个部件。它是磨床的基础部件。床身上有纵向和横向二组导轨（纵向导轨上安装工作台，床身后方的横向导轨上安装砂轮架）。床身内还装有液压装置、横向进给机构和纵向进给机构。

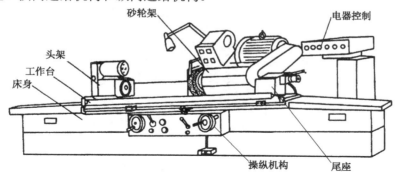

图 4-63　M1432B 型万能外圆磨床

（2）工作台

工作台分上下两层，上工作台可回转一定角度，以便磨削外圆锥面；下工作台由机械或液压传动，可沿着床身的纵向导轨做纵向进给运动。工作台的纵向行程由撞块控制。

（3）头架

头架由底座、传动变速装置、壳体、主轴等组成。头架壳体可绕定位柱在底座上回转（按加工要求可在逆时针方向 0°～90° 内做任意角度的调整）。头架变速可通过推拉变速捏手及改变双速电动机转速来实现。

（4）尾座

尾座由壳体、套筒、往复机构等组成。尾座套筒内装有顶尖，用于装夹工件。装卸工件时，可转动手柄或踏尾座操纵板，实现套筒的往复。

（5）砂轮架

砂轮架由壳体、主轴、内圆磨具及滑鞍等组成。外圆砂轮安装在主轴上，由单独的电动机经 V 带传动时做旋转。壳体可在滑鞍上做 ±30° 回转。滑鞍安装在横身导轨上，可做横向进给运动。内圆磨具支架的底座装在砂轮壳体的盖板上，支架壳体可绕与底座固定的心轴回转，当需要进行内圆磨削时，通过两个球头螺钉和两个具有球面的支块，支撑在砂轮壳体前侧搭面上，并用螺钉紧固。在外圆磨削时，须将支架翻上去，并用插销定位。

2．内圆磨床

如图 4-64 所示，是 M2110A 型内圆磨床的结构，它是一种常见的内圆磨床。

（1）工作台

工作台可沿着床身上的纵向导轨做直线往复运动，其运动分为液压传动和手轮传动。液压传动时，通过调整挡铁和压板位置，可以控制工作台快速趋近或退出、砂轮磨削或修整等。磨床的调整和工件端面的磨削受工作台纵向进给手轮控制。

（2）床头箱

床头箱通过底座固定在工作台的左端，床头箱主轴外圆锥面与带有内锥孔的法兰盘配合，在法兰盘上装上卡盘或其他夹具，以夹持并带动工件旋转。床头箱可相对于底座绕直轴心转动，回转角度为 20°，用于磨削圆锥孔，并装有调整装置，可做微量的角度调整。

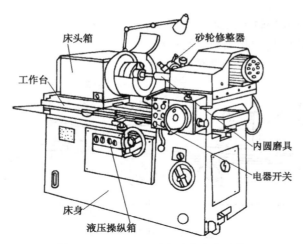

图 4-64　M2110A 型内圆磨床的结构

（3）内圆磨具

内圆磨具安装在磨具座中，M2110A 型内圆磨床配备有一大一小两个内圆磨具，可根据工件的孔径大小来选择使用。用小磨具时，要在磨具壳体外圆上装两个衬套后才能装进磨具座内。

3．平面磨床

如图 4-65 所示，M7120A 型平面磨床由床身、立柱、工作台、磨头和修整器等主要部件组成。

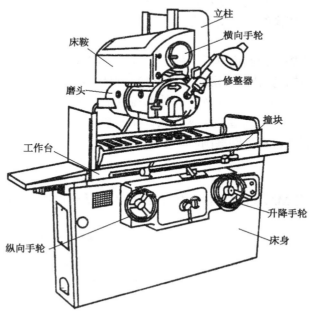

图 4-65　M7120A 型平面磨床

（1）床身

床身为箱形铸件，上面有 V 形导轨与平导轨，工作台安放在导轨上，床身前侧的液压操纵箱上装有工件台手动机构、垂直进给机构、液压操纵板等。

（2）立柱

立柱是一箱形体，前部有两条矩形导轨，丝杠安装在中间，通过螺母使滑板沿导轨垂直移动。

（3）工作台

工作台是一个盆形铸件，上部有长方形台面，下面有凸出的导轨，工作台上部台面经过磨削，并有一条 T 形槽，用以固定工件和电磁吸盘，在四周还装有防护罩。

（4）磨头

磨头在壳体前部，装有两套由三块油膜组成的滑动轴承和控制轴向窜动的两套球面止推轴承，主轴尾导轨上有两种进给形式：一种是断续进给，进给量为 1～12mm；另一种是连续进给，即工作台换向一次，磨头在水平燕尾槽导轨上往复连续移动，其移动量为 0.3～3mm。

二、砂轮

砂轮是一种特殊的刀具，又称磨具，它是由磨料和结合剂以适当的比例混合后，经压制、干燥、烧结、整型、静平衡、硬度测试、最高工作线速度等一系列工序而制成的。因此，砂轮由磨料、结合剂和气孔三要素组成，如图 4-66 所示。

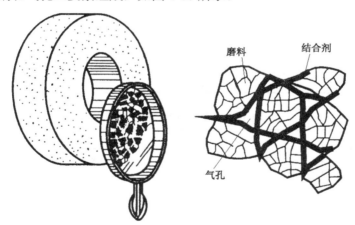

图 4-66　砂轮的组成

1．砂轮的特性要素

（1）磨料

砂轮中磨粒的材料称为磨料，它是砂轮的主要成分。制造砂轮的磨料主要是人工磨料，一般分为刚玉类（氧化物）、碳化硅类和超硬类材料三类。常用磨料的特点与适用范围见表 4-15。

（2）结合剂

结合剂用来将分散的磨料颗粒黏结成具有一定形状和足够强度的磨具材料。结合剂的种类和性质将影响砂轮的硬度、强度、耐腐蚀性、耐热性和抗冲击性等。常用的结合剂及其特点见表 4-16。

表 4-15　常用磨料的特点与适用范围

种类名称		代号	颜色	特点	适用范围
刚玉类	棕刚玉	A	棕褐色	有足够的硬度，韧性较大，价格便宜	磨削碳素钢等，特别适于磨未淬硬钢、调质钢以及粗磨工序
	白刚玉	WA	白色	比棕刚玉硬而脆，自锐性好，磨削力和磨削热量较小，价格比棕刚玉高	磨淬硬钢、高速钢、高碳钢、螺纹、齿轮、薄壁薄片零件以及刃磨刀具等
	铬刚玉	PA	粉红色	硬度和白刚玉相近而韧性较好	可磨削合金钢、高速钢、锰钢等高强度材料以及粗糙度要求较低的工序，也适于成形磨削和刀具刃磨等
	单晶刚玉	SA	浅灰色淡黄色	硬度和韧性都比白刚玉高	磨削不锈钢的高钒高速钢等韧性特别大、硬度高的材料
	微晶刚玉	MA	棕黑色	强度高、韧性和自锐性好	磨削不锈钢、轴承钢和特种球墨铸铁等
碳化硅类	黑碳化硅	C	黑色深蓝色	硬度比白刚玉高，但脆性大	磨削铸铁、黄铜、软青铜以及橡皮、塑料等非金属材料
	绿碳化硅	GC	绿色	硬度与黑碳化硅相近，但脆性更大	磨削硬质合金、光学玻璃等
超硬类	人造金刚石	SD	无色透明、淡黄、淡绿	硬度极高，磨削性能好，价格昂贵	磨削硬质合金、光学玻璃等高硬度材料
	立方氮化硼	CBN	棕黑色	性能与金刚石相近，磨难磨钢材的性能比金刚石好	磨钛合金、高速工具钢等高硬度材料

表 4-16　常用的结合剂及其特点

结合剂名称	代号	主要成分	主要特点
陶瓷结合剂	V	以天然花岗石和黏土为原料配制而成	① 力学和化学性能稳定，能耐热、耐腐，但冰冻会产生裂纹 ② 砂轮多孔性好，利于散热，不易堵塞。但其呈脆性，不能承受大的冲击力的侧面压力，因而不能制造薄片砂轮
树脂结合剂	B	由石碳酸与甲醛合成	① 强度高，可制成薄片砂轮和用做高于 50m/s 的高速磨削砂轮 ② 具有较好的自锐性，磨削效率高 ③ 具有一定的弹性，可避免烧伤工件表面，同时还具有一定的抛光作用，但其耐热温度为 200℃ 左右，因而磨削温度增高时，砂轮损耗较快 ④ 化学性能不稳定，易受碱、油、水的侵蚀，其存放期一般不超过一年，因为其在潮湿的环境中存放会降低砂轮的强度
橡胶结合剂	R	以天然或人造橡胶为主要原料制成	① 耐热温度低于 150℃，耐湿性也较差，易于老化，存放期一般为二年 ② 砂轮气孔小，且弹性较好，可制成薄片砂轮 ③ 具有一定的抛光作用，不易烧伤工作

（3）硬度

砂轮的硬度是指结合剂粘接磨粒的牢固程度，也表示磨粒在磨削力的作用下从砂轮表面上脱落的难易程度。磨粒不易脱落的砂轮为硬砂轮，反之为软砂轮。GB/T2482—2006 规定的磨具硬度等级见表4-17。

表4-17　砂轮的硬度等级

A	B	C	D	极软
E	F	G	—	很软
H	—	J	K	软
L	M	N	—	中级
P	Q	R	S	硬
T	—	—	—	很硬
—	Y	—	—	极硬

注：硬度等级用英文字母标记，"A"到"Y"为由软至硬。

（4）组织

砂轮的组织是表示砂轮内部松紧程度的参数，与磨料、结合剂、气孔三者的体积比例有关，如图 4-67 所示。砂轮的组织规格见表4-18。

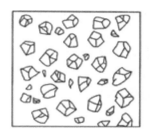

（a）疏松　　　　　　　　（b）中等　　　　　　　　（c）紧密

图 4-67　砂轮的组织

表4-18　砂轮的组织规格

组织分类	紧　密					中　等				疏　松		
组织代号	0	1	2	3	4	5	6	7	8	9	10	11	12
磨料点百分比	62%	60%	58%	56%	54%	52%	50%	48%	46%	44%	42%	40%	38%

2．砂轮的静平衡

（1）静平衡的工具

手工操作的静平衡，须使用平衡架、水平仪、平衡心轴和平衡块等工具。

① 平衡架。常用的平衡架有圆棒导柱式和圆盘式两种。如图 4-68 所示为圆棒导柱式平衡架，这种平衡架主要由支架和导柱组成。这种平衡架的导柱为静平衡心轴滚动的导轨面，对导柱表面素线的直线度和两导柱的平行度都有较高的精度要求。

② 水平仪。常用的水平仪分为框式水平仪和条形水平仪两种，如图 4-69 所示。水平仪主要由框架和水准器组成。水准器外表采用硬玻璃制成，在其内部盛有液体，液体中留有一个气泡，当测量面倾斜时，气泡偏向高的一侧。常用水平仪的读数精度为 0.02mm/1000mm，

即相当于倾斜4″。水平仪用于调整平衡架导柱面的水平位置。

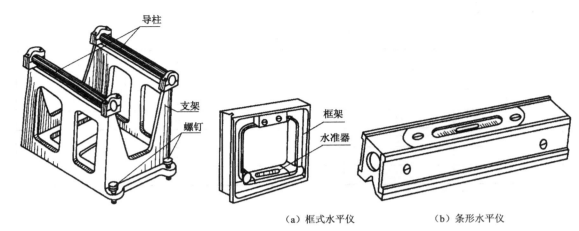

图 4-68　圆棒导柱式平衡架

（a）框式水平仪　　（b）条形水平仪

图 4-69　水平仪

③ 平衡心轴。平衡心轴如图 4-70 所示，它由心轴、垫圈和螺母组成。心轴两端的等直径圆柱面，作为平衡时滚动的轴心，故对其同轴度有较高的要求。心轴的外锥面与砂轮法兰盘锥孔相配合，要求有 80%以上的接触面。

④ 平衡块。大小不同的砂轮，有不同的平衡块。如图 4-71 所示的平衡块安装在法兰盘的环形槽内，按平衡需要可安置若干个平衡块。不断调整平衡块在圆周上的位置，即可达到平衡的目的。砂轮平衡后须将平衡块上的螺钉拧紧，以防发生移动。

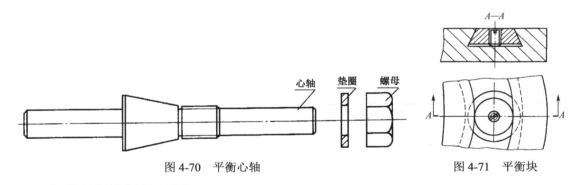

图 4-70　平衡心轴

图 4-71　平衡块

（2）静平衡的方法及要求

平衡前，用水平仪调整平衡架导柱面至水平面内。如图 4-72 所示为平衡架横向位置调整，如图 4-73 所示为平衡架纵向位置调整，使水平仪内的气泡偏移在一格以内。将平衡心轴连同砂轮放在平衡架的圆柱形导轨上做缓慢滚动。若砂轮不平衡，则砂轮会来回摆动[图 4-74（a）]，直至摆动停止，其不平衡量必然在砂轮下方。在砂轮另一侧作一记号 A，在相应部位装上第一块平衡块 1[图 4-74（b）]，并在其对称两侧装上另外两块平衡块 2 和 3，直至砂轮可在任何位置都能静止即砂轮平衡[图 4-74（c）]。一般新安装的砂轮须做两次平衡（即砂轮经修整后再做第二次平衡）。

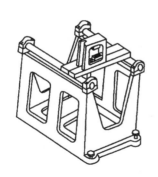

图 4-72　调整水平仪横向位置

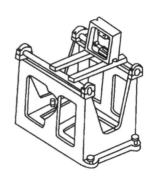

图 4-73　调整水平仪纵向位置

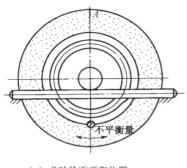

（a）求砂轮不平衡位置

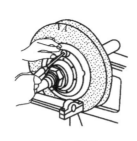

（b）装平衡块

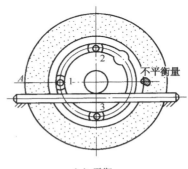

（c）平衡

图 4-74　砂轮平衡的方法

三、磨削加工

1．外圆的磨削

外圆磨削常用的方法有纵向磨削法、横向磨削法、综合磨削法和深度磨削法。

（1）纵向磨削法

如图 4-75 所示，磨削时工件转动并和工作台一起做直线往复运动，当每一纵向行程或往复行程终了时，砂轮按要求的磨削深度做一次横向进给，在多次往复行程中磨去全部磨削余量。

（2）横向磨削法

磨削时，工件不做纵向往复运动，砂轮做连续的横向进给，直至工件余量全部切除为止，如图 4-76 所示。

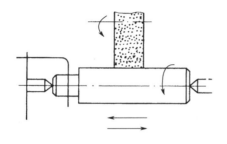

图 4-75　纵向磨削法

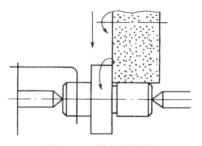

图 4-76　横向磨削法

（3）综合磨削法

这种磨削法是纵向与横向磨削法的综合运用。磨削时先采用横向磨削法分段粗磨外圆，然后再采用纵向磨削法精磨至尺寸要求，如图 4-77 所示。

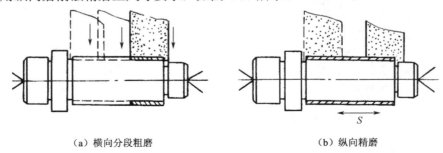

（a）横向分段粗磨　　　　　　　　　　　（b）纵向精磨

图 4-77　综合磨削法

（4）深度磨削法

采用较大的磨削深度，用较小的纵向进给量，在一次纵向进给中磨去工件大部或全部的磨削余量，如图 4-78 所示。为改善砂轮前侧受力状况，使砂轮磨损均匀，可将砂轮修整成阶梯形或较小的斜度。阶梯砂轮左侧一个或几个台阶起粗磨作用，最后一个台阶起精磨作用，如图 4-79 所示。

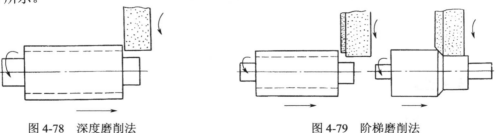

图 4-78　深度磨削法　　　　　　　　　　图 4-79　阶梯磨削法

2. 外圆锥面的磨削

（1）转动工作台法

如图 4-80 所示，工件采用两顶尖装夹，将上工作台相对下工作台逆时针旋转过一个所需角度（$\alpha/2$）。磨削时采用纵向磨削或综合磨削法进行。

（2）转动头架法

将工件装夹在头架的卡盘中，头架逆时针转动一个所需角度（$\alpha/2$），如图 4-81 所示。磨削的方法与上述相同。

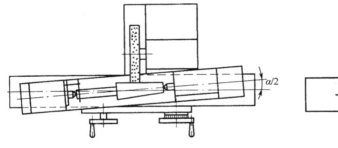
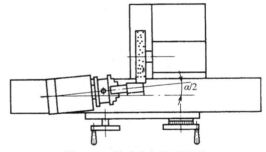

图 4-80　转动工作台法磨外锥　　　　　　图 4-81　转动头架法磨外锥

（3）转动砂轮架法

当工件较长且锥度较大时，应采用转动砂轮架法进行磨削，如图 4-82 所示。磨削时，将砂轮架转过一个所需角度（$\alpha/2$），用砂轮的横向进给进行磨削。

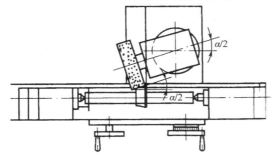

图 4-82　转动砂轮架法磨外锥

3．内圆磨削

（1）纵向法

内圆的纵向磨削法与外圆的纵向磨削法相同，如图 4-83 所示。砂轮的高速回转做主运动，工件以与砂轮回转方向相反的低速回转完成圆周进给运动，工作台沿被加工孔的轴线方向做往复移动完成工件的纵向进给运动。在每一次往复行程终了时，砂轮沿工件周期性再横向进给。

（2）切入法

切入磨削法如图 4-84 所示。此方法与外圆横向磨削法相同，适用于磨削内孔长度较小的工件，这种方法生产效率较高。采用切入磨削法时，接长轴的刚性要好，砂轮在连续的进给中容易堵塞、磨钝，因此要及时修整砂轮，精磨时应采用较低的切入速度。

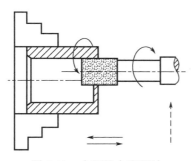

图 4-83　内圆纵向磨削法

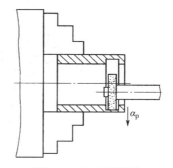

图 4-84　切入磨削法

4．内圆锥的磨削

（1）转动工作台法

工件采用卡盘装夹，磨削时将工作台转过一个角度（$\alpha/2$），工作台带动工件做纵向往复运动，砂轮做横向进给，如图 4-85 所示。

（2）转动头架法

如图 4-86 所示，将头架转过一个角度（$\alpha/2$），磨削时工作台做纵向往复运动，砂轮做横向进给。

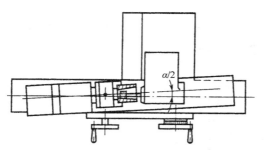

图 4-85　转动工作台法磨内锥

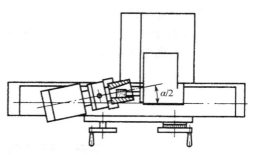

图 4-86　转动头架法磨内锥

5．平面磨削

在平面磨床上磨削平面有圆周磨削法和端面磨削法两种，如图 4-87 所示。卧轴矩台平面磨床的磨削属于圆周磨削法。

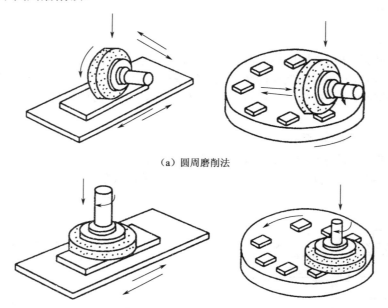

（a）圆周磨削法

（b）端面磨削法

图 4-87　平面的磨削方法

卧轴矩台平面磨床的主要方法有横向磨削法、深度磨削法和阶梯磨削法。

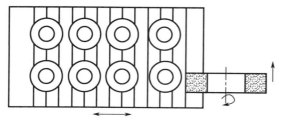

图 4-88　横向磨削法磨平面

（1）横向磨削法

如图 4-88 所示，每当工作台纵向行程终了时，砂轮主轴做一次横向进给，待磨去工件表面上第一层金属后，砂轮再按照给定的工艺磨削深度做一次垂直进给，以后按上述过程以工艺设计步骤逐层进行磨削，直至磨去全部磨削余量，使尺寸符合要求。

横向磨削法适用于磨削长而宽的平面，也

适合形状大小相同的工件的集合磨削。

（2）深度磨削法

如图 4-89 所示，一次将磨削余量粗磨去（留精磨余量），粗磨时的纵向移动速度要慢，横向进给要大，然后再用横向磨削法进行精磨。深度磨削法垂直进给次数少，生产效率高，适合于平面尺寸较大的工件的磨削，但对磨床的工艺刚性要求严格。

（3）阶梯磨削法

如图 4-90 所示，将砂轮厚度的一半修成几个台阶，粗余量由这些台阶分别磨削，砂轮厚度的后一半用于精磨。阶梯磨削法分散了磨削时的磨削力，但磨削时横向进给量不能过大。

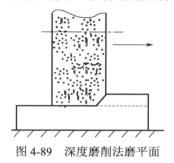

图 4-89　深度磨削法磨平面

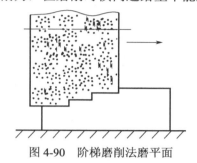

图 4-90　阶梯磨削法磨平面

习题与思考题

1. 什么是磨削？其主要的加工内容有哪些？
2. 常用的磨床有哪些？简述其主要结构。
3. 砂轮由哪些要素组成？
4. 如何对砂轮进行静平衡？
5. 外圆磨削有哪些基本方法？
6. 内圆磨削有哪两种基本方法？
7. 在平面磨床上磨削平面有哪几种方法？卧轴矩台平面磨床的磨削属于什么磨削法？其主要方法有哪些？

4.5　其他机床及其加工

一、钻床及其加工

1. 钻床

（1）台式钻床

台式钻床简称台钻，如图 4-91 所示。它小巧灵活，使用方便，结构简单，主要用于加工

小型工件上的 $d<12mm$ 的各种小孔。钻孔时只要拨动进给手柄使主轴上下移动就可进行钻削与退刀。

（2）立式钻床

立式钻床简称立钻，如图 4-92 所示。与台钻相比，它的刚性要好，功率要大，可钻削较大的孔，加工精度也较高。适用于在单件或小批量生产中加工中小型零件的孔。

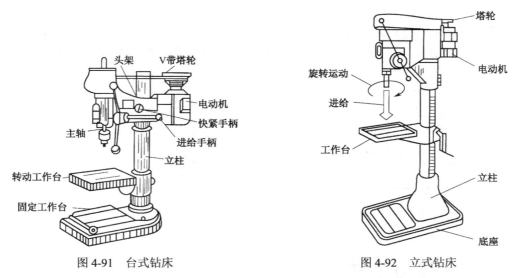

图 4-91　台式钻床　　　　　　　　　图 4-92　立式钻床

（3）摇臂钻床

如图 4-93 所示，摇臂钻床有一个能绕立柱旋转的摇臂，摇臂带着主轴箱，可沿立柱垂直移动，同时主轴箱还能在摇臂上横向移动，操作时对钻头位置的调整非常方便。它适用于一些笨重大工件以及多孔工件的孔加工。

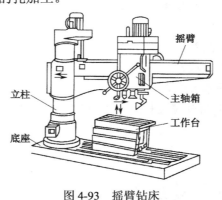

图 4-93　摇臂钻床

2．麻花钻

（1）麻花钻的结构组成

麻花钻是钻孔最常用的刀具，一般用高速钢制成，它由工作部分、颈部和柄部组成，如图 4-94 所示。

由于高速切削的发展，镶硬质合金的麻花钻也得到了广泛的应用，如图 4-95 所示。

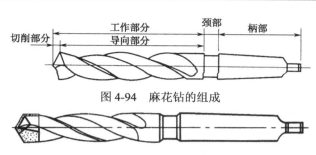

图 4-94　麻花钻的组成

图 4-95　镶硬质合金的麻花钻

（2）麻花钻切削部分的几何形状与角度

麻花钻切削部分的几何形状与角度如图 4-96 所示，它的切削部分可看成正反两把车刀。所以其几何角度的概念和车刀基本相同，但也有其特殊性。

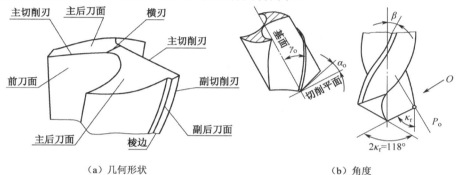

（a）几何形状　　　　　　　　　　（b）角度

图 4-96　麻花钻切削部分的几何形状与角度

3. 钻孔

用麻花钻在工件实体部分加工出孔称为钻孔，如图 4-97 所示。

（1）麻花钻的安装

对于直柄麻花钻，钻孔时采用钻夹头安装，如图 4-98（a）所示。安装时将钻夹头松开至适当的开度，然后把麻花钻柄部插入钻夹头 3 个卡爪内。再用钻夹头钥匙旋转外套，使螺母带动 3 个卡爪移动，直至夹紧。锥柄麻花钻直接采用过渡套安装，安装时，先擦干净过渡套，并将过渡套插入钻床主轴锥孔中，再将选好的麻花钻利用加速冲击力装入过渡套中，如图 4-98（b）所示。

图 4-97　钻孔原理

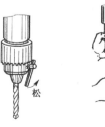

（a）钻夹头安装　　　（b）过渡套安装

图 4-98　麻花钻的安装

钻削完毕后，对于直柄麻花钻利用钥匙往相反的方向旋转钻夹头外套，则可取下麻花钻，如图 4-99（a）所示；对于锥柄麻花钻，则将楔铁插入钻床主轴的腰形孔内（将楔铁带圆弧的一边放在上面），用锤子敲击楔铁即可卸下麻花钻，如图 4-99（b）所示。

（2）钻削操作

在单件小批量生产中，常采用划线钻孔的方法，如图 4-100 所示，其操作步骤为：

① 划线，用样冲定中心眼。

② 找正中心眼与钻头的相对位置。

③ 调整钻头或工件在钻床中的位置，使钻尖对准钻孔中心，并进行试钻。

④ 试钻达到同心要求后，调整好冷却润滑液与进给速度，正常钻削至所需深度。

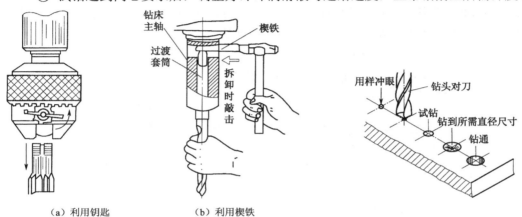

（a）利用钥匙 　　　（b）利用楔铁

图 4-99　麻花钻的拆卸　　　　　　　　图 4-100　钻孔的步骤

钻削时，一般钻进深度达到直径的 3 倍时钻头要退出排屑，以后每钻进一定深度都要退出排屑。如果是通孔，则在将要钻穿孔时，应将自动进给变换为手动进给，并减小手动进给量，钻穿通孔。当钻孔直径超过 30mm 时，应分两次钻削。第一次钻削时所选钻头的直径约为 5mm，然后用所要求的钻头进行扩孔。

如果生产批量较大或孔的位置精度要求较高，则需要采用钻模来保证孔的正确位置，如图 4-101 所示。

二、镗床及其加工

1. 镗床

（1）金刚镗床

金刚镗床是一种高速精密镗床，适合于加工轴瓦材料等有色合金。金刚镗床的类型很多，可根据工件加工工艺的要求选择。图 4-102 所示为单面卧式金刚镗床。

（2）坐标镗床

坐标镗床是一种高精度机床，主要用于对尺寸精度及位置精度要求都很高的孔系加工。坐标镗床不仅可用于单件精密生产，还可用于成批加工带有精密孔系的零件。坐标镗床的类型很多，按其布局形式分为单柱、双柱和卧式三种类型，如图 4-103 所示。

（3）卧式镗床

卧式镗床的工艺范围非常广泛，除可镗孔外，还可镗端面、外圆、螺孔、钻孔及铣平面等，可以在一次装夹后，加工多道工序，所以卧式镗床又称万能镗床。图 4-104 所示为卧式镗床。卧式镗床特别适用于大型、复杂、精度要求较高的箱体类零件孔系的加工。

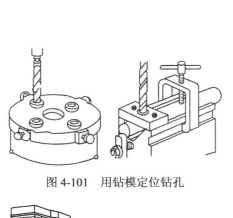

图 4-101　用钻模定位钻孔

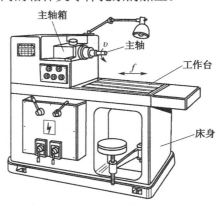

图 4-102　单面卧式金刚镗床

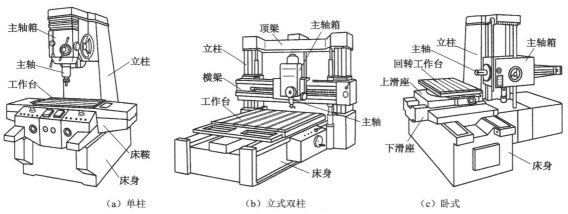

（a）单柱　　　　　　　　（b）立式双柱　　　　　　　　（c）卧式

图 4-103　坐标镗床

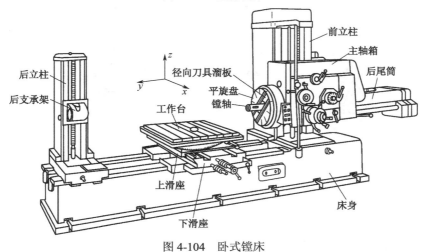

图 4-104　卧式镗床

2．镗刀

镗刀的种类很多，按切削刃数量分为单刃镗刀与多刃镗刀两大类。

（1）单刃镗刀

单刃镗刀分为普通单刃和单刃微调镗刀两种，如图 4-105 所示。

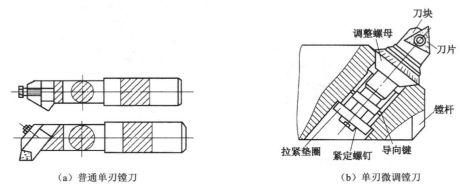

（a）普通单刃镗刀　　　　　　　　（b）单刃微调镗刀

图 4-105　单刃镗刀

（2）双刃镗刀

双刃镗刀分为固定式镗刀和浮动式镗刀两类，如图 4-106 所示。它具有两个对称分布的切削刃，工作时可以消除径向误差，从而提高镗孔精度。双刃镗刀结构较为复杂，制造比较困难，一般适用于生产批量较大、精度较高的孔的加工。

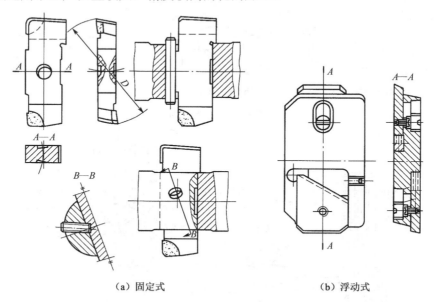

（a）固定式　　　　　　　　　　　（b）浮动式

图 4-106　双刃镗刀

3．镗削的加工内容

镗削加工主要是用镗刀镗削工件上铸出或粗钻出的孔。镗削除了镗孔外，还可进行钻孔、平面、沟槽和螺纹的加工。常见的镗削加工内容如图 4-107 所示。

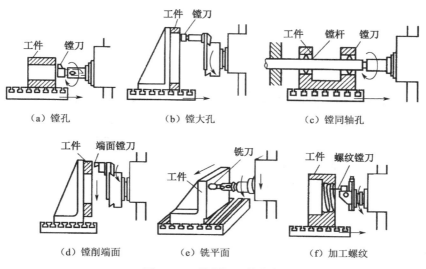

（a）镗孔　　　　　　（b）镗大孔　　　　　　（c）镗同轴孔

（d）镗削端面　　　　（e）铣平面　　　　　　（f）加工螺纹

图 4-107　镗削加工的内容

4．镗削加工方法

镗削加工方法按照镗杆上切削力作用点的位置分为悬臂镗削法和双支承镗削法。

（1）悬臂镗削法

图 4-108（a）所示为悬臂镗削法的一种形式（镗刀位于支承点一侧），只有一个支承点，镗杆处于悬臂状态，镗削时镗杆随主轴转动，工件移动，处于这种受力状态的镗杆刚性不足，所以只适用于加工不太长的单孔或距离较近的同轴孔。图 4-108（b）所示为悬臂镗削法的另一种形式，这种方法镗削时，须先镗前孔，然后换长镗杆镗削后孔，只是要在先加工好的前孔中装入一镗套来支承镗杆，提高镗杆刚度，可镗削较长通孔或相距较远的同轴孔。

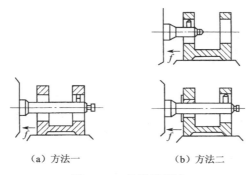

（a）方法一　　　　　　　（b）方法二

图 4-108　悬臂镗削法

（2）双支承镗削法

双支承镗削法切削时刀具的安装位置有两种，一种是刀具在两支承点的中间，如图 4-109（a）所示；另一种是刀具不在两支承点的中间，如图 4-109（b）所示。镗刀在两支承点之间，提高了镗杆的刚性，适用于加工长通孔或孔距较大的同轴孔系。

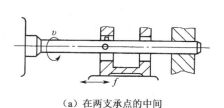
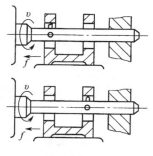

（a）在两支承点的中间　　　　　　（b）不在两支承点的中间

图 4-109　双支承镗削法刀具的安装

三、刨床及其加工

1．刨床

刨床常见的类型有牛头刨床和龙门刨床两类。

（1）牛头刨床

牛头刨床外形如图 4-110 所示，机床的主运动机构装在床身内，使装有刀架的滑枕沿床身顶部的导轨做往复直线运动。

（2）龙门刨床

龙门刨床的外形如图 4-111 所示，主要用于加工大平面，尤其是长而窄的平面。

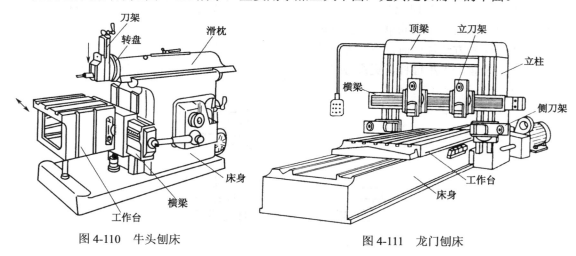

图 4-110　牛头刨床　　　　　　　　图 4-111　龙门刨床

2．刨刀

刨刀的种类很多，常用的刨刀有平面刨刀、宽刃刨刀、切刀等，见表 4-19。

3．刨削的加工内容

刨削是指在刨床上用刨刀对工件做相对直线运动的切削方法。它可以加工平面、沟槽和直线成形面等，如图 4-112 所示。

表 4-19　常用刨刀

种　类	图　示	用　途	种　类	图　示	用　途
平面刨刀		刨削平面	切刀		刨削窄槽或切割工件
宽刃刨刀			样板刀		刨削成形面
普通刨刀		刨削垂直端面和台阶	弯侧刀		刨削 T 形槽
角度刨刀		刨削燕尾槽等	内孔侧刀		加工孔状工件表面和槽

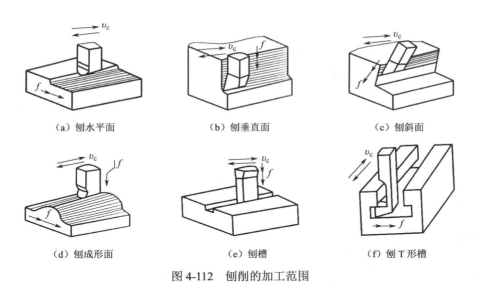

（a）刨水平面　　　　　（b）刨垂直面　　　　　（c）刨斜面

（d）刨成形面　　　　　（e）刨槽　　　　　（f）刨 T 形槽

图 4-112　刨削的加工范围

 习题与思考题

1．常用钻床有哪几种？主要加工范围是什么？

2．麻花钻由哪几部分组成？

3．钻孔的基本步骤是什么？

4．镗床有哪几种类型？各适用的加工范围是什么？

5. 什么是镗削？其主要加工内容有哪些？

6. 刨刀有哪些种类？各适用于什么场合？

7. 什么是刨削？其主要加工内容有哪些？

4.6 数控加工简介

一、数控机床

1. 数控机床的组成

数控机床是一种以数字量作为指令信息形式，通过数控逻辑电路或计算机控制的机床。它由数控系统、伺服系统和机床本体三个基本部分组成，如图4-113所示。

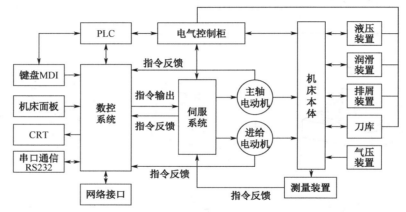

图 4-113　数控机床的组成

2. 数控机床的工作过程

数控机床加工零件时，要预先根据零件加工图样的要求确定零件的工艺过程、工艺参数和刀具位移数据，再按编程手册的有关程序指令规定，编制出零件的加工程序。或利用CAD/CAM 软件进行编程，然后将程序通过磁盘输入机、串口等输入设备输入数控系统，由数控系统对程序进行处理和计算，并发出相应的命令，通过伺服系统使数控机床按预定的轨迹运动，进行零件的切削加工，如图4-114所示。

3. 数控机床的分类

数控机床经过几十年的发展，其规格、型号繁多，品种已达上千种，结构与功能也各具特色。从不同的经济技术或经济指标出发，可对数控机床进行各种不同的分类。

（1）按控制运动的轨迹分类

数控机床按控制运动的轨迹分类情况见表4-20。

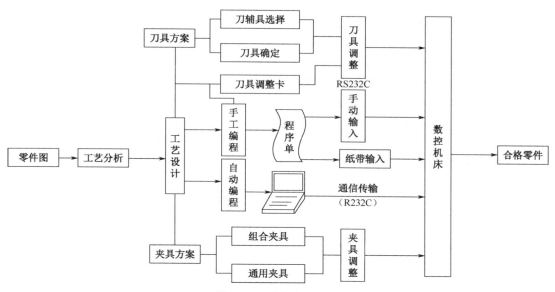

图 4-114　数控加工过程

表 4-20　数控机床按控制运动的轨迹分类

分　类	功 用 说 明	图　　示	应 用 举 例
点位控制数控机床	其机械运动实行点到点的准确定位控制，而对其点到点之间的运动轨迹未作要求，这是因为刀具在其定位运动过程中不进行切削，可以快速进给到定位位置（即不与工件接触）		数控钻床、数控冲床、数控坐标镗床、数控元件插装机等
直线控制数控机床	其机械运动方式除了要控制刀具相对工件（或工作台）的起点和终点的准确位置外，还要控制每一程序段的起点与终点间的位移过程，即刀具以给定的进给速度做平行于某一坐标轴方向的直线运动		数控车床、数控磨床等
连续控制数控机床	这类机床又称轮廓控制数控机床，它能够同时对两个或两个以上的坐标进行控制，从而按给定的规律和速度进行准确的轮廓控制，使其运动轨迹成为所需要的直线、曲线或曲面		数控车床、铣床、凸轮磨床、线切割机床等

（2）按工艺用途分类

按工艺用途分类，数控机床可分为数控钻床、数控车床、数控铣床、数控磨床和轮加工机床等，还有压床、冲床、弯管机、电火花切割机床、火焰切割机床、凸焊机等。

加工中心是带有刀库与自动装置的数控机床，它可在一台机床上实现多种加工。工件一次装夹，可完成多种加工，既节省了辅助工时，又提高了加工精度。

（3）按控制方式分类

① 开环控制系统。开环控制示意图如图 4-115 所示，它是无位置反馈的一种控制方法，它采用的控制对象、执行机构多半是步进式电动机或液压转矩放大器。

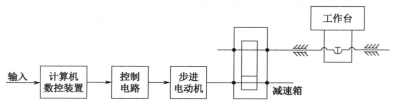

图 4-115　开环控制示意图

② 半闭环控制系统。半闭环控制系统示意图如图 4-116 所示，它是在丝杠上装有角度测量装置（光电编码器、感应同步器或旋转变压器）作为间接的位置反馈。零件的尺寸精度应由刀架的运动来测量，但半闭环控制系统不是直接测量刀架的实际位移，而是测量带动刀架的丝杠转动了多大角度，然后根据螺距进行计算，计算出它的位置。

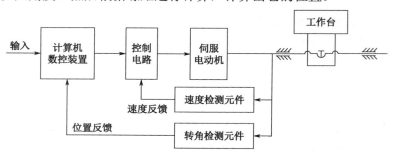

图 4-116　半闭环控制系统

③ 闭环控制系统。闭环控制系统示意图如图 4-117 所示，它是对机床的移动部件的位置直接用直线位置检测装置进行检测，再把实际测量出的位置反馈到数控装置中去，与输入指令比较是否有差值，然后用这个差值去控制移动部件，使移动部件按实际需要值去运动，从而实现准确定位。

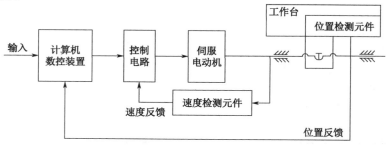

图 4-117　闭环控制系统

二、数控机床坐标系

1．机床坐标系的确定

为了便于在编程时准确地描述数控机床的运动，简化程序的编制方法并保证各相关记录数据的正确与互换性，数控机床的坐标和运动方向都已标准化了。如图 4-118 所示，该标准规定机床坐标系采用右手笛卡尔直角坐标系。规定直线进给坐标轴用 X、Y、Z 表示，常称基本坐标轴。X、Y、Z 坐标轴的相互关系用右手定则判定。图示中大拇指的指向为 X 轴的正方向，食指指向为 Y 轴的正方向，中指指向为 Z 轴的正方向。围绕 X、Y、Z 轴旋转的圆周进给坐标轴分别用 A、B、C 表示。根据右手螺旋定则，以大拇指指向+X、+Y、+Z 方向，则大拇指、食指、中指等的逆时针绕向是圆周进给运动的+A、+B、+C 方向。

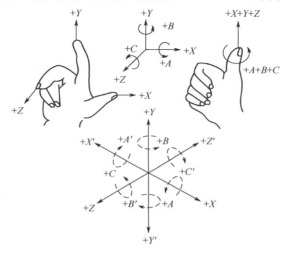

图 4-118　右手笛卡尔坐标

2．坐标轴方向的确定

（1）Z 坐标轴

Z 坐标轴的运动方向由传递切削动力的主轴决定，平行于主轴轴线的坐标轴即为 Z 坐标轴，其正方向为刀具离开工件的方向。

如果机床上有几个主轴，则选一个垂直于工件装夹平面的主轴方向作为 Z 坐标轴方向；如果主轴能够摆动，则选垂直于工件装夹平面的方向为 Z 坐标轴方向；如果机床无主轴，则选垂直于工件装夹平面的方向为 Z 坐标轴方向。

（2）X 坐标轴

X 坐标轴平行于工件的装夹平面，一般在水平面内。当工件做旋转运动（数控车床）时，则刀具离开工件的方向为 X 坐标轴的正方向。当刀具做旋转运动（数控车铣床）时，则分为两种情况：当 Z 坐标轴水平时，观察者沿刀具主轴向工件看，+X 运动方向指向右方；当 Z 坐标轴垂直时，观察者面对刀具主轴向立柱看，+X 运动方向指向右方。

（3）Y 坐标轴

在确定 X、Z 坐标轴的正方向后，可以根据 X 和 Z 坐标轴的方向，按照右手直角坐标系来确定 Y 坐标轴的方向。常见机床的坐标轴方向如图 4-119 所示（图中表示的方向为实际运动部件的移动方向）。

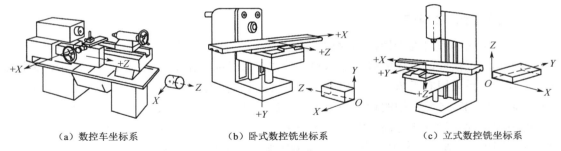

（a）数控车坐标系　　　　　（b）卧式数控铣坐标系　　　　　（c）立式数控铣坐标系

图 4-119　数控机床的坐标轴方向

3．机床原点与机床参考点

（1）机床原点的设置

机床原点也称机械原点，是机床坐标中固有的点，不能随意改变。在数控车床上，机床原点一般取在卡盘端面与主轴中心线的交点处，如图 4-120 所示。在立式数控铣床上，机床原点一般取在 X、Y、Z 坐标轴正方向的极限位置上，如图 4-121 所示。

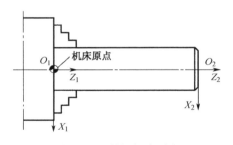

图 4-120　数控机床原点

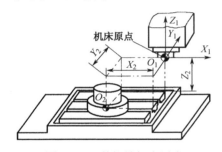

图 4-121　数控铣机床原点

（2）机床参考点

对于大多数数控机床，开机第一步总是先要进行返回参考点操作（即回零操作）。开机回参考点的目的是建立机床坐标系，并确定机床坐标系的原点。该坐标系一经建立，只要机床不断电，将永远保持不变，并且不能通过编程对它进行修改。

机床参考点是数控机床上一个特殊位置的点，该点通常位于机床正向极限点处，如图 4-122 所示。机床参考点与机床原点的距离由系统参数设定，其值可以是零，如果其值为零则表示机床参考点与机床原点重合，如果其值不为零，则机床开机回零后显示的机床坐标系的值即是系统参数中设定的距离值。

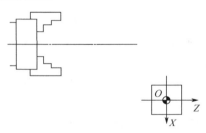

图 4-122　机床原点设定于刀架正向运动极限点

4．工件坐标系和机床坐标系的关系

数控编程时，所有尺寸都按工件坐标系中的尺寸确定，不必考虑工件在机床上的安装位置和安装精度，但在加工时需要确定机床坐标系、工件坐标系、刀具起点三者的位置才能加工。工件装夹在机床上后，可通过对刀确定工件在机床上的位置。

数控加工前，通过对刀操作来确定工件坐标系与机床坐标系的相互位置关系。加工时，工件随夹具在机床上安装后，测量工件原点与机床原点之间的距离，这个距离称为工件原点偏置，如图 4-123 所示。在用绝对坐标编程时，该偏置值可以预存到数控装置中，在加工时工件原点偏置值可以自动加到机床坐标系上，使数控系统可按机床坐标系确定加工时的坐标值。

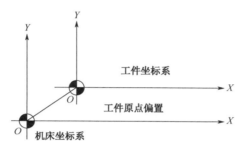

图 4-123　工件原点偏置

5．刀位点

刀位点是指刀具的定位基准点。在进行数控加工编程时，往往是将整个刀具浓缩为一个点，那就是刀位点。

如图 4-124 所示，圆柱铣刀的刀位点是刀具中心线与刀具底面的交点，球头铣刀的刀位点是球头的球心点或球头顶点，车刀的刀位点是刀尖或刀尖圆弧中心，钻头的刀位点是钻头顶点。

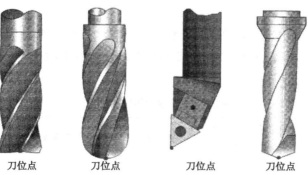

刀位点　　　　刀位点　　　　刀位点　　　　刀位点

图 4-124　常用数控刀具的刀位点

三、数控编程基础

1．程序的结构

数控加工程序由遵循一定结构、句法和格式规则的若干个程序段组成，每个程序段是由若干个指令字组成的。一个完整的数控加工程序由程序号、程序主体和程序结束 3 部分组成，

如图 4-125 所示。

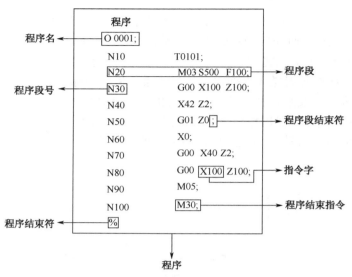

图 4-125　程序的结构

　　程序号位于数控加工程序主体前，是数控加工程序的开始部分，一般独占一行。为了区别存储器中的数控加工程序，每个数控加工程序都要有程序号。程序号一般由规定的字母"O"、"P"或符号"%"、"："开头，后面紧跟若干位数字组成，常用的有两位和四位数两种，前面的"0"可以省略（但其后续数字切不可为 4 个"0"）。

　　程序的主体也就是程序的内容，是整个程序的核心部分，由多个程序段组成，程序段是数控程序中的一句，单列一行，表示工件的一段加工信息，用于指令机床完成某一个动作。若干个程序段的集合，则完整地描述了某一个工件加工的所有信息。

2．功能字

（1）准备功能字

　　准备功能字的地址符是 G，它用于设立机床加工方式，为数控机床的插补运算、刀补运算、固定循环等做好准备。G 指令由字母 G 和后面的两位数字组成，G00～G99 共 100 种，见表 4-21。

表 4-21　G 指令的用法与功能

G 代码	功能保持到被取消或被同样字母表示的程序指令所代替	功能仅在所出现的程序段内有效	功　能
G00	a		点定位
G1	a		直线插补
G02	a		顺时针圆弧插补
G03	a		逆时针圆弧插补
G04		*	暂停
G05	#		不指定
G06	a		抛物线插补
G07	#		不指定

续表

G 代码	功能保持到被取消或被同样字母表示的程序指令所代替	功能仅在所出现的程序段内有效	功　能
G08			加速
G09			减速
G10～G16	#		不指定
G17	c		XY 平面选择
G18	c		ZX 平面选择
G19	c		YZ 平面选择
G20～G32	#		不指定
G33	a		等螺距螺纹切削
G34	a		增螺距螺纹切削
G35	a		减螺距螺纹切削
G36～G39	#		永不指定
G40	d		刀具补偿/刀具偏置注销
G41	d		刀具补偿（左）
G42	d		刀具补偿（右）
G43	#（d）		刀具偏置（正）
G44	#（d）		刀具偏置（负）
G45	#（d）		刀具偏置（+/+）
G46	#（d）		刀具偏置（+/-）
G47	#（d）		刀具偏置（-/-）
G48	#（d）		刀具偏置（-/+）
G49	#（d）		刀具偏置（0/+）
G50	#（d）		刀具偏置（0/-）
G51	#（d）		刀具偏置（+/0）
G52	#（d）		刀具偏置（-/0）
G53	f		直线偏移注销
G54	f		直线偏移 X
G55	f		直线偏移 Y
G56	f		直线偏移 Z
G57	f		直线偏移 XY
G58	f		直线偏移 XZ
G59	f		直线偏移 YZ
G60	h		准确定位 1（精）
G61	h		准确定位 2（中）
G62	h		准确定位（粗）
G63	*		攻丝
G64～G67	#	#	不指定
G68	#（d）	#	刀具偏置，内角
G69	#（d）	#	刀具偏置，外角

续表

G 代码	功能保持到被取消或被同样字母表示的程序指令所代替	功能仅在所出现的程序段内有效	功 能
G70～G79	#	#	不指定
G80	e		固定循环注销
G81～G89	e		固定循环
G90	j		绝对尺寸
G91	j		增量尺寸
G92		*	预置寄存
G93	k		时间倒数，进给率
G94	k		每分钟进给
G95	k		主轴每转进给
G96	i		恒线速度
G97	i		主轴每分钟转速
G98、G99	#	#	不指定

说明：#——如选作特殊用途，须在程序格式说明中说明；*——程序启动时生效。

G 指令分为模态指令和非模态指令。模态指令又称续效代码，是指在程序中一经使用后就一直有效，直到出现同组中的其他任一 G 指令将其取代后才失效。非模态指令只在编有该代码的程序段中有效，下一程序段需要时必须重写。

（2）坐标尺寸字

坐标尺寸字在程序段中主要用来指令机床的刀具运动到达的坐标位置。尺寸字可以使用米制，也可以使用英制，FANUC 系统用 G20/G21 切换。

尺寸字由规定的地址符及后续的带正、负号的多位十进制数组成。常用的地址符有 X、Y、Z、U、V、W，主要表示指令到达点坐标值或距离；I、J、K，主要表示零件圆弧轮廓圆心点的坐标尺寸。有些数控系统在尺寸字中允许使用小数点编程，无小数点的尺寸字指令的坐标长度等于数控机床设定单位与尺寸字中数字的乘积。例如，采用米制单位若设定为 $1\mu m$，则指令 X 向尺寸 400mm 时，应写成 X400.0 或 X400000。

（3）辅助功能字

辅助功能字的地址符是 M，它用来控制数控机床中辅助装置的开关动作或状态。与 G 指令一样，M 指令由字母 M 和其后的两位数字组成，M00～M99 共 100 种。常用的 M 指令如下。

① M00（程序暂停）。执行 M00 指令，主轴停、进给停、切削液关、程序停止。欲继续执行后续程序，应按操作面板上的循环启动键。该指令方便操作者进行刀具和工件的尺寸测量、工件调头、手动变速等操作。

② M01（选择停止）。该指令与 M00 功能相似，不同的是只有在机床操作面板上的"选择停止"开关处于"开"状态时，此功能才有效。

③ M02（程序结束）。该指令表示加工程序全部结束，机床的主轴、进给、切削液全部停止，一般放在主程序的最后一个程序段中。

④ M03（主轴正转）。主轴转速由主轴转速功能字 S 指定。

⑤ M04（主轴反转）。

⑥ M05（主轴停止）。在 M03 或 M04 指令作用后，可以用 M05 指令使主轴停止。

⑦ M08（切削液开）。该指令使切削液打开。

⑧ M09（切削液关）。该指令使切削液关闭。

⑨ M30（程序结束并返回到程序开始）。该指令与 M02 功能相似，只是 M30 兼有控制返回零件程序头的作用。

（4）进给功能字

进给功能字的地址符是 F，它用来指定各运动坐标轴及其任意组合的进给量或螺纹导程。该指令是模态代码。现代数控机床一般都使用直接指定法，即 F 后跟的数字就是进给速度的大小。例如，F80 表示进给速度是 80mm/min。这种表示较为直观，为用户编程带来了方便。

有的数控系统，可用 G94/G95 来设定进给速度的单位。G94 是表示进给速度与主轴速度无关的每分钟进给量，单位为 mm/min；G95 是表示与主轴速度有关的主轴每转进给量，单位为 mm/r。

（5）主轴转速功能字

主轴转速功能字的地址符是 S，它用来指定主轴转速或速度，单位为 r/min 或 m/min。该指令是模态代码。其表示方法采用直接指定法，即 S 后跟的数字就是主轴转速的大小。例如，S800 表示主轴转速为 800r/min。

（6）刀具功能字

刀具功能字的地址符是 T，它是用来指定加工中所用刀具和刀补号的。该指令是模态代码。常用的表示方法是 T 后跟两位数字或四位数字。

 习题与思考题

1．什么是数控机床？其工作过程有哪些？

2．如何确定机床坐标轴方向？

3．什么是机床原点？如何设置机床原点？

4．什么是刀位点？常用数控刀具的刀位点在什么位置？

5．数控程序的基本结构内容有哪些？

第 5 章　特种加工简介

5.1　电火花加工

电火花是一种利用电、热能对金属进行腐蚀加工的方法。在加工过程中，工具电极和工件之间不断产生脉冲的火花放电，靠放电时局部、瞬时产生的高温把金属腐蚀除掉。

一、电火花加工的基本原理

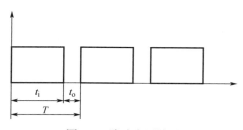

图 5-1　脉冲电压波形

要想利用火花放电产生的电蚀现象对工件进行加工，必须具备下列条件。

使火花放电为瞬时脉冲放电，并且脉冲放电的波形基本是单向的，如图 5-1 所示。

电压脉冲的持续时间称为脉冲宽度，用 t_i 表示，单位为 μs。在粗加工时，为保证加工速度，应选用较大的脉冲宽度，但又不能过大，一般为 $10\sim30\mu s$；在精加工时为提高加工精度和表面质量，应选用较小的脉冲宽度。为防止因放电产生的热量来不及传导和扩散到加工表面以外的部位而将工件表面烧伤从而造成无法加工的现象，应使每一个放电点局限在很小的范围内。

两个电压脉冲之间的间隔时间称为脉冲间隙，用 t_o 表示，单位为 μs。脉冲间隙的大小也应合理选用。如果间隔时间过短，会使绝缘介质来不及恢复绝缘状态，容易产生电弧放电而烧坏工件和工具；脉冲间隔时间过长，又会降低加工生产率。从一个电压脉冲开始到下一个电压脉冲开始之间的时间称为脉冲周期，用 T 表示，单位为 μs。显然，$T=t_i+t_o$。

为保证在火花放电时产生较高的温度将工件表面的金属熔化或汽化，脉冲放电就应有足够的能量。也就是放电通道要有很大的电流密度，一般为 $105\sim106\ \text{A/cm}^2$。

要保证有合理的放电间隙。放电间隙是指火花放电进行加工时工具表面和工件表面之间的距离，用 S 表示。放电间隙大小与加工电压、加工介质等因素有关。一般在几微米到几百微米之间合理选用。间隙过大，会使工作电压不能击穿绝缘介质；间隙过小，又易形成短路，将导致电极间电压为零，不能产生火花放电，从而无法对工件进行加工。

火花放电必须在具备一定绝缘性能的液态介质中进行。绝缘介质的作用为：

①在到达要求的击穿电压之前，应保持电学上的非导电性，即起到绝缘的作用。

②在到达击穿电压后，绝缘介质要尽可能地压缩放电通道的横截面积，以提高单位面积上的电流强度。

③在放电完成后，迅速熄灭火花，使火花间隙消除电离从而恢复绝缘。

④要求介质具有较好的冷却作用，并将电蚀产物从放电间隙中带走。

综合上述基本条件，电火花加工原理如图 5-2 所示。脉冲电源的两个输出端分别与工件和工具相连。自动进给装置使工件与工具之间经常保持一个很小的放电间隙，当加在两极间的脉冲电压足够大时，便使两极间隙最小处或绝缘强度最低处的介质被击穿，在该处形成火花放电，瞬时达到的高温使工具和工件表面被蚀掉一部分金属，各自形成一个小凹坑，如图 5-3（a）所示，图中表示单个脉冲放电后的电极表面。脉冲放电结束后，经过一段时间间隔，使工作液恢复绝缘并清除电蚀产物后，第二个脉冲电压又加到两极上，又会使两极间隙最小处或绝缘强度最低处的介质被击穿，从而又形成小凹坑。这样随着相当高的频率连续不断地重复放电，工具电极不断向工件进给，从而保持一定的放电间隙，就可将工具端面和横截面的形状复制在工件上，加工出所需形状的零件，整个加工表面将由无数个小凹坑所组成。图 5-3（b）所示为多次脉冲放电后的电极表面。

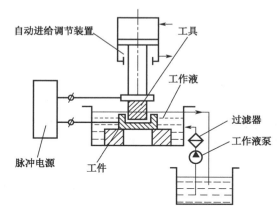

图 5-2　电火花加工原理图

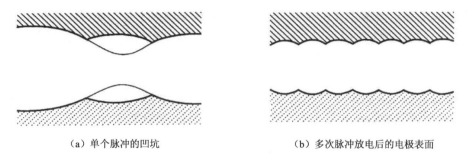

（a）单个脉冲的凹坑　　　　　　　　　（b）多次脉冲放电后的电极表面

图 5-3　电火花加工表面局部放大图

二、电火花加工工艺设备

1. 电火花成形机床

电火花成形机床主要由机床主体、脉冲电源、自动进给调节系统和工作液循环过滤系统几部分组成，如图5-4所示。

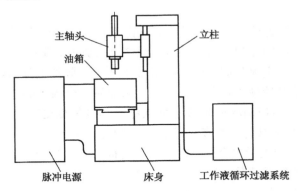

图 5-4　电火花成形机床

（1）机床主体

机床主体包括主轴头、床身、立柱、工作台、工作液槽等。主轴头由进给系统、导向机构、电极夹具及相应调节环节组成，它是电火花成形机床中关键的部件。

床身和立柱属于基础部件，应具备足够的刚度，床身工作面与立柱导轨面之间应有一定的垂直度要求，还应保证机床工作精度持久不变。

工作台一般都可做纵向和横向移动进给，并带有坐标测量装置。目前常用的定位方法有靠手轮来调节零件的位置，也可采用光学读数装置和磁尺数显装置来调节零件的位置。

（2）脉冲电源

脉冲电源也称电脉冲发生器，其作用是输出具有足够能量的单向脉冲电流，即产生火花放电来蚀除金属。其性能直接影响加工速度、表面质量、加工稳定性，以及工具电极损耗等各项经济技术指标。因此要求脉冲电源参数（如电流幅值、脉宽、脉冲间歇等）能在规定范围内可调，以满足粗、中、精、精微加工的需要，同时要求加工过程中稳定性要好、抗干扰能力强、操作方便。

（3）自动进给调节系统

电火花成形加工设备主要是靠自动进给调节系统来确保工件与电极之间在加工过程中始终保持一定的放电间隙，并且能自动补偿放电蚀除金属后间隙增大的部分。因此，要求自动进给调节系统具有足够的稳定性、较高的灵敏度和快速反应能力。

对自动进给调节装置的要求是：有较广的速度调节跟踪范围、足够的灵敏度和快速性，以及必要的稳定性等。目前电火花加工常用的自动进给调节系统是电液自动进给调节系统和电-机械式自动调节系统。其中采用步进电动机和力矩电动机的电-机械式自动调节系统低速性好，可直接带动丝杠进退，灵敏度高，体积小，结构简单，而且惯性小，有利于实现加工过程的自动控制和数字程序控制，因而在中、小型电火花机床中应用非常广。

如图 5-5 所示，是步进电动机自动进给调节系统原理框图。其工作原理是：测量环节对放电间隙进行检测后,输出一个反映间隙状态的电压信号。变频电路则将该信号加工以放大,并转换成不同频率的脉冲,为环形分配器提供进给触发脉冲。同时,多谐振荡器发出恒频率的回退触发脉冲。根据放电间隙的物理状态,两种触发脉冲由判别电路选择其中一种送至环形分配器,决定进给或是回退。

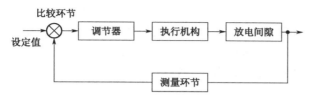

图 5-5 步进电动机自动进给调节系统原理框图

（4）工作液循环过滤系统

工作液循环过滤系统由储液箱、过滤器、泵和控制阀等部件组成。工作液循环的方式很多,主要有以下几种。

① 非强迫循环。工作液仅做简单循环,用清洁的工作液换脏的工作液。电蚀产物不能被强迫排除。

② 强迫冲油。将清洁的工作液强迫冲入放电间隙,工作液连同电蚀产物一起从电极侧面间隙中被排出,称为强迫冲油。这种方法排屑力强,但电蚀产物通过已加工区,排出时形成二次放电,容易形成大的间隙和斜度。此外,强力冲油对主轴头的自动调节系统会产生干扰,过强的冲油会造成加工不稳定。如果工作液中带有气泡,进入加工区域将会发生爆裂而引起"放炮"现象,并伴随有强烈振动,严重影响加工质量。

③ 强迫抽油。将工作液连同电蚀产物经过放电间隙和工件待加工面强迫吸出,称为强迫抽油。这种排屑方式可以避免电蚀产物的二次放电,故加工精度高,但排屑力较小,不能用于粗规准加工。其工作液循环过滤系统如图 5-6 所示,工作过程主要为冲油、抽油和补油 3 个过程。

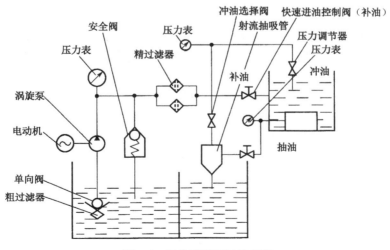

图 5-6 工作液循环过滤系统

过滤工作液的具体方法有自然沉淀法、静电过滤法、离心过滤法和介质过滤法等。其中介质过滤法较为常用，一般采用黄砂、木屑、过滤纸、活性炭等作为过滤介质，效果好，速度快，但结构复杂。

（5）机床附件

① 平动头。平动头是电火花成形加工中较常用的附件，主要应用于型腔模在半精加工和精加工时精修侧面，提高仿形精度，保证加工稳定性，有利于极间排屑，防止短路和烧弧等。

② 电极夹具。电极夹具的作用是把工具电极装夹固定在主轴上，并能调节电极的轴线与主轴轴线重合或平行。工具电极的装夹及其调节装置的形式很多，常用的有十字铰链式电极装夹调节装置和球面铰链式电极装夹调节装置。

2．电火花线切割机床

电火花线切割机床加工示意如图 5-7 所示。脉冲电源的正极接在工件上，负极接在电极丝上。工件固定在绝缘板上，可以随工作台相对电极丝按一定的轨迹运动，即进给运动；电极丝缠绕在储丝筒上，通过导轮的作用，可以随储丝筒相对工件做直线往复运动，即走丝运动。工作液箱的作用是在加工过程中提供循环的工作液，带走电蚀产物并冷却电极。

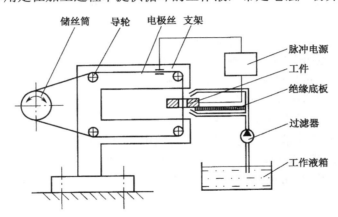

图 5-7　电火花线切割机床加工示意

电火花线切割机床按控制方式可分为靠模仿形控制、光电跟踪控制、数字程序控制、微机控制等，按走丝速度可分为低速走丝方式（俗称慢走丝）和高速走丝方式（俗称快走丝）。

（1）快走丝电火花线切割机床的结构与特点

快走丝线切割机床一般采用 0.08～0.2mm 的钼丝作为工具电极，而且是双向往返运行，电极丝可多次使用，直至断丝为止。常用的快走丝电火花线切割机床如图 5-8 所示。

快走丝机床结构简单，价格便宜，加工生产率较高。目前快走丝线切割加工机床能达到的加工精度为 ±0.01mm，切割速度可达 50mm²/min，切割厚度与机床的结构参数有关，最大可达 500mm，可满足一般模具的加工要求。

（2）慢走丝电火花线切割机床的结构与特点

慢走丝电火花线切割机床如图 5-9 所示。它采用直径为 0.03～0.35mm 的铜丝作为电极，线电极只能单向通过间隙，不重复使用，可避免电极损耗对加工精度的影响。慢走丝电火花线切割机床能自动穿电极丝和自动卸除加工废料，自动化程度高，能实现无人操作加工，加工精度可达 ±0.001mm。

图 5-8　快走丝电火花线切割机床　　　　图 5-9　慢走丝电火花线切割机床

慢走丝电火花线切割机床的走丝路径如图 5-10 所示。电极丝绕线管插入绕线轴，电极丝经长导丝轮到张力轮、压紧轮和张力传感器，再到自动接线装置，然后进入上部导丝器、加工区和下部导丝器，使电极丝能保持精确定位；再经过排丝轮，使电极丝以恒定张力、恒定速度运行，废丝切断装置把废丝切碎送进废丝箱，完成整个走丝过程。

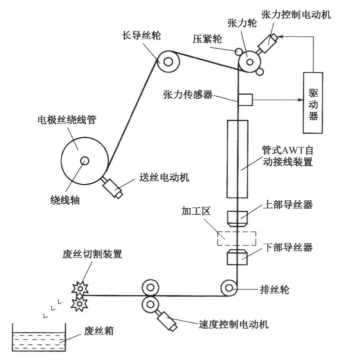

图 5-10　慢走丝电火花线切割机床的走丝路径

三、编制数控电火花成形加工的 G 代码程序

1．绝对值编程 G90 与相对值编程 G91

（1）格式

指令格式为：

G90GX-Y-Z-

G91G X-Y-Z-

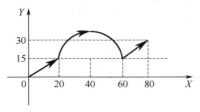

图 5-11　两种不同指令的区别

（2）说明

G90 为绝对值编程，每个轴上的编程值是相对于程序原点的；G91 为相对值编程，每个轴上的编程值是相对于前一位置而言的，该值等于沿轴移动的距离；G90、G91 为模态功能，G90 为默认值。

图 5-11 给出了刀具由原点按箭头方向移动时两种不同指令的区别。

绝对值编程为：

……

G90G92X0Y0

G01X20Y15

G02X60Y15I20J0

G01X80Y30

……

相对值（增量）编程为：

……

G91G92X0Y0

G01X20Y15

G02X40I20

G01X20Y15

……

2．设置当前点的坐标值 G92

（1）格式

指令格式为：

G92X-Y-

（2）说明

G92 代码把当前点的坐标设置成所需要的值；在补偿方式下，如果遇到 G92 代码，会暂时中断半径补偿功能，即每执行一次 G92，相当于撤销一次补偿，执行下一段程序时，再建立一次补偿；每个程序中一定要有 G92 代码，否则可能会发生不可预测的错误。

3．坐标平面选择 G17、G18、G19

（1）格式

指令格式为：

G17

G18

G19

（2）说明

该指令选择一个平面，在此平面中进行圆弧插补和刀具半径补偿。G17 选择 XY 平面，

G18 选择 ZX 平面，G19 选择 YZ 平面；移动指令与平面选择无关；G17、G18、G19 为模态指令功能，可相互注销，G17 为默认值。

4．快速定位 G00

（1）格式

指令格式为：

G00X-Y-Z-

（2）说明

X、Y、Z 为快速定位终点；G00 指令刀具相对于工件从当前位置以各轴预先设定的快速进给速度移动到程序段所指定的下一个定位点；G00 一般用于加工前的快速定位或加工后的快速退刀；G00 为模态功能，可由 G01、G02、G03 功能注销。

5．直线进给 G01

（1）格式

指令格式为：

G01X-Y-Z-

（2）说明

X、Y、Z 为终点；G01 指令刀具从当前点以联动的方式，按合成的直线轨迹移动到程序段所指定的终点；用 G01 代码指令各轴直线插补加工；G01 为模态功能，可由 G00、G02、G03 功能注销。

6．圆弧进给 G02/G03

（1）格式

指令格式为：

G17G02/G03X-Y-I-J-
G18G02/G03X-Z-I-K-
G19G02/G03Y-Z-J-K-

（2）说明

I、J、K 分别表示 X、Y、Z 轴圆心的坐标减去圆弧起点的坐标，如图 5-12 所示。某项为零时可省略，但不能都省略。

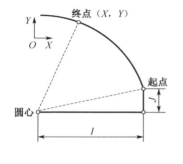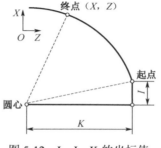

图 5-12 I、J、K 的坐标值

（3）G02/G03 的判别

G02 为顺时针方向圆弧插补，G03 为逆时针方向圆弧插补。顺时针或逆时针是从垂直于圆弧加工平面的第三轴的正方向看到的回转方向，如图 5-13 所示。

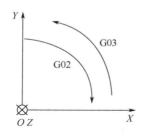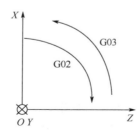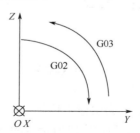

图 5-13　G02/G03 的判别

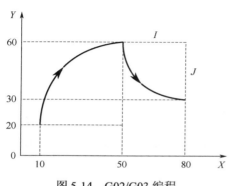

图 5-14　G02/G03 编程

如加工图 5-14 所示的圆弧，试编写出加工程序。编程为：

……
G92X10Y12
G90G02X50Y60I40
G03X80Y30I30
……

7. 指定抬刀方式 G30/G31

G30 表示抬刀的方式按用户指定的轴向进行，G30 后接抬刀的轴向；G31 指定抬刀方式为按加工路径的反方向进行。

8. H 指令

（1）格式

指令格式为：

H××

（2）说明

H 指令实际上是一种变量，通过 H+二位十进制的阿拉伯数字来指定代号；代号从 0～99 共 100 种，保存数值的范围为±99999.999mm；用户通过机床的控制台来给 H 指令代码赋值，也可通过 H××=_____格式为某个补偿号赋一个定值；H 指令可进行各种运算。

9. 接触感知 G80

（1）格式

指令格式为：

G80 轴+方向回退长度

（2）说明

执行该代码可以命令指定轴沿给定方向前进，直到和工件接触为止；电极以一个速度（感知速度，接触感知的最大速度为 255，数字越大，速度越慢）接近工件时，感知后并不立即停在此处，而是回退到一个距离 ST-Backdistance（回退长度，单位 μm），再向工件接触感知，再回退，如是 ST-Times（接触感知次数，最大为 127 次，一般设为 4 次）次后，方停在感知处，确认为已找到了接触感知点。其中三个参数可在参数模式的机床子方式下进行设定；在方向选择中，正方向用"+"，负方向用"−"，且"+"不能省略。

例如：G80X-；即工件电极将向 X 轴负方向前进，直到接触工件，然后停止。当电极接触到工件时，接触动作重复执行预先给定的次数，每次接触工件后会回退一小段距离，再去接触，直到重复给定次数后才停止下来，实际动作轨迹如图 5-15 所示。

10．回机床极限 G81

（1）格式

指令格式为：

　　　　G81 轴+方向

（2）说明

执行该代码，机床移动到指定轴方向的机床极限位置。回极限的进程如图 5-16 所示，由图可看出，碰到极限后并不停止，而是减速，冲过一定距离返回起始点，再次到达极限点后停止。

图 5-15　实际动作轨迹

11．回到当前位置与零点的一半处 G82

（1）格式

指令格式为：

G82+轴

（2）说明

执行该代码，电极移动到指定轴当前位置与开始位置的一半处。如图 5-17 所示，编程为：

……

G922G54X0Y0

G00X100Y100

G82X

……

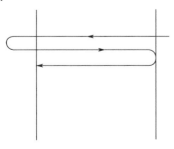

图 5-16　回极限进程图

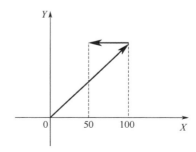

图 5-17　G82 运行轨迹

12. 定时加工 G86

（1）格式

指令格式为：

$$G86X\times\times \quad \times\times \quad \times\times$$

（2）说明

前两个参数表示小时数，中间两个参数表示分钟数，后两个参数表示秒数；地址可为 X 或 T，当为 X 时，加工到指定的时间后，本段加工自动结束，不管深度是否到达设定值，当地址为 T 时，加工到指定的深度后，启动定时加工，使加工再持续指定的时间，但加工深度不会超过设定的值；G86 只对其后的第一个加工代码段有效；G86 必须放在一个单独的段内；最大时间为 99 小时 99 分 99 秒，且必须为 6 位数字，不足须用 0 补足。

13. M 功能代码

数控电火花加工机床常用 M 功能代码见表 5-1。

表 5-1　电火花加工机床常用 M 功能代码

功　能	格　式	说　明
暂停	M00	程序暂停实际上是一个暂停指令。当执行有 M00 指令的程序段后，自动加工暂时停止，按 Enter 键后，程序接着执行
程序结束	M02	M02 代码是整个程序结束命令，M02 之后的代码将不被执行。执行 M02 代码后，系统将复位所有的延续至程序结束的模态代码的状态，然后再接受用户的命令以执行相应的动作
忽略接触一次感知	M05	代码忽略一次接触感知，当电极与工件接触感知并停在此处后，若要把电极移走，用此代码（M05 代码只在本段程序起作用）
调用子程序	M98P××××L×××× 或 M98P×××　××××	子程序调用，P 后四位表示调用子程序名，L 后表示调用次数，省略时为调用一次；P 后面前三位表示调用次数，后四位表示所调用子程序名
子程序结束	M99	用于子程序调用结束后返回

14. T 指令

（1）格式

指令格式为：

T84/T85

（2）说明

T84 为打开液泵指令，T85 为关闭液泵指令。

15. 加工参数指令

加工参数指令代码及功能见表 5-2。

表 5-2　加工参数指令代码及功能

代　码	功　能	代　码	功　能
C00～C99	调用的放电参数号	DC××	放电时间 DN
PT××	脉宽 PW	JP××	抬刀高度 UP

续表

代　码	功　能	代　码	功　能
PP××	脉间 PG	CC××	电容 CC
PI××	低压管数 PI	IK××	损耗类型 WEARYPE
CV×	高压管数 HI	OBT×××	自由平动的类型 OBT
POL-/+	加工极性 POL	STEP××××	自由平动的半径 STEP
SV××	基准电压 COMP		

 习题与思考题

1．利用电火花对工件进行加工时必须具备哪些条件？

2．什么是脉冲宽度？其符号和单位各是什么？

3．什么是脉冲间隙？其符号和单位各是什么？

4．绝缘介质有什么作用？

5．简述电火花加工的原理。

6．电火花成形机床由哪几部分组成？

7．常用的脉冲电源有几类？

8．按走丝速度电火花线切割机床分为哪几种？其结构与特点有哪些？

5.2　电解加工

电解加工是利用金属在电解液中产生电化学阳极溶解的原理对工件进行成形加工的特种加工，又称电化学加工。

一、电解加工的特点与应用

1．电解加工的特点

① 能以简单的进给运动一次加工出复杂的型腔或型面。

② 可加工高硬度、高强度和高韧性的难加工金属材料（如淬火钢、高温合金和钛合金等）。

③ 工具电极不损耗。

④ 产生的热量被电解液带走，工件基本上没有温升，适合于加工热敏性材料的零件。

⑤ 加工中无机械切削力，加工后零件表面无残余应力，无毛刺。

⑥ 表面粗糙度可达 $Ra1.25\sim0.16\mu m$。加工精度：型孔或套料为 $\pm0.03\sim\pm0.05mm$，模锻型腔为 $\pm0.05\sim\pm0.20mm$，透平叶片型面为 $0.18\sim0.25mm$。电解加工存在的问题是加工间隙受许多参数的影响，不易严格控制，因而加工精度较低，稳定性差，并难以加工尖角和

窄缝。此外，设备投资较大，电极制造以及电解产物的处理和回收都较困难等。

2. 电解加工的应用

电解加工主要用于以下几个方面：
① 各种特型型腔的加工。
② 沟槽、斜面、轮廓及深孔加工等用传统方法难以加工的零件。
③ 零件的倒棱、去毛刺及微孔加工。
④ 难加工材料的加工。
⑤ 电解抛光。
⑥ 成批生产时对难加工材料和复杂型面、型腔、异形孔、薄壁零件的加工。如加工炮管膛线、透平叶片型面、整体叶轮、锻模、航空发动机机匣、异形深小孔、内齿轮和花键孔等，还可用于去毛刺、刻印和电解扩孔。

二、电解加工工艺设备

电解加工由于可以利用立体成形的阴极进行加工，从而大大简化了机床的成形运动机构。对于阴极固定式的专用加工机床，只装夹固定好工件和工具的相互位置，并引入直流电源和电解液即可，它实际上是一套夹具。移动式阴极电解加工机床用得比较多。一般工件固定不动，阴极做直线进给移动，只有少数零件如膛线加工，以及要求较高的筒形零件等，才需要旋转进给运动。

机床的形式主要有卧式和立式两类，如图 5-17 所示。卧式机床主要用于加工叶片、深孔及其他长筒形零件。立式机床主要用于加工模具、齿轮、型孔、短的花键及其他扁平零件。

（a）卧式　　　　　　　　　　　　　　　　（b）立式

图 5-17　电解加工机床

电解加工机床目前大多采用机电传动方式，有采用交流电动机经机械变速机构实现机械进给的，它不能无级调速，在加工过程中也不能变速，一般用于产品比较固定的专用电解加工机床。

目前大多数采用伺服电动机或直流电动机无级调速的进给系统，容易实现自动控制。电解加工中所采用的进给速度都是比较低的，因此都需要有降速用的变速机构。由于降速比较大，故行星减速器、谐波减速器在电解加工机床中被更多地采用。为了保证进给系统的灵敏性，使低速进给时不发生爬行现象，广泛采用滚珠丝杠传动，用滚动导轨代替滑动导轨。

三、电解加工成形表面的原理

电解加工是在电解抛光的基础上发展起来的，图 5-18 所示为电解加工成形表面过程的示意图。加工时，工件接直流电源的正极，工具接电源的负极。工具向工件缓慢进给，使两极之间保持较小的间隙（0.1～1mm），具有一定压力（0.49～1.96MPa）的电解液从间隙中流过，这时阳极工件的金属被逐渐电解腐蚀，电解产物被高速（5～50m/s）的电解液带走。

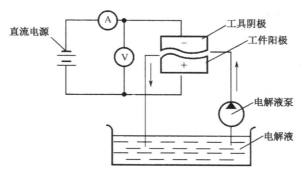

图 5-18　电解加工示意图

电解加工成形原理如图 5-19 所示，图中的细竖线表示通过阴极（工具）与阳极（工件）间的电流，竖线的疏密程度表示电流密度的大小。在加工刚开始时，阴极与阳极距离较近的地方通过的电流密度较大，电解液的流速也较高，阳极溶解速度也就较快，如图 5-19（a）所示。由于工具相对工件不断进给，工件表面就不断被电解，电解产物不断被电解液冲走，直至工件表面形成与阴极工作面基本相似的形状为止，如图 5-19（b）所示。

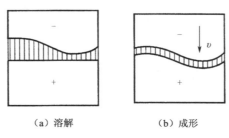

（a）溶解　　　　　　　（b）成形

图 5-19　电解加工成形原理

 习题与思考题

1. 什么是电解加工？其特点和应用有哪些方面？
2. 电解加工机床有哪两种形式？各适用于什么场合？
3. 简述电解加工成形表面的原理。

5.3　超声波加工

超声波加工是磨粒在超声振动作用下的机械撞击和抛磨作用以及超声波空化作用的综合结果。

一、超声波加工的基本原理

超声波加工的原理如图 5-20 所示，超声波发生器产生的超声频电振荡通过换能器产生16000Hz 以上的纵向振动，并借助于变幅杆把振幅放大 0.05～0.1mm，从而使工具的端面做超声频振动。在工具和工件之间注入磨料悬浮液，当工具端面迫使磨粒悬浮液中的磨粒以很大的速度和加速度不断地撞击、抛磨被加工表面时，被加工表面的材料被粉碎成很细的微粒，从工件上剥落下来。虽然每次剥落下来的材料很少，但由于每秒撞击的次数多达 16000 次以上，因此仍有一定的加工速度。与此同时，当工具端面以很大的加速度离开工件表面时，加工间隙内形成负压和局部真空，在工作液体内形成很多微空腔；当工具端面又以很大的加速度接近工件表面时，空泡闭合，引起极强的液压冲击波，从而强化加工过程。

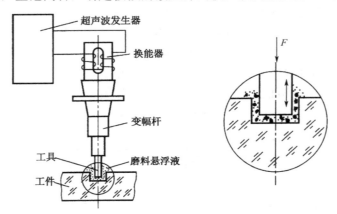

图 5-20　超声波加工的原理图

此外，正负交变的液压冲击也使悬浮磨料的工作液在加工间隙中强迫循环，使变钝的磨粒及时得到更新。

二、超声波加工的特点

1．适合于加工各种脆硬材料

超声波加工基于微观局部撞击作用，所以材料越是脆硬，受撞击作用所遭受的破坏越大，就越适宜超声波加工。例如玻璃、陶瓷（氧化铝、氮化硅等）、石英、锗、硅、石墨、玛瑙、宝石、金刚石等材料，比较适宜超声波加工。相反，脆性和硬度不大却具有韧性的材料，由于具有缓冲作用而难以采用超声波加工。

因此，选择工具材料时，应选择既能撞击磨粒，又不使自身受到很大破坏的材料，例如不淬火的 45 钢等。

2．设备结构简单

由于工具材料较软，易制成复杂的形状，工具和工件又无须做复杂的相对运动，因此普通的超声波加工设备结构简单。但若需要加工较大而且复杂精密的三维结构，须设计和制造三坐标数控超声波加工机床。

3．表面粗糙度值小，加工精度高

由于去除加工材料是靠极小磨粒瞬时局部的撞击作用，故工件表面的宏观切削力很小，切削应力、切削热很小，不会引起变形及烧伤，表面粗糙度 Ra 值可达 $1.0\sim0.1\mu m$，加工精度可达 $0001\sim0.02\ mm$，并可加工细小结构和低刚度的工件。

三、超声波加工工艺设备

普通超声波加工机床的结构比较简单，包括支承超声波振动系统的机架、安装工件的工作台、使工具以一定压力作用在工件上的进给机构及机身等。

图 5-21 所示为国产 CSJ-2 型超声波加工机床简图。超声波振动系统安装在能上下移动的导轨上，导轨由上下两组滚动导轮定位，使导轨能灵活精密地上下移动。工具向下进给以对工件施加压力。为能调节压力大小，在机床后部可加平衡重锤，也可采用弹簧进行平衡。

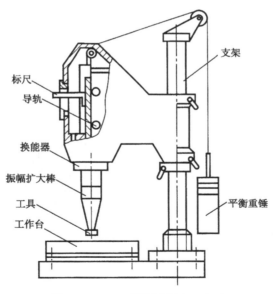

图 5-21　CSJ-2 型超声波加工机床

四、超声波加工的应用

1．型孔、型腔加工

超声波加工目前在工业部门中主要用于对脆硬材料加工圆孔、型孔、型腔、套料和微细孔等，如图 5-22 所示。

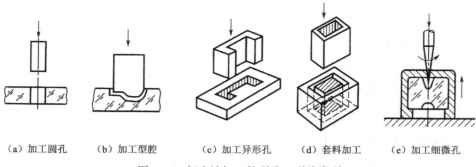

|（a）加工圆孔|（b）加工型腔|（c）加工异形孔|（d）套料加工|（e）加工细微孔|

图 5-22　超声波加工的型孔、型腔类型

2．切割加工

普通机械加工很难切割脆硬的半导体材料，采用超声波切割则较为有效。图 5-23 所示为用超声波切割单晶硅片示意图。用锡焊或铜焊将工具（薄钢片或铜片）焊接在变幅杆的端部。加工时喷注磨料悬浮液，一次可以割 10～20 片。

图 5-24 所示为成批切块刀具，它采用了一种多刃刀具，即一组厚度为 0.127 mm 的软钢刃刀片，间隔 1.14 mm，铆合在一起，然后焊接在变幅杆上。刀片伸出的高度应足够在磨钝后做几次重磨。最外边的刀片应比其他刀片高出 0.5 mm，切割时插入坯料的导向槽中，起定位作用。加工时喷注磨料悬浮液，将坯料片先切割成 1mm 宽的长条，然后将刀具转过 90°，使导向片插入另一导槽中，进行第二次切割以完成模块的切割加工。图 5-25 所示为已切成的陶瓷模块。

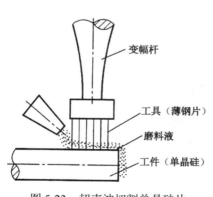

图 5-23　超声波切割单晶硅片

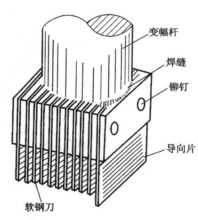

图 5-24　成批切槽（块）刀具

3．复合加工

利用超声波加工硬质合金、耐热合金等金属材料时，存在加工速度低，工具损耗大等问题。为了提高加工速度，降低工具损耗，可以把超声波加工与其他加工方法结合起来，这就是复合加工。如采用超声波与电化学或电火花结合加工喷油嘴、喷丝板上的小孔或窄缝，能极大地提高加工速度和加工质量。

图 5-26 所示为超声波电解复合加工小孔示意图。工件接直流电源的正极，工具（钢丝、钨丝或铜丝）接负极，在工件与工具间加 6～18V 的直流电压，采用 20%浓度的硝酸钠等钝

化性电解液混加磨料作为电解液。工件被加工表面在电解液中产生阳极溶解，电解产物阳极钝化膜被超声频振动的工具和磨料破坏，由于超声波振动引起的空化作用加速了钝化膜的破坏和磨料电解液的循环更新，从而使加工速度和质量大大提高。

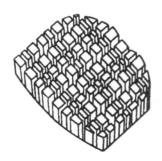

图 5-25　切割成的陶瓷模块

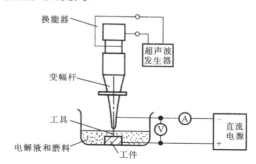

图 5-26　超声波电解复合加工小孔示意图

4．超声波清洗

超声波清洗的原理主要是利用超声频振动在液体中产生的交变冲击波和空化作用。超声波在清洗液（汽油、煤油、酒精、丙酮或水等）中传播时，液体分子往复高频振动形成正负交变的冲击波。当声强达到一定数值时，液体中产生微小空化气泡并瞬时强烈闭合，造成的微冲击波使被清洗物表面的污物脱落下来。

由于超声波无孔不入，即使污物在被清洗物上的窄缝、细小深孔、弯孔中，也容易被清洗干净。虽然每个微气泡的作用并不大，但每秒有上亿个空化气泡作用，仍可获得很好的清洗效果。所以，超声波广泛用于对喷油嘴、喷丝板、微型轴承、仪表齿轮、手表整体机芯、印制电路板、集成电路微电子器件的清洗。图 5-27 所示为超声波清洗装置示意图。

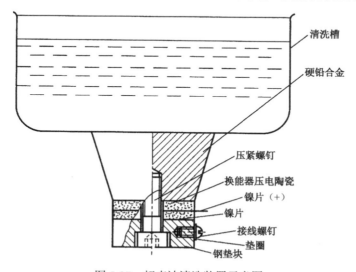

图 5-27　超声波清洗装置示意图

5．超声波焊接

超声波焊接原理是利用超声频振动作用去除工件表面的氧化膜，暴露出新的本体表面，使两个工件表面在一定压力下相互剧烈摩擦、发热而亲和粘接在一起。它不仅可以焊接尼龙、塑料以及表面易生成氧化膜的铝制品等，还可以在陶瓷等非金属表面挂锡、挂银、涂覆熔化的金属薄层等。

图 5-28 所示为超声波焊接示意图。表 5-3 给出了可以采用超声波焊接的某些成对金属，有些金属在超声波作用下的可焊性增大。此外，利用超声波的定向发射、反射等特性，还可以实现测距和探伤等。

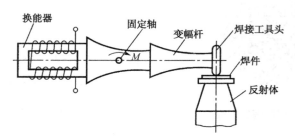

图 5-28　超声波焊接示意图

表 5-3　某些金属的超声波焊接性能

金属	铝	铍	铜	铁	镁	钼	镍	钽	钛	钨	锆
铝	+	+	+	+	+	+	+	+	+	+	+
铍		+	−	−	−	−	−	−	+	−	−
铜			+	+		+	+		+		+
铁				+	−	+	+		+	+	+
镁					+	−	−	+	+	−	−
钼						+	+	+	−		+
镍							+	−	+	−	−
钽								+	+		
钛									−	−	
钨										+	−
锆											+

说明："+"表示可焊接；"—"表示不易焊接。

习题与思考题

1．什么是超声波加工？它有何特点？

2．简述超声波加工的基本原理。

3．超声波加工一般应用在哪些场合？

5.4　激光加工

一、激光加工的原理与特点

1. 激光加工原理

激光是一种经受激辐射产生的加强光，它具有高亮度、高方向性、高单色性和高相干性四大综合性能。通过光学系统聚焦后可得到柱状或带状光束，而且光束的粗细可根据加工需要调整，当激光照射在工件的加工部位时，工件材料迅速被熔化甚至汽化。随着激光能量不断被吸收，材料凹坑内的金属蒸气迅速膨胀，压力突然增大，熔融物爆炸式地高速喷射出来，在工件内部形成方向性很强的冲击波。因此，激光加工是工件在光热效应下产生高温熔融和受冲击波抛出的综合作用过程。

激光加工器一般分为固体激光器和二氧化碳气体激光器，图 5-29 所示是固体激光器工作原理图。

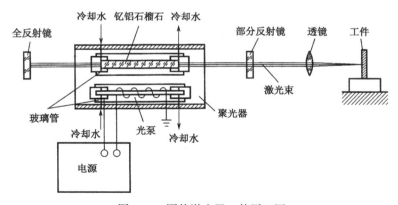

图 5-29　固体激光器工件原理图

当激光工作物质钇铝石榴石受到光泵（激励脉冲氙灯）的激发后，吸收具有特定波长的光，在一定条件下可导致工作物质中的亚稳态粒子数大于低能级粒子数（这种现象称为粒子数反转），此时一旦有少量激发粒子产生受激辐射跃迁，就会造成光放大，再通过谐振腔内的全反射镜和部分反射镜的反馈作用产生振荡，最后由谐振腔的一端输出激光。激光通过透镜聚焦形成高能光束照射在工件表面上，即可进行加工。固体激光器中常用的工作物质除钇铝石榴石外，还有红宝石和钕玻璃等材料。

2. 激光加工的特点

① 激光加工属高能束流加工，功率密度可高达 $10^8 \sim 10^{10} \text{W/cm}^2$，几乎可以加工任何金属材料和非金属材料。

② 激光加工无明显机械力，不存在工具损耗，加工速度快，热影响区小，易实现加工过程自动化。

③ 激光可通过玻璃等透明材料进行加工。

④ 激光可以通过聚焦形成微米级的光斑，输出功率的大小又可以调节，可进行精密微细加工。

⑤ 可以达到 0.01 mm 的平均加工精度和 0.001mm 的最高加工精度，表面粗糙度 Ra 值可达 0.4～0.1μm。

二、激光加工的基本设备

激光加工的基本设备由激光器、激光器电源、光学系统及机械系统四大部分组成，加工装置结构方框图如图 5-30 所示。

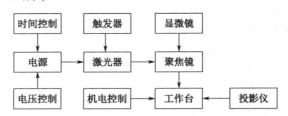

图 5-30　激光加工装置结构方框图

1．激光器

激光器是激光加工的重要设备，它的任务是把电能转变成光能，产生所需要的激光束。激光器按工作物质的种类可分为固体激光器、气体激光器、液体激光器及半导体激光器四大类。

由于 He-Ne（氦-氖）气体激光器所产生的激光不仅容易控制，而且方向性、单色性及相干性都比较好，因而在机械制造的精密测量中被广泛采用。而激光加工则要求输出功率与能量大，目前多采用 CO_2 气体激光器及红宝石、钕玻璃、YAG（掺钕钇铝石榴石）等固体激光器。

2．激光器电源

激光器电源根据加工工艺的要求，为激光器提供所需要的能量，它包括电压控制、储能电容组、时间控制及触发器等。由于各类激光器的工作特点不同，对它们的供电电源要求也不同。

3．光学系统

光学系统将光束聚焦并观察和调整焦点位置，包括显微镜瞄准、激光束聚焦及加工位置在投影仪上显示等。

4．机械系统

机械系统主要包括床身、能够在三坐标范围内移动的工作台及机电控制系统等。随着电子技术的发展，目前已采用数字计算机来控制工作台的移动，实现激光加工的连续工作。

激光加工设备除了上述基本组成部分外，为有助于排除加工产物，提高加工速度和质量，激光加工机床上都设计有同轴吹气或吸气装置，安装在激光输出的聚焦物镜下，以减少蚀除物的粘附，有利于保持工件表面及聚焦物镜的清洁。

三、激光加工的应用

激光加工的应用范围很广泛，除可进行打孔、切割、焊接、材料表面处理、雕刻及微细加工外，还可进行打标以及对电阻和动平衡进行微调等。

1. 激光打孔

激光打孔的功率密度一般为 $10^7 \sim 10^8 \mathrm{W/cm^2}$。它主要用于在特殊零件或特殊材料上加工孔，如图 5-31 所示。

2. 激光切割

激光切割的功率密度一般为 $10^5 \sim 10^7 \mathrm{W/cm^2}$。它既可以切割金属材料，也可以切割非金属材料，还可以透过玻璃切割真空管内的灯丝，如图 5-32 所示。

图 5-31　激光打孔

图 5-32　激光切割

3. 激光焊接

当激光的功率密度为 $10^5 \sim 10^7 \mathrm{W/cm^2}$，照射时间约为 1/100s 时，可进行激光焊接。激光焊接一般无须焊料和焊剂，只将工件的加工区域"热熔"在一起即可，如图 5-33 所示。激光焊接过程迅速，热影响区小，焊接质量高，既可焊接同种材料，也可焊接异种材料，还可透过玻璃进行焊接。

图 5-33　激光焊接

4. 激光表面处理

当激光的功率密度为 $10^3 \sim 10^2 \mathrm{W/cm^2}$ 时，便可实现对铸铁、中碳钢，甚至低碳钢等材料进行激光表面淬火。淬火层深度一般为 0.7～1.1mm，淬火层硬度比常规淬火约高 20%。激光淬火变形小，还能解决低碳钢的表面淬火强化问题。图 5-34 所示为激光表面淬火处理应用实例。

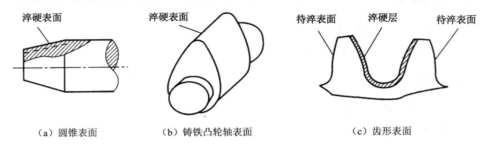

（a）圆锥表面　（b）铸铁凸轮轴表面　（c）齿形表面

图 5-34　激光表面淬火处理应用实例

习题与思考题

1．什么是激光加工？它有何特点？
2．简述激光加工的基本原理。
3．激光加工的应用范围有哪些？

参 考 文 献

[1] 王兵．金属切削手册[M]．化学工业出版社，2014．

[2] 王兵．金工实训[M]．化学工业出版社，2010．

[3] 王兵．机械加工技能实训[M]．机械工业出版社，2015．

[4] 王兵．模具数控加工技术[M]．机械工业出版社，2015．

[5] 张良才．金属工艺学[M]．人民邮电出版社，2008．

[6] 技工学校机械类通用教材编审委员会．金属工艺学[M]．机械工业出版社，2015．

[7] 杜力，王雪婷．金属加工基础[M]．机械工业出版社，2015．

反侵权盗版声明

电子工业出版社依法对本作品享有专有出版权。任何未经权利人书面许可，复制、销售或通过信息网络传播本作品的行为；歪曲、篡改、剽窃本作品的行为，均违反《中华人民共和国著作权法》，其行为人应承担相应的民事责任和行政责任，构成犯罪的，将被依法追究刑事责任。

为了维护市场秩序，保护权利人的合法权益，我社将依法查处和打击侵权盗版的单位和个人。欢迎社会各界人士积极举报侵权盗版行为，本社将奖励举报有功人员，并保证举报人的信息不被泄露。

举报电话：（010）88254396；（010）88258888

传　　真：（010）88254397

E-mail：　dbqq@phei.com.cn

通信地址：北京市万寿路 173 信箱
　　　　　电子工业出版社总编办公室

邮　　编：100036